中央音乐学院资助出版

审美学引论

潘必新　著

中国社会科学出版社

图书在版编目(CIP)数据

审美学引论/潘必新著.—北京：中国社会科学出版社，2015.10
ISBN 978-7-5161-7008-3

Ⅰ.①审…　Ⅱ.①潘…　Ⅲ.①审美分析　Ⅳ.①B83-0

中国版本图书馆 CIP 数据核字(2015)第 262424 号

出 版 人　赵剑英
责任编辑　刘志兵
责任校对　季　静
责任印制　李寡寡

出　　版　中国社会科学出版社
社　　址　北京鼓楼西大街甲 158 号
邮　　编　100720
网　　址　http://www.csspw.cn
发 行 部　010-84083685
门 市 部　010-84029450
经　　销　新华书店及其他书店

印刷装订　三河市君旺印务有限公司
版　　次　2015 年 10 月第 1 版
印　　次　2015 年 10 月第 1 次印刷

开　　本　710×1000　1/16
印　　张　18.5
字　　数　320 千字
定　　价　68.00 元

序　　言

审美学一词虽经常见诸报刊、著作，但对这一学科的基本情况的阐释却见仁见智。此前虽也有以此冠名的著作问世，但多因作者的视野、观点、论述的不同，难以给读者以明晰的印象。最近读了潘必新同志的《审美学引论》（样稿），感到确有与众不同之处。

首先，作者辩证地、历史地对待审美学学科的形成与构建。从审美活动的发生到审美主体、审美客体辨认，再到对由审美活动衍生的艺术的诠释，这一切自然而然地构成了审美学的核心、合理内容。该书稿的框架、结构布局恰当，论述、论点贴切，既有说理性又有说服力。对读者确实起到了“引论”的引导作用。

其次，作者在各章节的论述中，不仅从中外、古今、史论几个方面来梳理有代表性的论据、论点，并提出自己的见解，还廓清了一些不实之论，甚至是不强之谈（如对科学美的争辩，对有没有艺术的争论，对现代派艺术是高雅还是低俗的争执，等等）。

最后，我愿意推荐该书稿的出版是基于：一是书稿本身可圈可点，质量上乘，它的立论精当、论点突出、论述清晰；二是目前的美学出版物中，我以为基础的理论性的著作相对较少，应予弥补。这对读者大有裨益。

王善忠

2014 年 7 月

目　录

绪　论

一　审美活动与审美学

人类的审美活动的历史真可谓源远流长，无论是西方还是东方，莫不如此。

古希腊神话中有一个著名的故事——金苹果的故事，就是对古代人类的一次重大的审美活动的记述。故事是这样的：忒萨利的英雄佩琉斯同海洋女神忒提斯结婚，邀请所有神祇参加，却偏偏漏掉了不和女神厄里斯。不和女神心怀不满，婚庆之日她不请自来，在婚宴场面投下一只金苹果，上面写着“赠给最美丽者”的字样。金苹果引起了众宾客的莫大关注。有三位女神都声称自己是最美丽者，争着要得到这只金苹果，她们是神后赫拉、智慧女神雅典娜和爱神阿佛洛狄忒。三人争执不下，就去见神王宙斯，请他裁决。宙斯感到为难，因为这三人都是自己的亲属，一个是妻子，两个是女儿。于是，他想出一个办法，派神使赫尔墨斯带三位女神到伊达山去见帕里斯，由他来做裁判。帕里斯是特洛亚国王的儿子。为赢得帕里斯的好感，让他作出有利于自己的裁决，三位女神都表示要给帕里斯好处。赫拉可以让他做亚洲的统治者，雅典娜答应使他成为战争中的英雄，阿佛洛狄忒许诺他能得到一个漂亮的女人做妻子。这实际是一场选美大赛。你可以说帕里斯的评判兴许动机不纯，以致可能偏离美的标准，因为他是受到某种实际利益诱惑的。他为了得到一个美女做妻子，把金苹果判给了阿佛洛狄忒。但是三位女神则纯粹是为了争得美的名声。她们都把美看作一种高贵的品质、无上的荣耀。使自己变得美，使自己的美得到公众的认可，成为她们的精神需要和追求。如果说帕里斯爱的是美的女人，那么三位女神爱的则是女人的美。金苹果的故事反映了古希腊的一种社会风尚，那就是崇尚人体美。据温克尔曼（Winckelmann，1717—1768）指出，古希腊常常举行美容比赛，这种比赛在各个城邦都有。在斯巴达，美容比赛是在朱诺（即赫拉）神庙中举行。[①] 金苹果的故事还反映了古希腊人的精神生活的一个重要方面，那就是他们已经有了审美的需要，表现出对美的强烈追求，这种需要和追求凝聚为伯里克利斯（Pericles，约前 495—前 429）关于希腊人的一句豪语，他宣称："我们是爱美的人。"[②]

人是理性的动物，对于在现实生活中所存在的一切事物、所发生的一切现象、所进行的一切活动，总之，对于他眼前的世界万象，他都要加以思考、加以研究，找出现象背后的本质，找出活动所应遵循的规律，以便得到关于事物的真知，以便凡事都能做得成功。苏格拉底（Sokrates，前 469—前 399）说过："不经思考的生活，是不值得生活的。"对自己的生活进行思考，这是作为理性动物的人类的共同特点。这个特点在思想家的身上表现得尤为自觉和突出。因此，毫不奇怪，人类在现实生活中发现美、欣赏美、创造美，总之是进行审美活动的同时，对美的特点和规律也进行了探讨和研究。也就是说，在人类进行审美活动的同时，审美学也随之产生了。庄子就谈到了这个情况。《庄子·天运篇》写道："西施病心而矉其里。其里之丑人见之而美之，归亦捧心而矉其里。其里之富人见之，坚闭门而不出；贫人见之，挈妻子而去走。彼知矉美而不知矉之所以美。""知矉美"，是懂得什么是美，能够欣赏美；"不知矉之所以美"，是不知道西施"病心而矉"的形象为什么美，也就是不懂得美的根源、美的缘由是什么。感知美、欣赏美，这就是审美活动；知美之所以美，能找到并能说明美的特点和本

---

① 参见［德］温克尔曼《论希腊人的艺术》，广西师范大学出版社 2001 年版，第 108—109 页。

② 吴于廑：《古代的希腊和罗马》，中国青年出版社 1957 年版，第 70—71 页。

质，这就是审美学所要担负的任务。《庄子·知北游》还说过：“天地有大美而不言，四时有明法而不议，万物有成理而不说。圣人者，原天地之美而达万物之理，是故至人无为，大圣不作，观于天地之谓也。”“天地有大美而不言”，意思是天地之间存在着美的事物，美作为一种客观存在，它自己不会向人言说什么，圣人的作用就在于“原天地之美”，从可感知的美的事物中推究出不可感知的美的根源和本质。庄子已经清楚地意识到，审美活动与审美学是两种性质不同的事情，审美活动是一种活动，而审美学是对审美活动进行理性思考的产物。审美学需要以审美活动为基础、为资料，审美学是审美活动在理论上的升华。

二　审美学学科的创立

审美活动的发生，引发了对美的思考，对美的思考就意味着审美学的萌芽。同审美活动具有悠久的历史一样，对美的思考也走过了漫长的历程，如海德格尔（Martin Heidegger，1889—1976）所说：“‘美学’表示对艺术和美的沉思，‘美学’这个名称是后来产生的，起于十八世纪。但是，由这个名称确切地命名的事情，从享受者和生产者的感情状态出发对艺术和美的追问方式，却是自古就有的了，与西方思想范围内对艺术和美的沉思一样古老。对艺术和美的本质的哲学沉思早就作为美学开始了。”①

在我国，最早、最古老的文字——甲骨文就透露了古人对美进行思考的信息。甲骨文产生于公元前16世纪到公元前8世纪的商朝（前16世纪—前11世纪）和西周（前11世纪—前771年）时期，它是一种契刻在龟甲和兽骨上的文字。甲骨文中有一个“美”字，它是这样写的：“”或“”。对这个由上下两部分组合而成的字可有两种解释，两种解释各以中国字的一种构造原则为依据。一种解释是，把它看成是

① ［德］海德格尔：《尼采》上卷，商务印书馆2002年版，第85页。

一个象形字，《甲骨文字典》认为，字的上半部之“□”为羊头、“□”为羽毛，下半部的“□”“像人正立之形”。① 上下两部分结合起来“像人首上加羽毛或羊首等饰物之形”。② 我们可以为对甲骨文的美字的这种解释找到一条旁证。摩尔根在《古代社会》一书中记述，在原始部落中某人被选为酋长，就要戴上部落的图腾，比如以狼为图腾的就披上狼皮；该人如被罢免，就要卸下狼皮。这叫作“戴角”和“摘角”。这样看来，“□”这个字所要表示的意思就是，酋长或巫师戴上作为图腾形象的羊头祭祀神祇或祖先，载歌载舞的形象是美的。另一种解释是，把这个字看作会意字，《说文解字》可为代表，《说文解字》写道：“美，甘也。从羊从大。羊在六畜主给膳也。美与善同意。”徐铉注说：“羊大则美，故从大。”③ “羊人为美”讲的是美之形或形之美；“羊大为美”讲的是美之味或味之美。对美的含义的这两种解释，究竟哪一种更符合它的原意、本义，眼下还没有足够的、令人信服的证据来加以判断。我以为在我们所讨论的范围内也无须作出判断。我们只需知道甲骨文中已出现了美字，不管其原意是什么，终归表明了我们的先人在三千多年前就已经对什么是美的问题进行了思考，而且已经有了他们的看法了。

在西方，从有文字记载的时候算起，至迟到公元前 6 世纪古代哲人就对有关美的问题发表了许多见解。比如，有的认为美“在于各部分之间的比例对称”（毕达哥拉斯派噶伦），有的认为美在于对立造成的和谐（赫拉克利特），有的认为美在于功用（苏格拉底），柏拉图还写了一篇专门探究“美本身”即美的本质的论文，名为“大希庇阿斯篇”，这标志着对美的研究已经深入堂奥了。这是非常了不起的。

尽管审美学的萌芽在历史上出现得很早，但是，审美学作为一门独立的学科建立起来却才是两百多年以前的事。审美学学科的创立者是一

① 徐中舒主编：《甲骨文字典》，四川辞书出版社 1988 年版，第 1140 页。

② 同上书，第 416 页。

③ 许慎：《说文解字》第 4 卷，中华书局 1963 年版，第 78 页。

个18世纪的德国人，名叫鲍姆嘉敦（A. G. Baumgarten，1714—1762），他因而被称为“美学之父”。（审美学与美学为同义词，容后详述。）鲍姆嘉敦为什么要创立审美学呢？这要从17—18世纪的德国理性主义哲学说起。德国理性主义哲学的领袖和中坚是莱布尼兹（Leibnitz，1646—1716）和沃尔夫（Christian Wolff，1679—1754）。跟美学的创立关系最大、最直接的是莱布尼兹的知识论。莱布尼兹依据“连续性法则”把人的知识分为“明晰的知识”和“朦胧的观念”两大类，他指出：“一个朦胧的观念不够使我们对它的对象认识清楚。……如果我们能认识一件事物，我们对它就有明晰的知识。”明晰的知识又可分为混乱的（感性的）和明确的（理性的）两种。这两种知识的区别在哪里呢？莱布尼兹写道：“如果我还不能把某对象所由区别于其它对象的特征一一指出，我的知识就还是混乱的。”① 这就是说，认识一事物并能一一说出该事物区别于他物的特征，这就是明确的知识，比如说我认识金子并说得出金子区别于非金子的特点。认识一事物却不能说出该事物的特征，这就是混乱的知识，莱布尼兹所举的混乱的知识的例子是在海边听海浪的啸声。海浪的啸声是由无数个小海浪的声音集合而成的。我们对这一大堆海浪声中的每一个必然多少有些感觉，但是我们又不能将这些混成一片的微小感觉彼此分辨清楚。因此，“它们形成一种我们说不出的什么，形成一些趣味，一些感觉性质的形象，在全体上是明晰的，在部分上却是混乱的。”② 莱布尼兹指出，鉴赏力（即审美感）就是由混乱的感觉组成的，他写道：“鉴赏力和理解力的差别在于鉴赏力是由一些混乱的感觉组成的，对于这些混乱的感觉我们不能充分说明道理。”他说：“例如我看到画家和其他艺术家对什么好和什么不好，尽管很清楚地意识到，却往往不能替他们的这种审美趣味找出理由，如果有人问到他们，他们就会回答说，他们不喜欢的那种作品缺乏一点

① 北京大学哲学系美学教研室编：《西方美学家论美和美感》，商务印书馆1982年版，第85页。

② 同上书，第86页。

‘我说不出来的东西’。”[①] 德国理性主义哲学家只重视和研究明确的知识，而把混乱的知识排除在哲学大门之外，也就是把艺术鉴赏和审美趣味排除在哲学的大门之外。这不能不说是德国理性主义哲学的一大缺漏。

莱布尼兹—沃尔夫学派内部已有人对这个缺漏有所察觉，并试图加以补救，比尔芬格尔/科林格（Georg Bernhard Bilfinger/Bülfinger）和鲍姆嘉敦就是两个代表人物。比尔芬格尔于1725年就发现了这个漏洞，并且在他所著的《对上帝、人的灵魂、世界与事物一般特征的哲学说明》一书中提出了建立一种以想象力为研究对象的逻辑学的建议，认为这种逻辑学对诗人大有好处。[②] 鲍姆嘉敦与比尔芬格尔持相同的看法，并且把他的建议变成了现实。他在1735年所写的博士论文《诗的哲学默想录》中指出，现在的哲学没有担负起指导感性认识的任务，即没有把诗的哲学包括在内，他写道：“诗的哲学考察是指导感性谈论趋向完善的科学；由于在说话时我们具有所要传达的表象，所以诗的哲学考察要预先假定诗人具有一种低级的认知能力。现在，广义逻辑学的任务应是指导这种能力去对事物进行感性的认知。但是了解我们的逻辑学情况的人是不会不知道这一领域现在是多么荒芜。那么又怎么办呢？如果逻辑学依照其定义被限制于一个十分狭窄的区域内（事实上它已被限制在这种区域内了），它可不能算是一种以哲学的方式把握事物的科学。”说的是哲学被限制在只对理性认识进行研究的区域内，而感性认识却是在哲学研究视野之外的一片不毛之地。那么，面对这种不能令人满意的情况该怎么办？鲍姆嘉敦认为补救的办法在于建立一门新的学科，“它能知道低级的认知能力，从感性方面认识事物”。“借此去改善和磨炼低级的认知能力，使它们更好地为全世界造福。”[③] 鲍姆嘉敦指

---

① 北京大学哲学系美学教研室编：《西方美学家论美和美感》，商务印书馆1982年版，第85页。

② 参见［德］鲍姆嘉敦《美学》，文化艺术出版社1987年版，第3—4页。

③ 同上书，第169页。

出，由于当时心理学已经提供了可靠的原理，所以建立这样一门新学科的条件已经成熟。他还为这门学科取好了名称，那就是“感性学（美学）”。他指出，希腊哲学家和教父们已经仔细区分了“可感知的事物”和“可理解的事物”，这一区分就为新学科的命名提供了依据。他写道：“‘可理解的事物’是通过高级认知能力作为逻辑学的对象去把握的；‘可感知的事物’［是通过低级的认识能力］作为知觉的科学或‘感性学’（美学）的对象来感知的。”① 嗣后从1742年开始，他就在大学里讲授感性学（美学）这门新课程，到了1750年，他把他用拉丁文写成的讲稿正式出版，定名为“Aesthetica”，这个词源自希腊文αϊϭθηϭμξ（感觉）。这部著作对《诗的哲学默想录》首次提出的“感性学”（美学）这个概念进行了阐述和发挥。该书的第一句话就开宗明义地对感性学（美学）下了一个定义：“美学作为自由艺术的理论、低级认识论、美的思维的艺术和与理性类似的思维的艺术是感性认识的科学。”② “美学是感性认识的科学”这个断语是上述定义的核心，鲍氏还从四个方面对这个核心的含义进行了阐释。

第一，美学作为“自由艺术的理论”。什么是自由艺术呢？鲍姆嘉敦在他的《真理之友的哲学信札》的第二封信中说过这么一段话：“人的生活最急需的艺术是农业、商业、手工业和作坊，能给人的知性带来最大荣誉的艺术是几何、哲学、天文学，此外还有演说术、诗、绘图和音乐、雕塑、建筑、铜雕等，也就是人们通常算作美的和自由的艺术的那些。”③ 在这里，鲍姆嘉敦从自古希腊以来人们惯称的广义的艺术中划分出“美的和自由的艺术”，而这“美的和自由的艺术”所包含的内容同现代艺术概念完全吻合。鲍姆嘉敦把“自由艺术的理论”即对艺术的研究规定为美学的一个重要的组成部分。他写道：“美学理论的法

① ［德］鲍姆嘉敦：《美学》，文化艺术出版社1987年版，第169页。

② 同上书，第13页。

③ 同上书，第5页。

则——它好似个别艺术理论的北斗星——分散在一切自由的艺术中。"[①]

第二，美学作为"低级认识论"。当时，在理性主义哲学的影响之下产生出了如下一些轻视和忽视感性认识的观点："感官的感受、想象、虚构，一切混乱的感觉和情感都不配引起哲学家的关注，都在哲学家视野之下。"[②] "低级认识能力即感性，倒是应当铲除，而不是启发它、增强它。"[③] 鲍姆嘉敦明确地、坚决地反对这种观点，他说道：低级认识能力也是"上帝赋予我们的才能"，不应当压制它，而应"稳妥地引导"它。[④] 作为一个哲学家如果认为人类如此重要的这一部分才能与他的尊严不相配，那就很不妥当了。[⑤] 鲍姆嘉敦旗帜鲜明地捍卫了感性能力的天然的合理性。这在理性主义气氛弥漫于整个思想界的氛围中，需要具有何等的胆识呀！鲍姆嘉敦不厌其烦地列举出了八种低级认识能力。诸如敏锐的感受力、想象力、记忆力、创作的天赋、良好的趣味、预见与预感力、表达表象的能力，还有情感的能力。[⑥] 这种种能力都与艺术和审美密切相关。他把这些能力统称为"美的精神"，并且认为，美学家必须具有"美的精神"，这是美学家的基本特征。虽然，他把高级认识能力也包括到了"美的精神"之中，但是，他这样做，仅仅是为了说明低级认识能力并不排斥高级认识能力，并不与高级认识能力相冲突。再来看鲍姆嘉敦所谓的"低级认识论"，他究竟是从什么样的视角去"论"、去研究低级认识能力的呢？我认为，鲍姆嘉敦不是从哲学认识论，而是从审美论的角度去研究低级认识即感性认识的。鲍姆嘉敦写道："美学的目的是感性认识的完善（完善感性认识）。而这完善就是美。据此，感性认识的不完善就是丑。"[⑦] 他还特别指出，有些

① ［德］鲍姆嘉敦：《美学》，文化艺术出版社 1987 年版，第 36 页。
② 同上书，第 15 页。
③ 同上书，第 16 页。
④ 同上书，第 16—17 页。
⑤ 同上书，第 15 页。
⑥ 同上书，第 22—27 页。
⑦ 同上书，第 18 页。

感性认识的完善或不完善非常隐蔽，以致只有通过思维才能加以考察，这种感性认识的完善或不完善就不属于美学的范围了。这个话可以理解为，感性认识的完善或不完善即美或丑不是通过思维去认识的，也就是说，它们不是认识的对象，它们本身也不是哲学认识论中的一个低级别的阶段。鲍姆嘉敦指出："感性认识是指，在严格的逻辑分辨以下的，表象的总和。"① 表象的完善成就了审美对象。感性认识的完善产生于认识的丰富、伟大、真实、确定、生动和灵活，"假如这些特征得以显现，它们就会表现出感性认识的美，而且是普遍有效的美"。② 由以上叙述可知，鲍姆嘉敦的所谓"低级认识论"就是要求人们对感性认识要"另眼相看"，即不是从传统的哲学认识论的视角而是从新的审美论的视角去看待它，并且要研究感性认识如何达到完善之境而成为审美对象。这是极具开创意义的。

第三，美学作为"美的思维的艺术"。此处的"艺术"一词有特定的含义。鲍姆嘉敦解释说："人们常常把处于一定关系中的规则的总和叫作'艺术'。"③ 那么，"美的思维的艺术"意思就是"美的思维的规则"。"美的思维"是鲍姆嘉敦所提出的一个新概念。什么是"美的思维"呢？它的内涵表现在以下几个方面：（1）以美的方式进行思维的人是卓有成就的美学家。（2）"对于想以美的方式进行思维的人来说，较为重要的、而且是自然地发展起来的低级认识能力是不可缺少的。"④（3）美的思维同逻辑思维是互相独立且具有同等价值的两种思维形式。鲍姆嘉敦写道："就经验而言，以美的方式和以严密的逻辑方式进行的思维完全可以和谐一致，并且可以在一个并不十分狭窄的领域中并存。"⑤ 这两种思维各有自己的性质和目的，"如果说逻辑思维努力达到对这些事物清晰的、理智的认识，那么，美的思维在自己的领域内也有

① ［德］鲍姆嘉敦：《美学》，文化艺术出版社 1987 年版，第 18 页。
② 同上书，第 20 页。
③ 同上书，第 36 页。
④ 同上书，第 26 页。
⑤ 同上书，第 27 页。

足够的事情做，它要通过感官和理性的类似物以细腻的感情去感受这些事物”。[①] 根据以上分析可以看到，美的思维是同逻辑思维相埒的一种思维形式，它独立于而不是从属于逻辑思维，它有自己的适用的领域、使用的人群和所要达到的目的。不难看出，它同现代人们所说的形象思维或者说艺术思维意义相近以至完全吻合。所以提出“美的思维”这个概念，不但富有独创性，而且是思想史上的一个突破，对美学的创立来说意义重大。

第四，美学作为“与理性类似的思维的艺术”。什么是与理性类似的思维？鲍姆嘉敦在其所著的《形而上学》一书中有所说明，他写道：“类似理性包括下述概念：（1）认识事物的一致性的低级能力，（2）认识事物的差异性的低级能力，（3）感官的记忆力，（4）创作能力，（5）判断力，（6）预感力，（7）命名力。”[②] 由此看来，类似理性基本上属于感性认识，前面对“低级认识论”的分析基本适用于类似理性，因此对于“与理性类似的思维的艺术”我们就不烦辞费了。

综上所述，鲍姆嘉敦创立了美学学科，为美学划定了特定的研究领域——“可感知的事物”即感性认识的领域，使之与哲学相区别。他也为美学规定了具体的研究对象，那就是：艺术、低级认识能力实质即审美心理元素及其活动情况和美的思维即艺术思维，这样他就赋予了美学以丰富而且应有的内容。鲍姆嘉敦荣获“美学之父”的称号是当之无愧的。有鉴于此，克罗齐对鲍姆嘉敦的评价令人不敢苟同。他认为鲍姆嘉敦只是给美学取了一个名称，“但是，这个名称并没有真正的新内容”。[③] 我认为这个看法是完全不符合事实的，是很不公道的。

三　康德的思考：审美学何以能够成立？

康德（I. Kant，1724—1804）是美学史上一位重量级人物。任何一

① ［德］鲍姆嘉敦：《美学》，文化艺术出版社 1987 年版，第 43 页。

② 同上书，第 13 页。

③ ［意］克罗齐：《美学的历史》，中国社会科学出版社 1984 年版，第 63 页。

本美学史，如果不讲到康德，那就是一本严重残缺的美学史。但是，很有意思的是，康德对美学的态度却有一个曲折的转变过程，即由承认到怀疑最后到坚信。了解康德的态度的转变过程，会有助于加深对美学性质的认识。下面我们就来说说康德的态度的转变过程。

开头，康德是承认美学的。1765 年秋，康德作为一名讲师在他的"1765—1766 年冬季学期讲课安排的通告"中，表明他预定要讲授四门课程：形而上学、逻辑学、伦理学和自然地理。他提到讲授逻辑学要涉及美学："材料的极为相近提供了一个理由，（允许我们）在进行理性的批评时，对趣味的批评亦即美学投以一瞥，因为理性批评的规律总是服务于对趣味批判的理解，而且二者所形成对照是理解它们的较好的手段。"[①] 康德承认美学可以成立，只是他认为理性批评的规律也适用于对趣味的批评，也就是说，趣味批评隶属于理性批评，即美学隶属于逻辑学。在康德的心目中，美学并不是一门可与逻辑学相比的新学科。这个意义上的美学不同于鲍姆嘉敦创立的美学。

康德在讲授逻辑学的过程中（康德从 1765 年开始讲授逻辑学，一直到 1796 年，一共讲了 54 次。开头用别人的教材，后来用自己编写的讲义。）逐渐地悟到，趣味批评也称鉴赏批评即美学同逻辑学终究有所不同，逻辑学的规律终究不能代替美学的规律，这是他对前面所说的逻辑学的规律可以统摄美学这个观点的自我否定。他在对逻辑学和美学做了比较之后指出了它们的不同之处，他写道："由于逻辑被看作一种先天的科学或一种知性和理性使用法规的学说，它与美学根本不同，后者作为单纯鉴赏的批判没有法规（法则），只有规范（仅为判断的典范或标准），而这种规范就在于普遍的协调一致，因此美学包含与感性相一致的知识规律。反之逻辑则包含与知性和理性相一致的知识规律。倘若人们将学说理解为由先天原理而来的一种独断的指示，假如人们无须从其他经验得来的教条，通过知性就了解到一切，假如学说使我们据以获得所寻求的完备的规律，那么，美学就仅仅是一种经验的原因，因此决

① 曹俊峰：《康德美学引论》，天津教育出版社 1999 年版，第 118 页。

不能是科学或学说。”他还说：“霍姆正确地称美学为批判，因为美学没有充分地规定判断的先天规律，像逻辑那样，而是后天地取得它的规律的。”[①] 康德承认，鉴赏批判即美学也有自己的规律，但是，美学的规律同逻辑学的规律有质的不同。逻辑学的规律是“先天的”，而美学的规律是“后天的”。先天与后天是一对相对应的概念，在康德那里有特殊的含义。所谓“先天的”，是先于经验的，超越于个别经验而具有适用于一切经验的必然性和普遍性的。至于“后天的”，是从个人的知觉和经验得来的，它不具有必然性和普遍性。逻辑学具有先天的规律，所以它能成为科学；美学只具有后天的规律，所以它不能成为科学。康德的这个看法，在他为《纯粹理性批判》一书中的“先验感性论”（transcendental aesthetic）这个概念所做的注释中也有所表示，他写道：“唯有德国人现在用 Aesthetik 一词来表示其他国家的人称为趣味批判的东西。这种用法导源于优秀的分析家鲍姆嘉敦的错误愿望，即想把对美的批判评价归之于理性原理，并使其规律上升为科学。但这种努力是徒劳无益的。因为这类规律或准则就其源泉来说仅仅是经验性的，因而绝不能成为我们的趣味判断必须遵循的先天法则。正相反，我们的判断正是这些规律是否正确的真正的试金石。因此，放弃在趣味批判的意义上使用这一名称，而用它去表示作为真正科学的感性论，是可取的。”[②] 这一段话中有以下几点意思值得注意：（1）康德不赞成鲍姆嘉敦用 Aesthetik 一词来称呼美学，他认为这个词只宜保留它的原意即感性论，而且只在认识论中使用。（2）想把美学归于理性原理，从而使其上升为科学，那是康德自己的观点（见之于他于 1765 秋所写的讲课安排的通告），而不是鲍姆嘉敦的观点。康德在此实际上先是把自己的观点强加于鲍姆嘉敦，然后借批评鲍姆嘉敦之名对自己原来持有的观点进行了一次自我否定。（3）康德申明美学之所以不能成立，不能成为科学，主要是因为它的规律不是先天的，而是来自经验，因而没有必然性和普

① ［德］康德：《逻辑学讲义》，商务印书馆 1991 年版，第 5 页。

② 曹俊峰：《康德美学引论》，天津教育出版社 1999 年版，第 119—120 页。

遍性。

1787 年是康德对美学的态度发生逆转的年头。他曾经认为美学没有先天原理，现在他却相信他实际上已经发现了美学的先天原理。是年 9 月 3 日，他在致友人莱茵霍尔德（Reinhold）的信中对自己的三大批判的要旨作了介绍，并叙述了他构思和撰写第三批判即《判断力批判》的思想历程。他写道："我正在从事趣味的批判工作，我已经发现了一种与以前观察到的原理不同的先天原理。因为存在着三种心灵能力：认识能力、愉快及不愉快的情感能力和欲求能力。在《实践理性批判》中，我发现了第三种能力的先天原理，我也企图找到第二种能力的先天原理，虽然我曾认为找到这样一种原理是不可能的，但是上述对人类心灵能力的分析的系统本性允许我去发现它们，这同时给我的余生以一种奇异而又可能的研究资料。这样，现在我承认哲学有三个部分，每一部分都有它的先天原理，这些原理都可以列举出来，并且人们可以准确地界定以这些原理为基础的知识：理论哲学、目的论和实践哲学，其中第二种确实在先天规定根据方面是最薄弱的。我希望能完成第二部分哲学的手稿，也许能赶在复活节时付印。这部著作将题名为'趣味的批判'。"① 这部著作并没有按康德的预想如期完成，而是到了 1790 年方才面世，书名也改成了《判断力批判》。

值得一提的是，康德在认定了美学能够成立的情况下，依然不赞成用 Aesthetik 这个词来称呼这门学问，这里面包含着一层很深的用意，那就是竭力要避免把审美判断同认识判断相混淆，竭力要把这两者划清界限。他在为《判断力批判》所写的第一个导论中写道："对于第一种判断力（指审美判断力——引者）的批判，我们将不称它为艾斯忒惕克（Aesthetik——美学、感性学）——这个词的意思好像是关于外感官的学说——而称为审美判断力的批判，因为前一个术语含义过于宽泛，可能意味着与理论认识相关并为逻辑（客观的）判断提供材料的直观的感性。因此我们预先确定艾斯忒惕克这个词只用作认识判断中与直观

① 曹俊峰：《康德美学引论》，天津教育出版社 1999 年版，第 121—122 页。

相关的宾词。如果因为判断不是把客体的表象与概念联系起来，从而也就不是把判断与认识联系起来（这种判断不是规定的，而是反思的），就称它（判断力）为审美的，那就不必担心发生歧义。事实上，对于逻辑判断力来说，直观虽然也是感性的（Aesthetik），但还是应该从一开始就达到概念，以便为对客体的认识服务，而在审美判断力方面情形则不是这样。"① 只是由于 Aesthetik（感性学）这个词容易产生歧义，而导致把审美判断同认识判断相混淆的后果（因为在审美判断和认识判断中都有感性的存在），康德就坚决主张不用 Aesthetik 这个词来命名美学，这表明康德要将审美判断同认识判断划清界限的愿望是何等强烈。而这个愿望同鲍姆嘉敦对美学的本质的认识是相吻合的。

上面叙述了康德对美学这门学科进行探索的曲曲折折的过程，我们从中可以得出如下几点认识：第一，康德起先承认的美学是隶属于逻辑学即哲学的，因而它是逻辑学的一个支派。最后他所确认的美学则是独立于逻辑学的一门新的学科。康德致力于把审美判断和逻辑判断（认识判断）区别开来，从而为美学的独立性奠定了坚实的基础，为强化和捍卫美学的独立性提供了强有力的理论支持。第二，康德原来不承认美学能够成立，主要是因为他认为美学没有先天的原理，后来他声称发现了美学也有其先天原理，因而承认美学能够独立。这个观点是完全正确的，而且是非常深刻的。一门学科如无普遍原理和规律，其科学性就要大打折扣，甚至危及这门学科的生存权。康德指出美学的先天原理是无目的的合目的性。我认为，恐怕难说这就是定论。我们最好不要把它看作是探索美学的先天原理的终点，而是把它视为一个起点，对美学的先天原理的探索还有很多事情要做。

四　审美学传入中国

审美学作为一门新兴学科传入中国，是它在西方被创立起来一百多

① 《康德美学文集》，北京师范大学出版社 2003 年版，第 404 页。

年之后。

Aesthetik（美学）这个词降落在中国，是在1866年。是年，英国来华传教士罗存德（Wilhelm Lobscheid）编了一本《英华词典》，该词典中列有Aesthetics一词，它被译为“佳美之理”和“审美之理”。[①]“审美之理”的意思同“审美学”和“美学”已十分接近。1879—1881年日本人津田仙、柳泽信大、大井镰吉在罗存德的《英华词典》的基础上编纂成了《英华和译字典》，译名“佳美之理”“审美之理”也照样沿用。此书后来又经过几次增订，流布甚广。[②] 由此看来，Aesthetics这个词在中国的出现要比在日本早。

把Aesthetics这词译为汉字“美学”的首创者是谁？学界有不同看法。有人说是中江兆民，中国学者吕澂和日本美学家今道有信皆持此说[③]；有人说是花之安，黄兴涛有此看法。黄兴涛说，德国来华传教士花之安（Ernst Faber）于1873年用中文写了《大德国学校论略》（重版又称《泰西学校论略》）一书，在介绍西方所谓的“智学”课程时曾简略地谈到西方心理学和美学的有关内容。他称西方美学课讲求的是“如何入妙之法”或“课论美形”，“即释美之所在”；谈到了山海之美、宫室之美、雕琢之美、绘事之美、乐奏之美、词赋之美、曲文之美。1875年，花之安又著《教化议》一书，书中认为：“校时之用者，在于六端，一、经学，二、文学，三、格物，四、历算，五、地舆，六、丹青音乐。”在“丹青音乐”四字之后，他特以括弧作注道：“二者皆美学，故相属。”在他看来，“丹青”和“音乐”能合为一类，是因为两者都属于“美学”的缘故。如果我们将这里的“美学”一词同前书所谓的“绘事之美”和“乐奏之美”一并而视，便可见此词大体

① 参见黄兴涛《“美学”一词及西方美学在中国的最早传播》，《文史知识》2000年第1期。

② 参见聂长顺《近代Aesthetics一词的汉译历程》，《武汉大学学报》（人文科学版）2009年第6期。

③ 参见刘悦笛《美学的传入与本土创建的历史》，《文艺研究》2006年第2期。

已经是在现代意义上的使用了。[①] 聂长顺认为黄兴涛的看法尚存疑点。他指出："黄文所据乃花之安《泰西学校·教化议合则》1897 年商务印书馆活字版重印本。1875 年版本中是否有此括弧注释，还是问题。1875 年版本迄今尚未得见。笔者所见最早版本，为花之安《教化议》，出版不久东传日本后，1880 年 10 月东京明经堂出版的大井镰吉训点本（中村正直校阅并作序）。其中并无黄文所谓括弧注释。近代日人翻刻汉文西书不少，大都原封不动，罕有损害。故笔者认为，《教化议》日人训点本，当更合初版原貌；黄文所称括弧注释当为 1897 年合刻时所加。" 在作了上述一番辩证之后，聂长顺笔锋一转，指出"美学"一词的首创者是中江兆民，他写道："故迄今仍可断定，近代学名'美学'乃由日本著名学者中江兆民首先创用。1883 年 11 月及翌年 3 月，文部省编辑局先后刊行由中江兆民翻译的法国人维隆（Veron）的《维氏美学》上、下册。其凡例申明：'此书原本题曰 Esthétique，即美学之义，法朗西国技艺新闻报社长 E. Véron 氏之著述也。而今所翻译者，依西历一千八百七十八年刊行之本。'"[②] 聂长顺对黄文所作的辩证不可轻视，须作进一步的稽考。他认为中江兆民是"美学"一词的首创者，也是证据确凿，至少目前尚未发现有人比中江兆民更早使用"美学"一词的材料。

Aesthetics 的另一个汉字译名是"审美学"，这个译名的首创者是小幡甚三郎。据聂长顺考证："1870 年夏，（东京）尚古堂刊行小幡甚三郎撮译、吉田贤辅校正的《西洋学校轨范》（全三册），其第二册第 9 页所列'大学校'（university）'技术皆成级'（masterofart）的课程中有'审美学'科目。'审美学'后注片假名'エスダチツケス'，为

---

① 参见黄兴涛《"美学"一词及西方美学在中国的最早传播》，《文史知识》2000 年第 1 期。

② 聂长顺：《近代 Aesthetics 一词的汉译历程》，《武汉大学学报》（人文科学版）2009 年第 6 期。

Aesthetics 的音译。这是迄今学界曾披露的‘审美学’的最早出处。”[①] “美学”和“审美学”这两个译名常常可以通用，如岛村泷太郎在《泰西美学史》（1900）的序言中所说：“在我国，美学或审美学，其名既表审美之学之意，也表美之哲学之意。”[②] 因此之故，美学家们在为他们的美学著作题名时，他们可以在“美学”与“审美学”两个译名中任选其一，例如用“审美学”的有《审美学要义》（菅野枕波著）、《风采与审美学》（今井叉川著）等，用“美学”的有《美学讲义》（松本孝太郎述）、《美学讲话》（青木吴山著）等。还有在一部著作中“美学”和“审美学”两词兼用的情况，岛村泷太郎的《マーシヤル氏审美学纲要》，书名用的是“审美学”，行文中用的都是“美学”，如在此书的序言中把 Aesthetic principles 译为美学原理，并说“美学即主要为自心理学上快苦感之性质说明关于美之诸原理者”。[③] 这两个译名传入中国依然作为通用概念使用。如王国维于 1902 年翻译牧濑五一郎著《最新教育学教科书》一书及所附《哲学小词典》时，译 Aesthetic 这个条目就同时用了“美学”和“审美学”两个译名。樊炳清编纂的《哲学词典》（1926）有“美学”一条，称作“美学或审美学”。[④] 孙俍工编的《文艺词典》（1928）列“美学”条，亦曰：“美学又称审美学。”[⑤]

究竟用什么汉字翻译 Aesthetics 比较妥当，不少翻译家共同进行过探索。日本人西周和中国人颜永京就是其中两位知名人物。西周是一位在日本最早讲授鲍姆嘉敦的美学并为 Aesthetics 选择译名的哲学家和翻译家。他先后把 Aesthetics 译为“佳趣论”（1870）、“美妙学”（1872）、“善美学”（1874），足见西周对 Aesthetics 这个词的译名问

---

① 聂长顺：《近代 Aesthetics 一词的汉译历程》，《武汉大学学报》（人文科学版）2009 年第 6 期。

② 同上。

③ 同上。

④ 同上。

⑤ 王宏超：《中王国现代辞书中的“美学”》，《学术月刊》2010 年第 7 期。

题思考之勤之苦。“美妙学”这个译名曾被采用于一时，井上哲次郎等人编纂的《哲学字汇》1881年初版和1884改订增补版都采用了“美妙学”一名。① 颜永京是留美回国，到教会学校任教的一位学人。他于1889年翻译出版了美国牧师、心理学家约瑟·海文（Joseph Haven）的《心灵学》。该书有专章介绍西方美学中有关美的观念和审美认知的内容，颜氏把美学译为“艳丽之学”，把审美能力译为“识知艳丽才”。“艳丽学”这个译名也在学界产生了一定的影响。益智书会负责审定和统一外来名词的美国传教士狄考文于1902年编纂《中英文对照术语词典》时，就采用“艳丽学”来对译Aesthetics。② 在Aesthetics的众多汉字译名中，经过时间的淘汰，最后“美学”和“审美学”沉淀下来，其他的被逐渐淘汰。这个淘汰过程是有迹可循的。1912年（东京）丸善株式会社刊行井上哲次郎等人编纂的《哲学字汇》第三版，就将Aesthetics的译名由前两版中的“美妙学”改为“美学”。③ 颜永京之子颜惠庆主编的《英华大辞典》1908年由商务印书馆出版，Aesthetics的中文对译是三个词：美学、美术、艳丽学。④ 颜惠庆虽然保留了乃父的“艳丽学”的译名，但是他把它放在了末位，而“美学”之名则赫然居于首位。由以上事例可以看到Aesthetics的汉字译名由多个逐渐统一于一个（美学）的趋势和结果。

“美学”这个译名虽然用的是汉字，但是它却是从日本输入中国的。“美学”这个词最早落地中国，是在康有为1897年编辑出版的《日本书目志》中，该书“美术类”所列的第一部著作就是《维氏美学》（两册，中江笃介即中江兆民述）。嗣后又有多人提到“美学”这

---

① 参见聂长顺《近代Aesthetics一词的汉译历程》，《武汉大学学报》（人文科学版）2009年第6期。

② 参见黄兴涛《“美学”一词及西方美学在中国的最早传播》，《文史知识》2000年第1期。

③ 参见聂长顺《近代Aesthetics一词的汉译历程》，《武汉大学学报》（人文科学版）2009年第6期。

④ 参见黄兴涛《“美学”一词及西方美学在中国的最早传播》，《文史知识》2000年第1期。

个名称。1900 年，侯官人沈翊清在福州出版《东游日记》，也提到日本师范学校开设“美学”或“审美学”课程之事。1901 年，京师大学堂编辑出版《日本东京大学规制考略》一书，在介绍日本文科课程时，多次使用现代意义的“美学”概念。同年 10 月，留日学生监督夏偕复作《学校刍议》一文，也使用过“美学”一词。稍后出版的吴汝伦的《东游丛录》里，“美学”一词也屡见不鲜。[①] 1902 年，王国维翻译《哲学小辞典》，把 Aesthetics 译为“美学”和“审美学”。

综上所述，“美学”和“审美学”这两个汉字译名都是由日本人首创，然后通过翻译日本人的著作，介绍日本的教育等多种渠道输入中国。在把美学引入中国的工作中，王国维贡献突出，他于 1905 年写了一篇题为《论新学语之输入》的论文，文中讲到，西方学术和术语输入中国，日本为“中间之译骑”，即起了中介作用，“日本所造译西语之汉文，以混混之势，而侵入我国”[②]，许多日本人所造译语，为我所用。在美学界，这种情况很是明显。

随着美学这个新学科的名称的传入，有两件事必然接踵而至，一件是美学课程的开设，一件是美学理论的建设。

在我国推动开设美学课程的有识之士有张之洞、王国维等人。1904 年 1 月，张之洞等组织制定了《奏定大学堂章程》，规定“美学”为工科“建筑学门”的 24 门主课之一，这是“美学”正式进入中国大学堂之始（教会学校不计）。王国维则是要求在大学的文科开设“美学”课程的首倡者。1906 年初，他发表《奏定经学科大学文学科大学章程书后》一文，主张文科大学的各分支学科都必须设置美学课程。[③]

美学理论的建设有三个方面的事情要做，一是国外美学著作和美学思想的翻译和介绍，二是对美学学科性质的阐明，三是本土美学论著的

---

① 参见聂长顺《近代 Aesthetics 一词的汉译历程》，《武汉大学学报》（人文科学版）2009 年第 6 期。

② 《王国维文学美学论著集》，北岳文艺出版社 1987 年版，第 112 页。

③ 参见黄兴涛《“美学”一词及西方美学在中国的最早传播》，《文史知识》2000 年第 1 期。

产生。本土美学论著的产生则是美学学科成功建立的主要标志。从20世纪20年代开始，中国本土的美学论著逐渐破土而出，首批美学专著有：吕澂的《美学概论》（1923），陈望道和范寿康同年同名出版的《美学概论》（1927），吕澂的《美学浅说》（1931）。本土美学论著的成批出现，宣告了美学在中国大地的落地生根。

五 审美学的对象

审美学的对象是什么？美学家们历来有不同看法。有的认为是美，有的认为是艺术，有的认为是美感，如此等等，至今仍难说已取得了一致的意见。依我看，要搞清楚审美学的对象，须从人与自然界的关系说起。

人跟自然结下了不解之缘。进化论告诉我们，人是自然本身的产物。经过亿万斯年的进化，没有生命的地球产生了生命，从低级的生命进化出了高级的生命，从高级的生命滋乳出了人类。所以，人类原是自然界的一部分。而且，在人类把自己从自然界提升出来之后，成了所谓的万物之灵，人类依然离不开自然界，要依靠自然界才能生存、发展和享受。诚如马克思所说，人把整个自然界——首先作为人的直接的生活资料，其次作为人的生命活动的材料、对象和工具——变成人的无机的身体。① 人有各种各样的需要，为了满足这一切需要，人类就必须开展形形色色的活动，或者从自然界直接取得适合某种需要的一定的材料，或者对自然物进行加工、改造，使之适合某种需要。这样，人跟自然就发生了多种多样的关系。杜威（John Dewey）同马克思有类似的看法，他把人跟自然界发生的关系称为经验，这种经验乃是他的哲学及美学的基础。杜威指出，经验是“一个活的生物与他生活在其中的世界的某

---

① 参马《马克思恩格斯全集》第42卷，人民出版社1979年第1版（下引《全集》皆出自第1版），第95页。

个方面的相互作用的结果”[1]，经验始于冲动，冲动源于需要，需要只有通过建立与环境的确定的积极的关系才能得到满足。[2] 因而，有多少种需要，就有多少种经验。

关于人与自然界的多种多样的关系，用杜威的说法即多种多样的经验，容我借用朱光潜所举的一棵古松为例加以说明。山上有一棵古松，人出于不同的需要去对待它，它就同人类发生不同的关系，下面试说一二。

（1）人们为了遮风避雨、居家生活，就要盖房子、造家具。古松是盖房子、造家具的上等材料。此时人同松树的关系是实用关系。

（2）由于松树是一种很有用的材料，人们就想用人工繁殖的方法来植树造林。为此，人们就要对松树的生长条件和生长过程进行研究，找出松树生长的规律。此时人同松树的关系是一种科学关系。

（3）松树具有不畏严寒、四季常青的品质。这种品质同人的不惧强暴、坚贞不屈的高尚品格有某种相似之处，于是人们就用松树的品质来比拟人的高风亮节，此时人同松树的关系是比德的关系。陈毅写过一首咏松树的诗：“大雪压青松，青松挺且直。要知松高洁，待到雪化时。”就是一个比德的好例。

（4）当一个人拥有一棵松树而缺乏许多日常用品如冰箱、彩电时，他就把这棵松树卖掉变换成钱，然后用这笔钱购买所需的日常用品。此时，他与松树的关系是经济贸易关系。

（5）当人摈除一切利害盘算，纯粹为松树的形象所吸引，从而欣赏它、赞美它，此时，人与松树的关系就是审美的关系。比如，黄山的峭壁之上生长着一棵与峭壁几呈直角之势的松树，铁干虬枝，姿态优美，更兼恰如一只从半空中伸出的欢迎客人的大手，令人赏心悦目，叹为观止。

人跟自然的关系还不止于此，不过不必再往下列举了，因为我们的目的只在于说明，人跟自然发生多种多样的关系，其中有一种叫做审美

---

① ［美］杜威《艺术即经验》，商务印书馆 2007 年版，第 46 页。

② 同上书，第 62 页。

关系。这种审美关系应该就是美学研究的对象。审美关系由审美主体和审美客体两个要素相互结合、相互作用而构成。审美主体与审美客体的关系包含着丰富的而且多方面的内容，这些内容就都是美学研究的对象。具体地说来，主要有以下几个方面。

（一）对现实生活(日常生活)中的美的研究

日常生活中的美，内容极其丰富，领域无限广阔，而且跟人民群众的关系最为密切。因此，我以为，日常生活中的美应该是美学首先要加以关注的对象。可以预期，随着经济的不断发展和人民生活水平的不断提高，日常生活中的美会变得越来越丰富、越来越重要，其领域会越来越广阔。1991 年日本《钻石》周刊发表了一篇题为《二十一世纪的企业经营》的文章，对 21 世纪的消费需求进行了预测。文章指出，21 世纪的消费者的需求具有五大特点：第一是美学性，第二是知识性，第三是身体性，第四是脑感性，第五是心因性。美学性赫然列在首位。该文还指出，为适应消费者需求的变化，无论是经营者还是职员，都要具有包括美学修养在内的企业修养。[①] 这个预测具有前瞻性，完全符合社会发展的大趋势。这个趋势在发达国家已然非常明显，在发展中国家也日益明朗。这个大趋势就叫作日常生活审美化。

日常生活审美化可以说古已有之。远古的先民打从有了审美需要之日起，就滋长出了把日常生活审美化的强烈愿望。他们留下了许多此类实物，便可作为见证。我们来看新石器时代的两件陶制产品：一件是盛酒的器皿，先民把它制成一只凝目而视的鸮的形象（图 0—1）；一件是盛水的器皿，先民把它制成了一头仰天长啸的兽的形象（图 0—2）。单是为了盛水盛酒的话，把陶制器皿做成圆筒状岂不简单省事。而人们却偏偏不惜多花心思和劳动，要把器皿做成鸮和兽的形象。如果仅仅从实用的角度看，把器皿做成兽形所花的心思和劳动完全是多余的、无用的。但是，人们为什么乐意做这种“无用”的劳动呢？这里面必有缘

① 参见 1993 年 11 月 10—11 日《参考消息》。

图 0—1　鸮尊

图 0—2　红陶兽形壶

故。这缘故就是，人们在求实用之外，还有对美的追求。具有兽形的壶除了实用，还有一用，那就是供人观赏，给人以美的享受。这就是人们所说的“不用之用”，这是一种超越于实用的、比实用来得高级的审美之用。把日常生活审美化的愿望和做法，源于人类的特性。马克思指出，人的生产区别于动物的生产的最大特点就是，人“按照美的规律来建造”。人按照美的规律来建造的对象，排在首位的就是与他们的生命活动息息相关的日常生活中的事物。所以，在人们的日常生活的范围内，真可以说处处有美，美不胜收。看呐，雅典卫城伊瑞克提翁（Erechtheion）神殿的柱子，被塑造成修长秀美的女子的形象，这些女子头顶着沉重的压力，其神态却显得轻松自如，给人以举重若轻的感觉（图 0—3）；中国汉代的一个铜储贝器，器盖上雕刻着七头形态各异的牛，器耳是两只老虎，正虎视眈眈而又悄无声息地向牛所在的方向潜行（图 0—4）；汉代的一盏灯，被做成了大雁衔鱼的造型，鱼似在挣扎，雁叼住不放（图 0—5）；宋代的一只瓷枕头，造型为一个趴着的小孩，小孩面带微笑，侧头张望，一副天真可爱的样子（图 0—6）……这样的例子所在多有，不胜枚举。这些物件多么别致，多么有情趣，多么有想象力，多么有创造性啊，你不能不为它所吸引，不能不为它所感染。它们给了我们的感官以无穷的享受，为我们的生活平添了不尽的乐趣。美学关注日常生活中的美，努力促进日常生活的审美化，就会使人们在日常生活中获得更多的享受和情趣。

图 0—3　雅典卫城伊瑞克提翁神殿女像柱

图 0—4　七牛虎耳铜储贝器

图 0—5　彩绘铜雁鱼灯

图 0—6 定窑孩儿枕

然而，以往的审美学对人们的日常生活的审美化却不甚关注，可以说这是审美学的先天不足。审美学自诞生之日起，就表现出了脱离日常生活的倾向。“美学之父”鲍姆嘉敦在为审美学下定义时，突出了“作为自由艺术的理论”，却没有把日常生活中的美包含在内。嗣后，一些著名的、有巨大影响的美学家的观点更加加剧了这一个倾向。比如，黑格尔（G. W. F. Hegel，1770—1831）认为美学的对象就是艺术，美学的正当名称应是“艺术哲学”。[①] 克罗齐（Benedetto Croce，1866—1952）则直截了当地宣称：“美学的唯一对象是艺术。”[②] 此外，杜威指出，博物馆的建立也对这种倾向起了强化作用。艺术作品被放进博物馆之后，它就被当成了一种纯粹的欣赏的对象、静观的对象，它所原有的与日常生活的联系被割断了。以这种被割断了与日常生活的联系的博物馆艺术为对象的美学，越来越成了象牙之塔里的死气沉沉的一种学问。

① ［德］黑格尔：《美学》第 1 卷，商务印书馆 1986 年版，第 3—4 页。

② ［意］克罗齐：《美学或艺术和语言哲学》，中国社会科学出版社 1992 年版，第 299 页。

杜威对这种现象大为不满，他竭力主张“恢复审美经验与生活的正常过程间的连续性。”[①] 杜威的主张成了促使审美学与日常生活相沟通的先导。

审美学本应关注日常生活，而且，审美学介入日常生活对双方都有益处。日常生活需要审美学。审美学对日常生活的审美化进行干预，会有助于日常生活的审美化沿着正确的方向健康地发展，起到理论指导实践的应有的作用。我们看到在日常生活审美化的潮流当中，存在着鱼龙混杂、泥沙俱下的情况，以古怪为美者有之，以反常为美者有之，以丑恶为美者亦有之。面对这种情况，审美学应当挺身而出，肩负起扶美抑丑、扬清激浊的责任，为净化社会空气做出贡献。这样，一方面，日常生活的审美化走上了健康发展的道路，会使整个社会的审美品位和趣味普遍得到提高。另一方面，审美学就会走出象牙之塔，跟日常生活、跟广大群众发生密切的关系，从而就会由死气沉沉的学问变成生气勃勃的有旺盛的生命力的理论。这样，审美学就进入了一个新境界，开辟了一片新天地。审美学超越传统，进入日常生活，是顺应了时代的潮流，诚如威尔什（Wolfgang Welsch）所说：“美学已经失去作为一门仅仅关于艺术的学科的特征，而成为一种更宽泛更一般的理解现实的方法。这对今天的美学思想具有一般的意义，并导致了美学学科机构的改变，它使美学变成了超越传统美学，包含在日常生活、科学、政治、艺术和伦理之中的全部感性认识的学科。”[②]

自然景物，草木山川，同人类的日常生活有密切的关系。游山玩水是人生的一大乐事，乐在能欣赏到山水之美。大诗人李白自谓“一生好入名山游”，良有以也。而今，参与其事的人群有日益膨胀、扩大之势。审美学应当把自然美纳入自己的研究范围。黑格尔囿于自己的美学观点，对自然美十分轻视，甚至把自然美排除在美学研究的范围之外，是很武断的，也是没有道理的。自然之美，名山大川之美，要靠人去发

---

① ［美］杜威：《艺术即经验》，商务印书馆 2007 年版，第 9 页。

② 转引自彭锋《回归当代美学的 11 个问题》，北京大学出版社 2009 年版，第 261 页。

现，发现之后还要加以开发，才能为大众所享用，例如张家界、九寨沟那样的景区、景点。在自然景观的开发上面，审美学是应该而且可以有所作为的，比如，如何做到各种旅游设施同自然景观融为一体，并且使它们能为自然景观增光添彩，而不要让它们扰乱和破坏了自然景观。

（二）对艺术的研究

维特根斯坦（Ludwig Wittgenstein，1889—1951）说：“如果我们谈到审美判断，我们在千万种东西中就会想到艺术。”① 因为在艺术中，美的特性表现得最为突出和集中，从而使得艺术作品成为最高层次的美。为此，卢卡契（Georg Lukacs，1885—1971）称艺术为“审美领域的中心形象”②，我以为毫不为过。因此，把艺术作为美学的一个重要的研究对象，应该是毫无疑义的。像黑格尔和克罗齐那样把美学的对象局限于艺术，把艺术看作美学的唯一对象，那就失之偏颇了。

或许有人会问，美学对艺术的研究同艺术科学（艺术理论）有什么差别呢？这个问题确实需要得到澄清。玛克斯·德索（Max Dessoir）是主张将美学与艺术理论加以区分的最早的一批美学家当中的一人，他把自己的力作题名为《美学与艺术理论》，这个书名本身就鲜明地表明了他的观点。他在该书的“作者前言”中指出：“普通艺术科学的责任是在一切方面为伟大的艺术活动作出公正的评判。美学，倘若其内容确定而独成一家，便不能去越俎代庖。”所以，“美学并没有包罗一切我们总称为艺术的那些人类创造活动的内容与目标”。③ 艺术活动的内容十分丰富而且复杂。人所共知，艺术活动由四个要素构成，用艾布拉姆斯（M. H. Abrams）的说法，它们是艺术作品、艺术家、世界和欣赏者。艺术作品是艺术活动的中心，艺术家是艺术作品的创造者，世界是艺术作品的来源，欣赏者是艺术作品的接受者。这四个要素中的每一个

① 《维特根斯坦全集》第12卷，河北教育出版社2002年版，第329页。

② ［匈］卢卡契：《审美特性》，中国社会科学出版社1986年版，第420页。

③ ［德］玛克斯·德索：《美学与艺术理论》，中国社会科学出版社1987年版，第2页。

本身的情况以及四个要素相互之间的关系都极其错综复杂，而这一切的一切都是艺术科学所要研究的对象。艺术科学的内容之丰富、复杂可想而知。而美学对艺术的研究，却是从由本学科的性质所规定的独特视角出发，摄取艺术的适合这个视角的那个方面而已，这就是艺术的审美方面。艺术有多种性质和功能，其中必有审美的品质和审美的功能，如黑格尔所指出的，艺术“以美为其特性”。[①] 席勒（Friedrich Schiller, 1759—1805）也谈到，正因为艺术作品有其“审美方面”[②]，所以它才成为实施美育的重要手段。我认为，美学对艺术的研究，就应该着重于对艺术的审美特性和“审美方面”的研究。

（三）对审美主体的审美能力和审美心理的研究

进行审美，需要具有审美的能力，特别是想欣赏艺术，就需要具有艺术鉴赏力，马克思说得好：对于没有音乐感的耳朵来说，最美的音乐也毫无意义。[③] 审美能力是一种什么样性质的主观能力？它具有什么样的特点？如何培养这种能力？这都是美学的题中应有之义。康德的《判断力批判》就是专门研究鉴赏判断力的一部美学著作。

人在进行审美判断活动时，有哪些心理元素参与其中？经历了怎样的一种心理过程？其心理活动有什么特点？等等。研究这些问题，是美学分内的事。这些问题涉及心理学，所以美学在研究这些问题时就要借助心理学的知识。这样，在对审美心理的研究上，就发生了心理学和美学的交集，从而产生了审美心理学这门交叉学科。审美心理学不仅为美学所需要，也对心理学有益处，如列·谢·维戈茨基（Л. С. Выготский, 1896—1934）所说的：“一方面，艺术学越来越需要心理学的论证。另一方面，心理学在力求解释个人行为时，不能不注意审美反应的复杂问题。”[④] 心理学知识的介入，把美学对审美心理的

---

① ［德］黑格尔：《美学》第1卷，商务印书馆1986年版，第231页。

② ［德］席勒：《美育书简》，中国文联出版公司1984年版，第116页。

③ 参见《马克思恩格斯全集》第42卷，第125页。

④ ［苏］列·谢·维戈茨基：《艺术心理学》，上海文艺出版社1985年版，第14页。

研究引向了人的心灵深处，使美学立足在实证的基础上；审美心理受到关注，使心理学为自己开辟了一个新的领域，从而丰富了自己的内容。审美心理问题，既有属于心理学的方面，也有属于美学的方面，心理学家荣格（Carl Gustav Jung，1875—1961）说："美学实质上是应用心理学"①，这话不无道理，因为对审美心理的研究实际上就是把心理学的知识应用到了美学研究中。但是，单靠心理学是说不清美学问题的，即使是审美心理问题。美学同心理学虽然在某些问题上有交集、交叉，但是它们毕竟是两门性质不同的学科。对这一点，荣格有清醒的认识，他说道："艺术本质上并非科学，科学本质上也并非艺术。心灵的这两种领域各自保持着某种对它们自己说来是独特的东西，并且只能用它们各自的术语来加以解释。因此当我们谈论心理学与诗歌的关系时，我们将仅仅讨论艺术中可以交给心理学深入考察而并不亵渎其性质的方面。心理学家关于艺术所不得不说的一切，都将被限制在艺术创作过程的问题上而与艺术最隐秘的本质无关……"② 所以，在对审美主体的审美心理的研究中，美学需要心理学的帮助，但是，心理学代替不了美学。

（四）对美和艺术的哲学思考

克罗齐认为："美学就是具有深刻哲学性的科学，只有具备这个条件，它才能存在。"③"哲学性"是什么意思？克罗齐没有作出解释。从哲学一词的词源考察，或许能够获得对"哲学性"比较切近的理解。哲学一词源于希腊文 philosophia，意即爱智慧。爱智慧就是爱提问题，爱作思考，爱刨根问底，爱穷本溯源，就像苏格拉底那样，认为不经过思考的生活是不值得生活的。承袭了爱智慧的精神的哲学作为一门学问，它以探索自然、社会和人类思维的普遍规律为自己的任务。由此可以推知，所谓美学的哲学性，指的是美学应该对美和艺术的一些根本性

---

① ［瑞士］荣格：《心理学与文学》，三联书店 1987 年版，第 220 页。

② 同上书，第 109 页。

③ ［意］克罗齐：《美学或艺术和语言哲学》，中国社会科学出版社 1992 年版，第 281 页。

的、深层次的和普遍性的问题进行深入的思考。黑格尔谈到柏拉图对哲学的要求，也应有助于我们对“哲学性”的含义的理解，黑格尔说道：“柏拉图是第一个对哲学研究提出更深刻的要求的人，他要求哲学对于对象（事物）应该认识的不是它们的特殊性而是它们的普遍性。”①

对美的本质的问题的思考，最能体现出美学的哲学性。首先，这个问题是美学的根本问题；其次，非哲学的思考，根本进入不了这个问题。对于这个问题可以说是歧见迭出，聚讼纷纭。爱作哲学思考的席勒（J. C. F. Schiller，1759—1805）相信千姿万态的美有其共同的本质，他在一首题为《美》的小诗中这样写道：“你万古一体，而形式无边无际。正是在这形式的无穷里蕴含着你的统一。”② 那么，这“统一”即无边无际的美的共同性是什么呢？席勒在《论美书简》中给出了答案，他认为：“美的根据到处都是现象中的自由。”③ 而歌德（Johann Wolfgangvon Goethe，1749—1832）虽然承认存在着美的本质，但认为它不可言说，因此他讥笑那些努力探寻美的本质的美学家，他说：“我对美学家们不免要笑，笑他们自讨苦吃，想通过一些抽象名词，把我叫作美的那种不可言说的东西化成一种概念。美其实是一种本原现象，它本身固然从来不出现，但它反映在创造精神的无数不同的表现中，都是可以目睹的，它和自然一样丰富多彩。”④

美学史上最先提出美的本质的问题，并且对它进行苦苦探寻的第一人，当数柏拉图（Plato，前 427—前 347）。柏拉图在题为《大希庇阿斯》的一篇对话中，把美的事物即审美对象同“美本身”即美的本质明确地区分开来，并且声明他要探讨的是“美本身”，即什么是“美的真正本质”，也就是“一切美的事物有了它就成其为美的那个品质”。他在探索的过程中，一一否定了美是小姐、美是汤罐、美是黄金、美是有用、美是合适、美是有益、美是善等选项，却到底也没有拿出美是什

---

① ［德］黑格尔：《美学》第 1 卷，商务印书馆 1986 年版，第 27 页。

② 转引自毛崇杰《席勒的人本主义美学》，湖南人民出版社 1987 年版，第 58 页。

③ ［德］席勒：《秀美与尊严》，文化艺术出版社 1996 年版，第 59 页。

④ 《歌德谈话录》，人民文学出版社 1980 年版，第 132 页。

么的肯定意见，最后他无奈地承认："美是难的。"即要找到美的本质是困难的。在柏拉图之后，有许多美学家踵武前贤，继续探讨美的本质。如狄德罗（D. Diderot，1713—1784）就写过一篇探讨美的本质的专论，文章的标题"美之根源及其性质的哲学的研究"就彰显了文章的主旨。狄德罗在文章一开头就感慨系之地说："在开始美之根源这一困难的研究之前，首先注意到人们谈论得最多的东西，每每注定是人们知道得很少的东西，而美的性质就是其中之一。"① 历史上有许多美学家对美做过探讨，下过这样那样的定义，如美是关系、美在于事物的完善、美是事物的令人愉快的性质，等等。这一切定义都不能令人满意，不能服众。可以说，"美是难的"成了千百年来美学家们的同声感叹。职是之故，就有人主张干脆放弃对美的本质的探讨，如瑞恰兹（L. A. Richards，1893—1980）就说："许多聪明人事实上已经放弃了美学的冥思，对有关艺术性质或对象的讨论不再感兴趣，因为他们觉得几乎不存在达到任何明确结论的可能性。就事物是美的这类判断而言，权威在作判断方面似乎有如此巨大的分歧，这种时候，他们也同意，没有什么方法可以认识他们要取得一致的是什么东西。"② 我倒认为，情况并不像瑞恰兹所说的那样悲观。尽管"美是难的"，但是众多美学家的探索并非全是徒劳无功、一无所得的。应该看到，收获还是有的，如黑格尔提出"美是理念的感性显现"，马克思隐然地提出"美是人的生命的自由表现"，诸如此类的观点对于揭示美的本质，终究是有所启发、有所前进的。

除了美的本质之外，美和艺术中需要进行哲学思考的问题还有很多很多。让我们从已经过哲学思考并已取得了成绩的问题中举出一些事例吧，比如，康德之于审美判断的契机、茵加登（RomanIngarden，1893—1970）之于艺术作品的结构、伽达默尔（Hans-Georg Gadamer，

---

① ［法］狄德罗：《美之根源及其性质的哲学的研究》，《文艺理论译丛》1958年第1期。

② 转引自朱立元、张德兴等《西方美学通史》第6卷，上海文艺出版社1999年版，第316页。

1900—2002）之于艺术作品的存在方式、海德格尔（Martin Heidegger，1889—1976）之于艺术的本源，等等。记住美学的哲学性，这就是深化对美和艺术问题的研究的推动力。

有一种有意思的现象，似乎跟美学的哲学性不无关系，不妨在此一提。从美学家的出身来说，可以分成两类，一类是从哲学家出身，一类是从艺术家出身。前者如柏拉图（著有《大希庇阿斯》）、亚里士多德（Aristotle，前 384—前 322，著有《诗学》）、康德（Immanuel Kant，1724—1804，著有《判断力批判》）、黑格尔（Georg Wilhelm Friedrich Hegel，1770—1831，著有《美学》），后者如达·芬奇（Leonardoda Vinci，1452—1519，著有《笔记》）、荷迦兹（William Hogarth，1697—1764，著有《美的分析》）、罗丹（Auguste Rodin，1697—1764，著有《艺术论》）、列夫·托尔斯泰（1828—1910，著有《艺术论》）。在美学史上成为里程碑式的人物的，统统是有哲学家身份的人，而没有一个是纯粹的艺术家。这个现象不是发人深省吗？

六　从两种审美学体系谈到审美学研究的方法

德国心理学家、哲学家古斯塔夫·奥特多尔·费希纳（Gustav Theodor Fechner，1801—1887）指出，以往的美学研究有两种方法，一种是自上而下的方法，一种是自下而上的方法。这两种方法遵循着不同的思想路线，他写道："自上而下地研究美学，就是从最一般的观念和概念出发下降到个别；自下而上地研究美学，就是从个别上升到一般。在前者，审美经验领域只被纳入或从属于一种由最高观点构造出来的观念的框架；在后者，则根据审美的事实和规则自下开始去建造这个美学。"① 这两种研究方法亦可被称为哲学的方法和经验的方法，两种研究方法形成了两种美学体系，即自上而下的美学和自下而上的美学，亦

① 李醒尘主编：《十九世纪西方美学名著选·德国卷》，复旦大学出版社 1990 年版，第 417 页。

可被称为哲学的美学和经验的美学。哲学的美学的代表人物是康德、谢林（Friedrich Wilhelm Joseph Schelling，1775—1854）、黑格尔。让我们以黑格尔的美学为例来看哲学美学的特点。黑格尔建立了庞大的、包罗万象的哲学体系，“理念”是他的哲学体系的最高范畴。他认为，理念是世界的本原，整个自然界和精神界都是由理念的生长和发展形成的，恰如由一颗种子的生长、发展而形成一棵大树的整个生命过程一样。黑格尔从他的哲学体系出发，推演出他的美学体系，美学体系是他的哲学体系的一种衍生物、一个分支。黑格尔的美学核心命题是“美是理念的感性显现”，这个命题显示出由他的哲学体系延伸到他的美学体系的极为鲜明的痕迹。他明确地宣告：“对于我们来说，美和艺术的概念是由哲学系统供给我们的一个假定。”① 黑格尔在建立起美学体系之后，就把他所获得、所具有的丰富的审美经验和渊博的艺术知识纳入和填充到他所建构的美学体系的框架之中。经验的美学的代表人物是哈奇生（Francis Hutcheson，1694—1747）、荷加斯（Willian Hogarth，1697—1764）、博克（Edmund Burke，1729—1797），还有费希纳。且以荷加斯和费希纳的美学为例来看经验的美学的特点。荷加斯是一位画家，他著有《美的分析》一书，他根据自己的经验，从绘画的构图和形式中提炼出一些规则，如适应、多样、统一、单纯、复杂和尺寸，认为这些规则互相补充、互相制约创造出了美。费希纳创立了实验美学，自然是经验的美学的典型。他所使用的实验方法有三种：一是选择法，让受试者从一大堆各种几何图形中选取自己最喜爱的图形；二是制作法，让受试自主地制作出自己喜爱的图形；三是测量法，对受试者所喜爱的生活用品的大小比例进行测量，企图从这种实验所取得的结果中归纳出一些美的规则，并确定什么是美的事物。

费希纳对上述两种方法以及与之对应的两种美学体系的优缺点作出了恰当的分析和评论。关于哲学的美学，他指出：“哲学的美学比经验的美学能有更高的格调，正如自然哲学能有比物理学和生理学有更高的

---

① ［德］黑格尔：《美学》第1卷，商务印书馆1986年版，第32页。

格调一样。”[①] 所谓“更高的格调”，指的是“一般的观点和观念”，即事物的普遍的规律。但是，哲学的美学的缺点是“极为缺乏经验的根据”，所以他认为，“我们所有哲学美学的体系都好像是泥足巨人”。[②]我以为这个评论是切中肯綮的。拿康德美学和黑格尔美学来说，确实都有很高的格调，很注意探求美和艺术的普遍规律，但是，这两种美学都有共同的不足，就是缺乏和忽视实际的审美经验。康德认定审美判断具有普遍原理，并不是依据实际的审美经验，而是“按类比法来猜测”、“按类比法来判断”[③] 而得到的一种信念。黑格尔美学的体系也不是建筑在实际的审美经验的基础之上，而是发源于他的哲学。他把艺术分为三种类型，即象征型、古典型和浪漫型。三个类型实际上是三种风格。它们是一个发展链条上前后相继、互相衔接的三个环节，从而构成了世界艺术风格发展史。他所讲的是世界艺术类型（风格）发展史。然而，他对艺术类型（风格）进行分类的原则，却不是从对世界艺术发展历史的大量事实进行系统、深入研究中取得的，而仅仅是从他的哲学体系推演来的，他承认：“艺术的各种特殊的类型，它们都是从理念这个概念的内容发展出来的，这内容通过艺术才得到具体存在。”就是说，各种艺术类型以理念为其根源，理念借助于这些类型才得到表现。“至于这个理念所借以实现的类型之所以不同，是由于类型所表现的有时是理念的抽象定性，有时是理念的具体的整体。”[④] 象征型艺术是由于理念尚未找到适合于表现自己的形式，所以形式对理念还只是一种图解。古典型艺术的特点是“理念自由地妥当地体现于在本质上就特别适合这理念的形象”，所以古典型艺术是最完美无缺的艺术。浪漫型艺术的产生，是由于理念作为“绝对的永恒的心灵”，即作为世界本原的绝对精神，艺术用感性的具体的形象不足以把它完满地表现出来，所以浪漫型

---

① ［德］费希纳：《美学前导》，载李醒尘主编《十九世纪西方美学名著选·德国卷》，复旦大学出版社 1990 年版，第 419 页。

② 同上书，第 420 页。

③ 《康德美学文集》，北京师范大学出版社 2003 年版，第 424 页。

④ ［德］黑格尔：《美学》第 2 卷，商务印书馆 1979 年版，第 3—4 页。

艺术虽然仍要用形象，但形象已变得无足轻重了。这三种类型的艺术不过是理念自生发的三个阶段，如黑格尔所指出的："这三种类型对于理想，即真正的美的概念，始而追求，继而达到，终于超越。"[①] 从以上叙述可以看出，黑格尔对三个艺术类型的分析纯粹是哲学思辨的成果，而不是对世界艺术风格发展的实际情况进行严肃、认真的探索而生成的理论结晶。因此，它是经不起事实和历史的检验的。

关于经验的美学，在费希纳看来，它的优点是克服了哲学美学的缺点，它立足于实际的审美经验，把实际的审美经验作为出发点。它的缺点是，"难于达到最一般的观点和观念，很容易停留于个别性、片面性，受到次要价值和次要作用的观点的束缚"。[②] 这个批评击中了一般的经验美学的软肋，也可以看作费希纳对他自己的实验美学的弱点的自我反省。

在对美学的两种方法进行反思的基础之上，费希纳期望产生出一种新的方法和新的美学。他认为，两种方法可以"相互得到补充"，他希望"把两条道路的优点统一起来"。在这种"统一"之中，自下而上的美学应该成为自上而下的美学的"最重要的先决条件"，而自上而下的美学要保持住自己的具有更高格调的特性。我认为，费希纳已接近于得到这样的认识：美学研究要以现实中的审美现象、审美活动、审美经验为基础、为出发点，由此"上升"到美学的一般原理、一般规律。这一般原理、一般规律又要下降到现实的审美现象、审美活动和审美经验中接受检验。如此循环往复，使美学原理得到修正、证实和丰富。[③]

费希纳所追求的未来的美学的研究方法同格罗塞所倡导的艺术科学的方法相一致。格罗塞（Ernst Grosse，1862—1927）在其名著《艺术的起源》一书中谈到艺术科学的方法，他写道："科学的职务，是在一定群的现象的记述和解释。所以每种科学，都可以分成记述和解释两个

---

① ［德］黑格尔：《美学》第 2 卷，商务印书馆 1979 年版，第 103 页。

② ［德］费希纳：《美学前导》，载李醒尘主编《十九世纪西方美学名著选・德国卷》，复旦大学出版社 1990 年版，第 418 页。

③ 同上书，第 419 页。

部门——记述部门，是考究各个特质的实际情形，把它们显示出来；解释部门，是把它们归成一般的法则。这两个部门，是互相依赖、互相联系的，康德表示知觉和概念间的关系的话，刚巧适合于它们：没有理论的事实是模糊的，没有事实的理论是空洞的。”①

费希纳所追求的、格罗塞所倡导的美学研究的方法，符合恩格斯所指出的辩证唯物主义的方法。恩格斯写道，不论在自然科学或历史科学的领域内，必须从既定的事实出发，因而在自然科学中必须从物质的各种对象形态和各种运动形态出发。因此，在理论的自然科学中不能虚构一些联系放到事实中去，而是要从事实中发现这些联系，并且在发现了之后，就要尽可能地用经验去证明。② 美学属于历史科学，这段话所讲的科学研究的方法对美学完全适用。马克思的《资本论》，也依循了这个方法。列宁说过，《资本论》不是别的，正是把堆积如山的实际材料总结为几点概括的、彼此紧相联系的思想。③

---

① ［德］格罗塞：《艺术的起源》，商务印书馆 1987 年版，第 1—2 页。

② 参见［德］恩格斯《自然辩证法》，人民出版社 1960 年版，第 27 页。

③ 参见《列宁全集》第 1 卷，人民出版社 1955 年版，第 121 页。

第一章　审美的发生

歌德曾自道经验说："有一个情况对我很有利，在观察事物之中，我总是注意到它们的发生学过程，从而对它们得到最好的理解。"① 很多哲学家都认同歌德的观点，说过同样意思的话。哲学家维柯（Giovanni BattistaVico，1668—1744）指出："科学必须从它们的题材那里开始。"② 他还把这个方法称为"科学皇后"。语言学家索绪尔（Ferdinand De Saussure）认为，认识某一事物的起源，有助于明了它的真正性质，他写道："人们往往断言，认识某一状态的起源是最重要不过的。这在某种意义上说是对的，形成这一状态的条件可以使我们明了它的真正性质，防止某种错觉。"③ 上述三人所说的话，有一种方法论的意义，那就是，研究任何事物，都要注意它的发生学过程，这对于了解这一事物的性质和特点大有裨益，对审美的研究也不例外。诚如格罗塞所说："如果我们有能获得文明民族的艺术的科学知识的一天，那一定要在我们能明了野蛮民族的艺术的性质和情况之后。这正等于在能够解决高等数学问题之前，我们必须先学会乘法表一样。所以艺术科学的首要而迫切的任务乃是对原始民族的原始艺术的研究。"④ 正是根据这一思想，我们首先需要探讨一下在原始民族那里出现的审美的发生。

---

① 转引自朱光潜《西方美学史》下卷，人民文学出版社 1964 年版，第 83 页。

② ［意］维柯：《新科学》，人民文学出版社 1987 年版，第 144 页。

③ ［瑞士］费尔迪南德·索绪尔：《普通语言学教程》，商务印书馆 1980 年版，第 130 页。

④ ［德］格罗塞：《艺术的起源》，商务印书馆 1987 年版，第 17 页。

第一节　审美是人类的特权

人们常说，爱美之心人皆有之。这里有一个问题，爱美之心即美感是人类与生俱来的品性呢，还是在人类告别动物祖先之后逐渐产生出来的能力呢？要回答这个问题，有一个关节需要首先搞清楚，那就是动物有没有审美？进化论告诉我们，人是由动物进化而来的。如果动物有美感，那么由动物进化而来的人类天生就具有美感；如果动物没有美感，那么原始的人类在告别动物祖先而成为人类的那一刻也理应是没有美感的。美感应是人类在自己的发展过程中慢慢地生长出来的。

那么动物究竟有没有美感呢？进化论的创立者达尔文（Charles Darwin，1809—1882）对这个问题进行过实证的、深入的研究。他的意见值得我们重视。达尔文在《人类的由来》（该书全名为《人类的由来与性选择》）一书中有一章的标题是“人类和低等动物在心理能力方面的比较”，其中就有“审美的感觉”的比较。他指出，如果把由于某些颜色、形状和声音所引起的愉快称为审美感的话，那么动物也有审美感，而且动物所喜欢的美声、美色和美形一般也为人所喜欢。从这个意义上说，审美感非人所独有。但是，值得注意的是，达尔文指出，动物的美感同人的美感相比有一些重要的局限，从而使得两者显出重大的差别。这种差别主要有如下几点：第一，就性质说。动物的美感限于性吸引，是一种动物本能；而人的美感则是一种文化发展的结果。达尔文写道：“就绝大多数的动物而论，这种对美的鉴赏，就我们见识所及，只限于对异性的吸引这一方面的作用，而不及其他。”[①] 达尔文在《物种起源》一书中重申了这个观点。该书在“功利说有多少真实性，美是怎样获得的”这样一个标题之下谈到动植物的美，达尔文指出，动物的美丽色彩都是“通过性选择而获得的成果，就是说，由于比较美的

① ［英］达尔文：《人类的由来》，商务印书馆 1986 年版，第 136 页。

雄体曾经、继续被雌体所选中，而不是为了取悦于人”[①]。动物的美感来自性选择的一个有力的证据是，动物的绚烂色彩出现于性成熟期，而且，动物只在叫春季卖弄它的美丽。由此可见，动物的美感纯粹是生物性的感觉，它仅出现于性成熟期，是为了性吸引的需要。因此可以说仅仅是一种纯粹的性感，与人类的美感性质不同，两者不可混为一谈。中世纪的托马斯·阿奎那（Saint Thomas Aquinas，1226—1274）就已认识到了这一点，他说：“其他动物对感官对象不会引起快感，除非这些对象与食物与交配有关，但是人却可以单以对象本身的美得到乐趣。”[②]达尔文进一步指出，人的美感是文化发展的结果，通过教养而获得，他写道：“这种高度的鉴赏能力是通过文化才取得的，而和种种复杂的联想作用有着依存的关系，甚至是建立在这种种意识联系之上的。”他又说：“人类既开化之后，他们的美感显然是一种愈益复杂的感觉，而且这是同理智的观念联系在一起的。这等高尚爱好是通过教养才获得的。”[③] 第二，就范围说。动物的美感范围非常狭隘，仅仅限于性吸引一个单一的向度；而人的美感远远超出了这个范围，而且主要是在这个范围之外，扩展到了非常广阔的领域。现实生活中的美、自然的美和艺术的美都是在人的审美视野之内。达尔文说得完全正确：“显而易见的是，夜间天宇澄清之美、山水风景之美、典雅的音乐之美，动物是没有能力加以欣赏的。”[④] 我国古代思想家庄子的直觉为达尔文的观点提供了佐证。《庄子·至乐篇》写道：“《咸池》、《九韶》之乐，张之洞庭之野，鸟闻之而飞，兽闻之而走，鱼闻之而下入，人卒闻之，相与还而视之。”达尔文指出了人的美感同动物的美感的两点区别，这表明了在他的心目中，如果以人的美感为标准来衡量的话，动物是没有美感的。达尔文的这个看法无疑是正确的。因此，可以说，审美是人类的特权。

① ［英］达尔文：《物种起源》，商务印书馆1995年版，第220页。

② 北京大学哲学系美学教研室编：《西方美学家论美和美感》，商务印书馆1982年版，第67—68页。

③ ［英］达尔文：《人类的由来》，商务印书馆1986年版，第137页。

④ 同上。

正因为动物是没有美感的，由动物进化而来的人的美感才有一个发生的过程。达尔文说过，美感如何在人类和低于人类的心理里发展起来，这对他来说实在是一个很难解的问题。[①] 这是因为他是一位生物学家，而审美的发生是一个社会学的问题。靠生物学的钥匙是打不开社会学问题之锁的。生物学与社会学是两个不同的领域。诚如普列汉诺夫所说："社会学者的研究领域恰恰开始于达尔文主义者的研究领域终结的地方。"[②] 所以，有必要从发生学的视角研究审美的发生。

有一点值得一提，达尔文谈到了人的美感的生物学根据。上面说过，人的美感与动物的美感（实际是性感）是不可同日而语的。但是，有些动物所喜爱的美的形式也往往为人类所欣赏。这个事实应如何理解？达尔文是这样解释的："有的人承认进化原理，但对雌性有哺乳类、鸟类、爬行类和鱼类能够获得鉴赏雄者美貌的高度能力，而且这种鉴赏能力一般符合于人类的标准，却感到难以承认。这些人应该思考一下以下情况，即：一系列脊椎动物的最高等成员以及最低等成员的脑神经细胞都是起源于这一大界的一个共同祖先的脑神经细胞。这样我们就能知道何以会发生这种情形：在各种大不相同的类群中某些心理官能按照差不多同样的方式和差不多同样的程度而发展的。"[③] 这样，达尔文既辨明了人类的美感同动物的美感即性感的质的区别，又看到了这两者间的渊源关系，看到了人类的美感的深厚的生物学根基。我认为这个看法是很有道理的。高尔基就认同达尔文的观点，他认为："美学的主要品质就是有机界在心理上所固有的力求形式美的愿望。"他把这称为"天然的美学"。不过高尔基紧接着补充说，人类把"天然的美学"跟社会生活紧密相连，从而使之得到了充实和提升。他写道："人们在这种'天然美学'之上添加了另一种愿望，就是改进社会生活方式。创造条件使人的机体可以和谐地发展，尽量减少阻碍其正常和全面发展的

---

① 参见［英］达尔文《物种起源》，商务印书馆 1995 年版，第 221 页。

② ［俄］普列汉诺夫：《没有地址的信　艺术与社会生活》，人民文学出版社 1962 年版，第 16 页。

③ ［英］达尔文：《人类的由来及性选择》，科学出版社 1992 年版，第 744 页。

障碍。”[①] 桑塔耶纳（C. Santayana，1863—1952）也谈到人的天性中有爱美的倾向，而这种天性跟动物对美形、美色的爱好存在联系，他写道：“最近，我们甚至知道，许多动物的外貌也是因两性选择悦目的颜色和形状所残留的遗迹。所以，我们天性中必定有一种审美和爱美的最根本最普通的倾向。”[②] 这个看法同达尔文的观点十分接近。

第二节 探索审美发生的几种方法

人类的审美，发生于几万年前的原始人那里。原始人类已消失在历史的长河之中。我们既无缘访问原始人，也无法实地考察审美的发生。那么，怎样来研究审美的发生呢？研究审美的发生需要有一些特殊的方法。玛克斯·德索指出，探索艺术起源的方法有三种，他写道：“史前时代的遗物已经反映出艺术的开端，而且就连今天所正在了解的儿童和原始人的情况，也为这种开端提供了线索。首先，我们应当研究一下这些事实，并将它们当作关于艺术起源的推断的基础。”[③] 探索艺术起源的方法同样是研究审美发生的方法。因为艺术是审美领域中的一个非常重要而突出的部分。

下面，我们就来对三种方法分别加以说明。

第一种方法，用考古学的观点和学识，对所发现的史前的审美遗迹和遗物进行分析和研究。作为这些遗迹和遗物的，有洞窟壁画，如西班牙的阿尔塔米拉洞窟壁画；有雕刻制品，如发现于奥斯塔利亚的被称为“温林多维纳斯”的石雕女性裸像；有各种陶器，如大汶口出土的动物形陶器；有各种饰物，如北京人遗址出土的项链，等等。这些物品是研究审美发生的第一手资料，因而也是最可靠、最有力的实物证据。它的本原性和实证性是无可置疑的。但是，利用这些实物来考察审美的发

① ［苏］高尔基：《论文学》续集，人民文学出版社 1983 年版，第 372 页。

② ［美］乔治·桑塔耶纳：《美感》，中国社会科学出版社 1982 年版，第 1 页。

③ ［德］玛克斯·德索：《美学与艺术理论》，中国社会科学出版社 1987 年版，第 224 页。

生，却会碰到一个很大的困难，那就是原始人留下了这些实物，却没有留下任何能说明这些实物的性质和用途的佐证。原始人制造这些物品的动机究竟是什么？是出于审美的目的呢，还是别有用意？这些物品派什么用场？是当作审美对象呢，还是别有用处？这些都是需要我们去破解的谜团。要破解这些谜团却不是一件易事。黑格尔曾经谈到理解古代美术品的难处，他写道："它的现在就是它们为我们所看到的那样——是已经从树上摘下来的美丽的果实，一个友好的命运把这些艺术作品传递给我们就像一个少女把那些果实贡献给我们那样。这里没有它们具体存在的真实生命，没有长有这些果实的果树，更没有支配它们成长过程的一年四季的变换。同样，命运把那些古代艺术品给予我们，但却没有把它们的周围世界，没有把那些艺术品在其中开花结果的当时伦理生活的春天和夏天一并给予我们，而给予我们的却是对这种现实性的朦胧的回忆。"① 黑格尔的话完全适用于我们面对那些由原始人留下的或许是审美遗物的情况。牛志诚在对阴山岩画进行解读的过程中，就碰到了黑格尔所说的困难。请听他说的对这个困难的真切的体会。他指出，阴山岩画有双重意义。"表层意义只与图像的原初物象有关，而深层意义则象征着图像在特定文化中的所指和功能，表层意义面对着我们，而深层意义则属于当时的使用者。这双重意义的显现，全在于我们与原始人的文化情境的差别。我们失却了原始人的文化情景，我们失却了在这一情境中的切实体验，那在原始人眼中展现的意义，就成了我们的盲点。"② 需要具有非常丰富的考古学的知识和经验，才有可能破解这些盲点。

第二种方法，通过对残存在现代的原始部族的艺术和审美活动的研究，以此为参照来探究审美的发生。当今世界的原始部族是远古原始人的残余，被恩格斯称为"社会的化石"③。远古的原始人与他们的现代残余，这两者之间无疑有相似之处。这相似之处就是我们由现

① ［德］黑格尔：《精神现象学》下卷，商务印书馆 1979 年版，第 231 页。

② 牛志诚：《生殖巫术与生殖崇拜》，《文艺研究》1991 年第 3 期。

③ 《马克思恩格斯全集》第 21 卷，人民出版社 1965 年版，第 423 页。

代的原始部族的艺术和审美活动来探讨审美的发生的依据，这种探讨自有它的合理性。在19世纪初期和中期，人类学在西欧和美洲各国兴起，引发并有力地推动了这种研究审美发生的方法，同时为这种方法提供了大量的有用的材料。这种方法结出了硕果，产生了一批对审美发生具有卓见的著作，如格罗塞的《艺术的起源》、普列汉诺夫的《没有地址的信》、博厄斯（Franz Boas，1858—1942）的《原始艺术》，等等。人类学所发掘和提供的现代原始部族的审美物件和艺术作品的资料，不仅对于审美发生的研究有独立的价值，而且，对于解读史前的原始人的或许是审美遗留物的内涵也是难得的参照物。不过我们也要清醒地看到，原始人的现代残余同真正的远古的原始人终究不可同日而语。这两者在时序上相差几万年之久，不难想象，他们的发展程度应有很大差别；更重要的是，现代残存的原始部族无论在物质生活还是精神生活方面都或多或少地受到了现代文明的影响，他们的生产、生活和观念都不同程度地发生了改变。所以他们只是远古的原始人的近似者。如李斯托威尔（Listowel）所指出的："由于当代的一些原始部族是史前社会唯一的残存者，独一无二的证人，他们是进化发展突然受到阻碍时产生的结果，因此在原始人类和史前人类的生活与艺术活动之间，就存在着一定的类似——必须承认，这也是大体的类似。"①

第三种方法，以对现代儿童的审美心理和艺术活动的研究为参照，来推测审美的发生。一些学者认为，儿童心理同原始人的心理有相近或相似之处，因此可以假途于对儿童的心理研究，来探究史前人类的认识功能。心理学家让·皮亚杰（Jean Piaget，1896—1980）写道："关于史前人类概念的形成的文献是完全缺乏的，因为我们对史前人类的技术水平虽然有一些知识，我们却没有关于史前人类认识功能的充分补充材料。所以摆在我们面前的唯一出路，是向生物学家学习，他们求教于胚胎发生学以补充其贫乏的种族发生学知识的不足，在心理学方面，这就

① ［英］李斯托威尔：《近代美学史评述》，上海译文出版社1980年版，第199页。

意味着去研究每一年龄儿童的个体发生情况。"[①] 从这种认识出发，就找到了探讨审美发生的一条新途径。如美学家玛克斯·德索所指出的："美学理论常常追迹到儿童的游戏中去，藉以解释艺术特征。这种回归的目的是要在普遍的人类才能中找到那种试图进行艺术创作与艺术欣赏的非常使人迷乱的事件的根源，要从基本和普遍的人性特质中获取艺术感。"[②] 法国心理学家吕凯（G. H. Luquet）就曾将原始艺术与儿童艺术做了深入的分析、比较，认为原始人的艺术和儿童的艺术有着很大的共同点，他们的目标都不是"客观的现实意义"，而是"精神的现实主义"。如朱狄所指出的，吕凯的研究有助于我们更好地理解原始艺术的特点[③]。不过，总的说来，在这条途径上，如今还不见有人提出对于了解审美发生有较高价值的观点。对个中缘由，玛克斯·德索有过很好的解释，他写道："因为今天的儿童与早期的人类生活的条件极不相同，（甚至与现存未开化的民族所生活的条件也极不相同），所以现今儿童艺术的发展要概括人类的艺术发展是完全不可能的。实际上，儿童简单的涂抹与哼唱和原始人的石画及音乐显然相去甚远。"[④]

第三节　历史上的几种审美发生论

历史上，对审美发生进行过探索并提出了自己的见解的，不乏其人。他们当中既有哲学家、神学家、心理学家，也有人类学家。在他们所提出的审美发生论当中，较有理论性且有较大影响的主要有如下几种，下面我们对之略加述评。

第一种，美自上界来。这种观点的代表人物是柏拉图（Plato，前

① ［瑞士］让·皮亚杰：《发生认识论原理·英译本序言》，商务印书馆 1996 年版，第 13 页。

② ［德］玛克斯·德索：《美学与艺术理论》，中国社会科学出版社 1987 年版，第 233 页。

③ 参见朱狄《原始文化研究》，三联书店 1988 年版，第 205 页。

④ ［德］玛克斯·德索：《美学与艺术理论》，中国社会科学出版社 1987 年版，第 224 页。

427—前 347）和普洛丁（Plotinus，205—270）。

柏拉图认为，世界万象的本原是理念（Eidos）。万事万物各有一个理念，柏拉图把它称为该事物的“本身”或“实体”（“美本身”或“善本身”之类）。美的理念或美本身同一切理念一样是永恒的，它是无始无终、不生不灭、不增不减的。如果在美本身之外，还有其他美的东西，这东西之所以美，就只能是因为美本身出现在它上面，或者为它所分有。[①] 所以，世间的美不过是“美本身的一个成功的仿影”[②]。而美的理念或美本身，在柏拉图看来，“无妨说是神制造的，因为没有旁人能制造它”[③]。美本身存在于神所居住的“天外境界”，或曰“上界”[④]。柏拉图还认为“灵魂在取得人形以前，就早已在肉体以外存在着，并且具有着知识”[⑤]。每个灵魂曾在上界观照过美本身，它降落凡间附到人体上之后，就仿照美本身制作了各种各样美的事物，就像木匠按照床的理式（床本身）制造了形形色色的木床一样。所以，人世间的美不过是“美本身的一个成功的仿影”。显然，按照柏拉图的观点，美来自上界。

柏拉图的观点为中世纪神学家普洛丁（Plotinus，205—270）所直接继承。他认为，事物之所以美，“是由于它们分享到一种理式”[⑥]，而理式来自于神明。所以，他十分明白地说：“神才是美的来源。”[⑦] 把美的发生推到虚无缥缈的上界，归之于神明，这种观点的谬误是显而易见的。这跟柏拉图生活于公元前 5—前 4 世纪的古希腊、生活于那些古代宗教的残余观念仍有影响的时代是不无关系的。

---

① 参见北京大学哲学系外国哲学史教研室编译《西方哲学原著选读》上卷，商务印书馆 1987 年版，第 73 页。

② ［古希腊］柏拉图：《文艺对话集》，人民文学出版社 1983 年版，第 127 页。

③ 同上书，第 70 页。

④ 同上书，第 121、125 页。

⑤ 北京大学哲学系外国哲学史教研室编译：《西方哲学原著选读》上卷，商务印书馆 1987 年版，第 82 页。

⑥ 北京大学哲学系美学教研室编：《西方美学家论美和美感》，商务印书馆 1982 年版，第 54 页。

⑦ 同上书，第 57 页。

第二种，美源于性本能。这是心理学家弗洛伊德（S. Freud，1856—1939）的观点。

弗洛伊德把人的心灵分为三个层次，即本我（id）、自我（ego）和超我（super-ego）。本我是各种本能和欲望的储藏所，它成为潜意识的主体。本我同外界发生关系的部分就变成了自我，自我是经过特殊分化的本我的一部分。本我是本能和欲望，自我代表常识和理想。本我受“快乐原则”支配，自我受“现实原则”指导。自我与本我的关系犹如骑士跟马的关系。超我是自我的一个更高的等级，它是一种“自我理想”，“自我理想在一切方面都符合我们所期待的人类更高级的东西”，这就是我们通常所说的良心。自我服从超我发出的绝对命令。弗洛伊德认为，在构成本我的各种本能和欲望当中，最原始、最基本也是最强有力的东西是性欲。性欲以及其他各种本能由于受到自我和超我的限制与压抑，不能任意发泄，不能随时随地得到满足，人因而会感到痛苦和失落。为了忍受生活，我们不能没有缓冲的措施和补救的办法。这类措施和办法有三种：一是强有力的转移，以使我们无视我们的痛苦；二是替代的满足，以减轻我们的痛苦；三是陶醉，以使我们对痛苦的感觉变得迟钝、麻木。① 被限制、被压抑的性本能之所以可以转移和替代，是因为性本能有一种特性，那就是“性本能具备升华能力”。“它有能力让其他具有更高价值的、不是性的目标来取代它的直接目标。”② “因此，性的精力被升华了，就是说，它舍却性的目标，而转向他种较高尚的社会的目标。”③ 那“较高尚的社会的目标”就包括艺术和美。弗洛伊德写道：“我们最乐于描写艺术活动是怎样来自于心理的原始本能。我们必须满足于强调这个事实，即一个艺术家创造出来的东西同时也是他的性欲（sexualdesire）的一种发泄（outlet），我们几乎不可能再怀疑这个

---

① 参见［奥］弗洛伊德《文明和他的不满》，《弗洛伊德论美文选》，知识出版社 1987 年版，第 395 页。

② ［奥］弗洛伊德：《列奥纳多·达·芬奇和他对童年的一个回忆》，《弗洛伊德文集》第 4 卷，长春出版社 1998 年版，第 454 页。

③ ［奥］弗洛伊德：《精神分析引论》，商务印书馆 1986 年版，第 8 页。

事实。”[①] 他还说，“生活中的幸福主要来自对美的享受”，而生活中的各种各样的美，人体美、自然美、艺术美，“所有这些确实是性感领域中的衍生物。对美的爱，好像是被抑制的冲动的最完美的例证。‘美’和‘魅力’是性对象的最原始的特征”。[②] 弗洛伊德试图找出审美发生的心理根据，指出了探索审美发生的一个新的方向。这是有积极意义的。但是，他把审美的心理根据归于性本能。这却是十分牵强和偏颇的。如果用他的泛性论来解释艺术作品，就会导致十分荒谬的结果。格罗代克的著作《作为符号的人物形象》一书就充满了这类荒谬的例证。鲁道夫·阿恩海姆（Rudolf Arnheion，1904—2007）指出：“按照他（指格罗代克）的分析，当人们从背面观看伦勃朗的《解剖》或是从右向左观看罗马的群雕《拉奥孔》时，就会发现其中所有的人物姿态都依次再现了男性生殖器从兴奋到萎缩的全过程。”[③] 这个事例向我们显示了滥用泛性论于艺术分析会达到何等荒诞不经的地步。

第三种，美源于巫术。认为巫术是一个重要的审美发源地的观点已被多数人所接受。

这个观点有其坚实的理论基础，那就是弗雷泽关于巫术的学说。在此，我们先将这个学说的要点做简要的介绍。詹姆斯·乔治·弗雷泽（J. G. Frazer，1854—1941）是一位著名的人类学家。他关于巫术的学说主要见之于他的力作《金枝》。《金枝》是一部研究世界各民族的原始信仰，特别是巫术的专著。他在书中指出，巫术赖以建立的思想原则有两条：第一是“同类相生”或“果必有因”；第二是“物体一经相互接触，在中断接触之后还会继续远距离地相互作用”。前者被称为“相似律”，后者被称为“接触律”。基于相似律的巫术叫作“顺势巫术”或“模拟巫术”，就是巫师仅仅通过模仿就能实现他想做的任何事情。基于“接触律”的巫术叫作“接触巫术”，就是巫师能够通过某个物体

---

① ［奥］弗洛伊德：《弗洛伊德文集》第4卷，长春出版社1998年版，第503页。

② ［奥］弗洛伊德：《弗洛伊德论美文选》，知识出版社1987年版，第172页。

③ ［美］鲁道夫·阿恩海姆：《艺术与视知觉》，中国社会科学出版社1984年版，第632页。

来对一个人施加影响，只要该物体曾被那个人接触过，不论该物体是不是那个人身体的一部分①。巫术特别是模拟巫术的活动及其仪式和符号同作为重要的审美对象的艺术有着密切的关系。让我们来看看巫术活动的一些实例。巫师或信仰巫术的人认为，通过破坏或毁掉敌人的偶像就能伤害或消灭敌人。例如，当一位奥吉布威印第安人企图加害于某人时，他就按照仇人的模样制作一个小木偶，然后将一根针刺入其头部或心部。他相信就在他用针戳刺木偶的同时，仇人身体的相应部位会立即感到疼痛。这样施行巫术的情形在《红楼梦》中就有描写。赵姨娘因怨恨凤姐和宝玉，就请马道婆作法害他二人。马道婆于是拿剪子铰了两个纸人儿，把凤姐和宝玉的生辰分别写在上面。又找了一张蓝纸，铰了九个青面鬼，拿针把他们连在一起。马道婆作起法来，凤姐和宝玉就发了疯、得了病。马道婆作的法就是一种模拟巫术。从《红楼梦》的这段情节看来，不仅书中人物赵姨娘和马道婆信巫术，连作者曹雪芹似乎也是信的。又如，美洲印第安人在出去狩猎野牛以前，要跳模拟狩猎野牛的舞蹈，在舞蹈表演中把野牛杀死。他们认为，这种舞蹈有一种象征作用，能使他们真正的狩猎获得成功。由以上例子可以看出，巫术的模仿以及由模仿而形成的形象蕴含着艺术品质的萌芽。一批美学家和艺术学家在《金枝》的启发和影响之下，从巫术活动及其形式中找到了审美发生的契机。说来也巧，史前洞窟壁画首次被发现于 1879 年，那是西班牙的阿尔塔米拉洞窟壁画。从此之后，在欧洲、西班牙、法国等地陆陆续续地又发现了许多洞窟壁画，在意大利和葡萄牙也有发现②。这些洞窟壁画被创造出来是出于什么动机？为了什么用途？这些问题自然成了人们热议的话题。《金枝》恰好在 1890 年问世，1900 年推出第 2 版，在 20 世纪头二十年，又出了第 3 版和第 4 版。三十年间出了四版，足以说明这部著作影响之大。于是就有一些学者，试着用《金枝》的观点来解读洞窟壁画的含义。这种解读比起其他种种解读来是最能让人

① 参见［英］弗雷泽《金枝》上册，中国民间文艺出版社 1987 年版，第 19 页。

② 参见朱狄《原始文化研究》，三联书店 1988 年版，第 253—257 页。

信服的一种。《金枝》关于巫术的学说为解读洞窟壁画的含义提供了锐利的理论武器。S. 雷纳克于1903年在《巫术与艺术，关于驯鹿时代绘画和雕刻的谈话》中第一次把旧石器时代的艺术看作史前信仰的一种证明。1905年，他又在《祭祀、神话和宗教》一书中单列一个章节，名为“巫术的艺术”，明确指出，原始艺术家遗留在法国洞穴中的岩画和雕刻，目的不在于使人愉悦而是在召唤或祈求精灵，他写道：“巫术观念现在虽已无人相信它具有按照人的意志去左右他人或其他事物的神秘力量，不过正如我们所说的那样，这种思想至少在原始艺术家的思想中真的存在过。”① 卢卡契也肯定巫术是审美发生的一个重要源头。他说：“为了产生某种巫术效果而对过程的模仿与现实的模仿艺术形象曾长期走着同一条道路。产生模仿艺术形象的最初冲动只是由巫术操演活动中产生的，这种巫术操演是要通过模仿来影响现实世界所发生的事件。”② 因而，“审美的产生、形成和发展这样长期都不可分割地隐藏在巫术之中”。③

第四，美源于实用，是实用的升华。普列汉诺夫和格罗塞都持这个观点。

他们两人都是根据大量的人类学的材料，对现代残存的原始部族的艺术和审美活动进行研究之后得出了这个观点。普列汉诺夫说：“从历史上说，以有意识的实用观点来看待事物，往往是先于以审美的观点来看待事物。”④ 他特别强调“从历史上说”，也就是从发生学的角度看。普列汉诺夫依据原始人的身体装饰的演变情况来支持他的论断。他指出，原始人最初之所以用黏土、油脂或植物汁液来涂抹身体，是因为这是有益的，可以防晒或防虫咬，后来逐渐觉得这样涂抹的身体是美丽

---

① 朱狄：《原始文化研究》，三联书店1988年版，第306页。

② ［匈牙利］卢卡契：《审美特性》第1卷，中国社会科学出版社1986年版，第320页。

③ 同上书，第322页。

④ ［俄］普列汉诺夫：《没有地址的信　艺术与社会生活》，人民文学出版社1962年版，第125页。

的，于是就开始为了审美的快感而涂抹起身体。普列汉诺夫的看法得到了封·登·斯坦恩的有力支持。封·登·斯坦恩曾在巴西的原始民族中间生活了一段时间，他在谈到巴西印第安人用彩色黏土涂抹身体的习俗的时候指出，他们最初一定是发觉黏土可以使皮肤清爽并避免蚊子咬伤，只是后来他们才注意到身体涂抹之后可以变得更加美丽。他写道："我自己认为，快乐是装饰的基础，正如过剩力量的积聚是游戏的基础一样；不过，那些用作装饰的东西最初因为有用才被人们知道。在我们的（即巴西的）印第安人那里，有用的东西是和装饰的东西合在一起的，我们有充分理由相信，前者是先于后者。"①

格罗塞的观点同普列汉诺夫是一致的。格罗塞认为，装潢与人体装饰都是先是为了实用，后来才转变为审美形式。他写道："总之，原始装潢对于社会生活的影响是在审美的意义之外的，它在记号和标识上的发展，比在艺术形式上要复杂和深邃得多。装潢在发达的初期只有一种次要的艺术性质；悦目的形式只是依附于实际的重要的状态上的，正像一棵藤子的卷须附着于大树枝干一样。可是后来藤子生长得比树迅速而丰盛。结果差不多整棵树都给藤子的稠密绿叶和花朵掩蔽住了。在开头就很重要的主体装潢，继续发展就愈加广泛丰满了，而同时次要的装潢也渐渐失去原来的意义而发展到纯粹的美的形式中去了。"② 他用一个恰当的比喻描述了实用升华为美的过程。

第五，美源于游戏说辨析。

席勒被认为是美源于游戏说的首创者，斯宾塞（Hervert Spexcer，1820—1903）为后继者。

卡·格鲁斯制造了"席勒—斯宾塞理论"这样一个提法，国内许多美学著作和文艺理论著作承袭了这个提法，把"席勒—斯宾塞理论"列为审美发生论或艺术起源论之一种。实际上，这个提法是很不准确

① ［俄］普列汉诺夫：《没有地址的信　艺术与社会生活》，人民文学出版社1962年版，第126页。

② ［德］格罗塞：《艺术的起源》，商务印书馆1987年版，第119—120页。

的。毛崇杰是对这一提法指摘纰漏、详加辩证的第一位学者。他指出，席勒的游戏说不是艺术起源论，而是艺术特性论；至于斯宾塞的游戏说同席勒的游戏说，两者有相似之处，也有不同点，不能混为一谈[①]。

现在，让我们来对“席勒—斯宾塞游戏说”做一些辨析吧。先看席勒到底说了些什么。席勒在指出美是“游戏冲动的对象”之后，给游戏下了这样一个定义：“游戏这个名词通常说明凡是在主观和客观方面都不是偶然而同时又不受外界和内在强迫的事物。”[②]“外在的强迫”指的是规律的“强迫”，“内在的强迫”指的是需要的“强迫”。席勒认为，游戏不受这两种强迫，审美活动摆脱了这两种强迫。他在给出上述定义之后，接着说：“在美的直观中，心灵处于规律与需要恰到好处的中点，正因为介于这两者之间，它才避免了规律和需要的强制。”[③]这就是说，审美直观同游戏有共同的特点，那就是避免了规律和需要的强制，所以，它们都是一种自由的活动。在席勒心目中，游戏不仅是通向审美的桥梁，而且也是审美的属性。他说：“由需要的强制和自然的严肃性经过盈余的强制和自然的游戏，才能转到审美的游戏。”[④]物质的盈余使人摆脱需要的强制，自然的游戏使人摆脱规律即“自然的严肃性”的强制。摆脱了这两种强制，就转到了审美的游戏。而审美就是一种游戏。席勒说得很分明：“人应当同美一起只是游戏，人应该只同美一起游戏。”[⑤]席勒还在《论素朴的诗和感伤的诗》一文中指出：“游戏实在始终应当是诗的特性。”[⑥]综上所述，席勒关于游戏所说的话确实仅仅同审美与艺术的特性相关，而同审美发生和艺术起源无关。

奉席勒为审美起源于游戏说的首创者，实际上是由斯宾塞对席勒的误解造成的。斯宾塞在他的著作《心理学原理》中说过这样的话：“许

① 参见毛崇杰《席勒的人本主义美学》，湖南人民出版社 1987 年版，第 180—191 页。

② ［德］席勒：《美育书简》，中国文联出版公司 1984 年版，第 88 页。

③ 同上。

④ 同上书，第 141 页。

⑤ 同上书，第 90 页。

⑥ ［德］席勒：《论素朴的诗和感伤的诗》，《古典文艺理论译丛》第 2 册，人民文学出版社 1961 年版。

多年以前，我读过一段引自德国作家的文章的话，其中断言美感同样起源于刺激人们去游戏的冲动。记不得这位作家的名字了，也不记得他为了证明这一点举了哪些证据，但论断本身却一直保持在我的记忆之中，我认为如果不说它字字有理，那么至少也是基本真实的。”[①] 斯宾塞所说的德国作家就是席勒。不难看出他对席勒的记忆同席勒本人的观点是大相径庭的。斯宾塞本人倒真的是主张审美起源于游戏的。他在《心理学原理》一书中特辟一章，标题为“审美情感”。他指出，低等动物把既有力量全部消耗在了维持生命的活动中，高等动物却无须花费全部精力来维持生命。它有过剩的精力和能量，这就产生了使停滞不动的能力从事无益的练习的渴望，于是就产生了游戏。他写道：“被称为游戏的活动，与审美活动有着一个共同的特征：两者都不能直接有助于维持生命的那些过程。……肉体的和精神的能力的初始作用以及伴之而生的快感永远都以某些最终的功利为目的，与此不同，这些被称为游戏的活动以及给我们以审美享受的那些活动都与最终的功利无关，也就是说眼前的目的就是它的唯一目的。”[②] 在斯宾塞看来，游戏就是审美，审美就是游戏。但是，游戏还是先于审美，审美从游戏中产生。他说：“审美冲动是一种从某些能力为了练习本身而进行的练习中产生的冲动。它不依赖于任何最终的利益。”[③] 所谓“为了练习本身而进行的练习”指的正是游戏。

审美起源于游戏说看到了审美有游戏的性质，即一是超越功利的，二是令人愉快的。这是可取的。但是，说审美起源于游戏，还没有说到根本上。因为游戏还有它的起源。关于游戏的起源，按照普列汉诺夫的观点，可以从三个方面的意义来看，即生理学、生物学和社会学。从生理学的意义看，游戏是为了宣泄过剩的精力，并从宣泄中得到快乐；从生物学的意义看，游戏训练年轻动物和年轻人，准备其能从事未来的生

① 马奇主编：《西方美学史资料选编》下卷，上海人民出版社 1987 年版，第 653 页。
② 同上。
③ 同上书，第 657 页。

活活动；从社会学意义看，游戏乃是对社会活动（劳动或战争等）的模仿。从根本上说，艺术和审美是一种社会现象。所以特别需要从社会学的层面去寻觅它的根源。普列汉诺夫对审美和艺术起源于游戏这个观点的积极意义给予了充分的肯定，同时也指出了这个观点的不足因而需要有所补充，他写道：“把艺术看作游戏的观点，再加上把游戏看作‘劳动的产儿’的观点，极其鲜明地说明了艺术的实质及其历史。这个观点第一次使我们能够用唯物主义观点来考察它们。”①

第四节　审美发生的条件和过程浅探(一)：审美主体的孕育

审美活动有两个要素：审美主体和审美客体。这两者互相需要、互为前提。没有审美主体，审美客体就没有意义；没有审美客体，审美主体就没有对象。不过，从审美发生的角度看，两者并不是同步发生的。下面我们对审美主体的孕育与审美客体的产生之条件与过程，分别加以考察。

前面谈到，按照进化论，人类由动物进化而来。动物是没有审美感的，那么不言而喻，刚刚脱离了动物界的人类始祖应该也是没有审美感的。对人类来说，由非审美的人变为审美的人，由没有审美需要和活动到有审美需要和活动是有一个过程的。在这里，我们就要研究，促使人类由非审美的人变为审美的人的原因和条件是什么？转变的过程是怎么发生的？

一　审美需要的萌发

人的一切活动都是由他们的需要推动的。人类进行审美活动也是出于审美的需要。那么原来并无审美需要的人类是怎么样产生出审美需要来的呢？这是我们首先要加以探讨的问题。

---

① 《普列汉诺夫哲学著作选集》第4卷，三联书店1974年版，第363页。

让我们从需要的一般性质和特点说起。马克思指出，人类的需要都是他们的本性。[①] 弗洛伊德则把人的需要看作人的本能。他写道："描述本能刺激的更好的术语是'需要'。"[②] 人的需要就是人的"本性"、"本能"，这是对需要的本质的界说。作为人的本能，需要是必须得到满足的。因此，需要就作为一种内驱力，驱使人去进行活动，从外界获得相应的资料，以使自己得到满足。告子说："食色，性也。"食，对食物的需要，是为了求得生存；色，对配偶的需要，是为了求得种族的繁衍。这是一切动物包括人在内皆有的基本需要。一般动物的需要仅止于此，如卡西尔（Ernst Cassirer，1874—1945）所指出的："每一种动物的需要和推动力都是牢牢地限定了的；除了它的本能所限定的世界而外，动物就没有其他世界而言。"[③] 而人的需要则远远地超出了这些基本需要。马克思指出，与动物的需要相比较，人的需要有两个重大的特点。第一个特点是，以其需要的无限性和广泛性区别于其他一切动物。[④]"无限性"，是从纵向的角度说，人的需要不断发展，没有限制。请想一想，从原始人类到现代人类，他们的需要的变化是多么巨大呀！单拿食物来说吧，现代人的食物的丰富和营养的程度，从质量到数量，都是原始人的食物不可比拟的。从质量说，原始人吃食，茹毛饮血，仅为果腹；而现代人吃食，煎炒烹炸，是享受美味。从数量说，原始人的食物品种是非常有限的；而现代人的食物品种，山珍海味，无比丰富。"广泛性"，是从横向角度看。人的需要，无限广阔，没有边际。人除了物质（肉体）需要之外，还有精神需要。人的需要，按照马克思所说，形成了一个不断扩大的日益丰富的体系。[⑤] 人的需要还有一个更为重要的特点，那就是已经得到满足的第一个需要，满足需要的活动和已经获得的为满足需要用的工具又引起新的需要。这个新的需要的产生是

---

① 参见《马克思恩格斯全集》第 3 卷，第 514 页。

② 《弗洛伊德论文集》第 2 卷，长春出版社 1998 年版，第 684 页。

③ ［德］卡西尔：《人文科学的逻辑》，中国人民大学出版社 2004 年版，第 73 页。

④ 参见《马克思恩格斯全集》第 49 卷，第 130 页。

⑤ 参见《马克思恩格斯全集》第 46 卷，上册，第 392 页。

第一个历史活动。[①] 马克思认为这乃是一条规律。由于人类自然发展的规律，一旦满足了某一范围的需要又会游离出、创造出新的需要。[②] 人类需要的无限性和广泛性，正是这条规律导致的结果。马克思还指出，动物的需要是自然的需要，人类的需要除却它的自然性之外，还有它的社会性，即人类的文明和文化对需要的发展变化有很大的影响。马克思写道，需要的范围，和满足这些需要的方式一样，本身是历史的产物，因此多半取决于一个国家的文化水平。[③] 认识到人类需要的这个特点的，不乏其人。马林诺夫斯基说，人类的需要由文化所造成，“文化即在满足人类的需要当中创造了新的需要”。[④]

马克思揭示了人类需要的特点。马斯洛（A. H. Maslow，1908—1970）则探明了人的需要从低级到高级的发展轨迹。在马斯洛看来，人的需要不仅是多样化的，而且是多层次性的。人的基本需要有五种，即生理需要，在一切需要中，是最优先的；安全需要，人身安全、财产安全、未来的安全；爱的需要，爱与性并非是同义的，爱指给他人爱和接受他人的爱；尊重的需要，受到他人尊重；自我实现的需要，就是使自己越来越成为所期望的人物，完成与自己能力相称的一切事情。对美、对艺术的需要就属于自我实现的需要。这五种需要有相对固定的次序，从而构成一个由低到高的阶梯形的需要的层次结构。从最低的生理需要开始，下一级的需要基本满足之后，上一级的需要就会出现，就这样各级需要依次得到满足。马斯洛认为，人的基本需要“本质上是类似本能的”。[⑤] 它们在人身上占有一个特殊的“生理学和心理学的地位”。基本需要如能得到满足，就会产生有益的、良好的、健康的自我实现的效应。相反，如果基本需要受到挫折，就会引起生理上特别是精神上的疾病。马斯洛指出，上述需要按等级排列的阶梯式结构，既适合

---

① 参见《马克思恩格斯全集》第3卷，第32页。

② 参见《马克思恩格斯全集》第47卷，第260页。

③ 参见《马克思恩格斯全集》第23卷，第194页。

④ ［英］马林诺夫斯基：《文化论》，中国民间文艺出版社1987年版，第90—91页。

⑤ ［美］马斯洛等：《人的潜能和价值》，华夏出版社1987年版，第196页。

于人类进化史，也适合于人类的个体发育史。

基于马克思和马斯洛关于人类需要的观点，我们有理由相信，人类在自己的发展、进步的过程中，在条件成熟的时候，必定会产生出审美的需要，从而开辟出一片审美活动的新天地。这条件是什么？可以说起码是人的最低级的基本需要得到满足之时。我们的先哲墨子就已经懂得了这个道理，他说："食必常饱，然后求美；衣必常暖，然后求丽；居必常安，然后求乐。"① 人的衣食问题基本解决之后，就开始生出审美的需要了。费尔巴哈用很俏皮的话讲清了这个道理。他说："只有在吃饱的肚子上面才有愉快的脑袋。"② 所谓"愉快的脑袋"，至少是把对美和艺术的欣赏包括在内的。

上面我们已经从理论上论证了，在人类的发展史上，在低级的基本需要得到满足的基础之上，必定会产生出审美需要来。下面让我们来探索一下人类的审美需要萌发的实际过程。

根据现代残存的原始部族的生活情况，普列汉诺夫对审美需要发生的过程作了如下合理的推想：原始猎人最初打死飞禽走兽，是为了吃它们的肉。被打死的动物的许多部分——鸟的羽毛，野兽的皮毛、牙齿和脚爪等是不能够吃的，或是不能够用来满足其他的实际需要的。但是这些部分对猎人来说可以作为他的力量、勇气和灵巧的证明和标记。因此，他开始把兽皮披在自己的身上，把兽角戴在自己的头上，把兽爪和兽牙挂在自己的颈项上，甚至把羽毛插入自己的嘴唇、耳朵或鼻孔的隔膜上，以此来炫耀自己的智慧和勇敢。在插入羽毛的时候，除了夸耀自己的勇武之外，一定还有另一个因素产生作用，那就是想表现自己有忍受肉体痛苦的毅力，而这种毅力当然是身兼战士的猎人的一个十分宝贵的品质。③ 他这样做，是会得到很大的实际利益的，比如受到别人的尊

---

① 北京大学哲学系美学教研室编：《中国美学史资料选编》上册，中华书局1980年版，第22页。

② 《费尔巴哈哲学选集》下卷，商务印书馆1984年版，第322页。

③ 参见［俄］普列汉诺夫《没有地址的信　艺术和社会生活》，人民文学出版社1962年版，第136—137页。

敬，还会吸引异性的追求。对这样的一些做法，别人在欣慕之余，群起效仿，于是慢慢相沿成习。久而久之，人们忘却了这种习俗的起源，仅仅把它当作一种美的装饰了。普列汉诺夫指出："那些为原始民族作装饰的东西，最初被认为是有用的，或者是一种表现这些装饰品的所有者拥有一些对于部族有益的品质的标记，只是后来显得是美丽的。使用价值是先于审美价值的。但是，一定的东西在原始人的眼中一旦获得了某种审美价值之后，他就力求为了这一价值去获得这些东西，而忘掉这些东西的价值的来源，甚至连想都不想一下。"① 他还说："当各个部落之间交换开始了，装饰品就成为最主要的交换品之一，于是一种东西的可以做装饰品的能力，有时（虽然不是经常）就成为促使买主想获得它的心理动机。"② 从北京周口店山顶洞发掘出的古人类的文化遗物有力地支持了普列汉诺夫的推想和论述。在处于旧石器时代晚期（距今11000—19000年前）的山顶洞遗址，出土了大量的装饰品。已发现的141件装饰品中，包括7件石珠、1件钻孔的砾石、1件钻孔鱼骨、125件穿孔兽牙、4件骨管、3件穿孔海蚶壳。所有装饰的穿孔，几乎都是红色的。这些物件多发现于人骨化石附近，当属随身的配饰、坠饰之类，说明当时人类已有明确的爱美观念。③ 可以想见，那些穿孔的兽牙、砾石，大概是做项链用的。在稍后的东胡林遗址（新石器时代早期，距今11000—9000年前）的一座墓葬中，发现一具16岁左右少女的遗骸，她的颈部有穿孔螺壳项链，腕部戴有骨镯。④ 前面讲到，原始猎人把兽牙穿成一串挂在脖子上，创造了原始的项链，借以显示自己的勇敢与聪明，完全是出于非常实用的目的的。而东胡林的少女戴的螺壳项链，仅仅保持了项链的形式，不仅材质有了改变，佩戴者的身份也发生了变化，而且功用和意义也转换了，即由实用品变成了装饰品，完全

① 参见［俄］普列汉诺夫《没有地址的信　艺术和社会生活》，人民文学出版社1962年版，第145页。

② 同上书，第145—146页。

③ 参见宋大川主编《北京考古发现与研究》上册，科学出版社2009年版，第14页。

④ 同上书，第18页。

是为了满足爱美之心。这说明她已有审美需要了。

原始人对绘画和雕刻十分喜爱，也表现出了巨大的绘画和雕刻才能。他们的绘画和雕刻是服务于各种实际的、有用的目的的，比如当作巫术符号和图腾形象等。原始人是狩猎民族，作为他们的雕刻和绘画题材的是各种各样的动物。因为动物是他们主要的食物来源，是跟他们的日常生活关系十分密切的事物。为了取得狩猎的成功，他们对动物的观察与了解是十分细致的。这种猎人的眼光和特性使他们能把动物的形态，在雕刻和绘画中表现得栩栩如生。如果从艺术的眼光看，原始人所表现的动物形象的真实和生动程度决不逊于现代艺术家创作的作品。可以想象，造诣很高的对动物的模仿，一定会给原始的画家和雕刻家带来自豪感和快感。这种自豪感和快感，会成为促使原始的艺术家去进行模仿的一种冲动。当这种冲动脱离了原先的实用的目的，而单单为了满足自豪感和快感之时，这种冲动就成了一种审美需要。封·登·斯坦恩说："由描绘的模仿所带来的快感决定着绘画的整个进一步的发展，它从一开始就是相当起作用的原因。"① 普列汉诺夫支持斯坦恩的观点，他写道："如果模仿没有带来任何快感，那么绘画就绝不会从以传达信息为目的的记号阶段脱离出来。快感在这里无疑是必不可少的因素。"② 卢卡契则认为，快感乃是由实用到审美的中介。他写道："如果我们考察审美由日常实践中分化的过程，我们在这里可以看到一条路线，它是由单纯直接有用通过由此而中介或产生的愉快发展起来的。"③ 为了追求愉快而进行模仿，就是一种纯粹的审美需要了。

文身在原始人那里，也是一种极为普遍的现象。文身的最初目的尽管各式各样，但都与实用有关。或者作为图腾的形象，如弗雷泽在《图腾主义和族外婚制》一文中所指出的："图腾部族的成员，为使其

---

① ［俄］普列汉诺夫：《没有地址的信　艺术与社会生活》，人民文学出版社 1962 年版，第 169 页。

② 同上。

③ ［匈牙利］卢卡契：《审美特性》第 1 卷，中国社会科学出版社 1986 年版，第 263 页。

自身受到图腾的保护，就有自己同化于图腾的习惯，或穿着图腾动物的毛皮或其他部分，或辫结毛发、割伤身体，使其类似图腾，或取印痕、黥文、涂色的方法，描写图腾于身上。”① 或者作为成人的标记，约·斯·基巴利在《密克罗尼西亚》一书中指出，在加罗林群岛上，“一个姑娘一到可以性交的年龄，就竭力想得到那不可避免的文身，因为没有这个，就没一个男人会看她一眼的”。② 甚至或者用以表达个人的一生，海克维尔德描述了他所看到的一个年老的红种人战士身上的花纹：“在他的面部、颈部、肩膀、胳膊和两腿上，以及在他的后背和前胸上，都画满了他曾经参加过的各种战斗的情景。总之，他的一生都刻在他的身体上了。”③ 由此可见，原始人最初看到的是文身的实际的用处，后来在很久以后，文身渐渐演变成了一种装饰。我国古代文献对此有所记述。《魏书》写道：“今倭人好沉没捕鱼蛤，文身亦以厌大鱼水禽，后稍以为饰。”④ 起初，文身是为了避免大鱼水禽对自己的伤害，显然出于实用的目的；后来慢慢地把文身当成了一种装饰，这就是一种审美需要了。

从以上事例可以看到，人类的审美需要有一个从无到有的发生和生长的过程。从人类的日常生活实践中，悄悄地孳乳出了最初的审美需要，然后，审美需要渐渐地变为一种独立的冲动，促使人类去进行审美活动，创造审美对象。审美需要成为独立的冲动的最初表现，是在实用器物上增添审美因素。让我们拿前面提到过的那个新石器时代的陶制鸮尊为例来说吧。尊是一种盛酒器，就是一种酒杯。从实用价值来说，陶鸮尊的功用同圆筒形的陶杯完全一样。可是，为烧制一只具有鸮的形象的陶尊，所费的心思、工夫无疑比烧制一只圆筒形的陶杯要多得多。从实用价值来说，烧制陶鸮尊比烧制圆筒形陶杯所多花的工夫、心思纯粹是无用功，是多余的。问题在于，原始人为什么在那么低下的生产力情

---

① 岑家梧：《图腾艺术史》，学林出版社 1986 年版，第 31 页。

② 同上书，第 134 页。

③ 同上书，第 135 页。

④ 同上书，第 38 页。

况之下，不惜花那么多的心思和工夫去做那么多的无用功来烧制一只动物形器皿呢？答案只能是，这器皿的动物形象满足了人类的实用之外的某种需要，即审美需要。请想象一下，从鹰嘴里淌出酒来，注满你的酒杯，比起从一个圆筒形的盛酒器倒酒，是不是别有一份情趣？设若鹰是部族的图腾，那么就是图腾赐酒，就又多了一份情感的慰藉。还有，面对烧制得那么生动的鹰的形象，你不禁会对工匠的巧妙的设计和精美的制作发出由衷的赞叹，边饮酒边欣赏鹰的雄姿，岂不又多了一份精神的享受？因此，烧制这器皿的动物形象所费的劳动，从实用观点看来确实是无用功，但从审美观点看来，却是必要的、有用的。鲁迅把这称为“不用之用”，说得非常精辟。审美需要是比实用需要更高级的需要。为实用器皿上增添审美因素，自原始人以来一直延续至今，成了一种有深厚历史根源的传统，成了满足人的审美需要的一种重要形式。

二　审美创造力之生成

人类最初的审美需要是从他们的基本需要衍生出来的。人类的审美创造力则是由人类的日常生活实践生发出来的。下面，我们举出最为重要的几种审美创造力，并且探索这些审美创造力是怎样生发出来的。

第一，塑形的能力。

美必呈现为感性的形式或感性的形象，可以说这已成为美学家和艺术家们的共识。鲍姆嘉敦把“可感知的事物”规定为美学的对象，以与把“可理解的事物”作为对象的哲学相区别。[①] 这实际上就是把可感知性放到了美的根本特点的地位，换句话说，是把可感知性规定为美的第一特点。谈到美的这个根本特点的言论可以说比比皆是。席勒说：“美具有完全独特的性质，美不仅表现于感性世界，而且首先就来源于感性世界。”[②] 黑格尔把美定义为“理性的感性显现”，在他看来，感性是美不可或缺的因素，是美的生命所系，他写道：“美的生命在于显现

① 参见［德］鲍姆嘉敦《美学》，文化艺术出版社 1987 年版，第 169 页。

② ［德］席勒：《秀美与尊严》，文化艺术出版社 1996 年版，第 113 页。

外形。”[①] 车尔尼雪夫斯基也认为：“形象在美的领域占有主要地位。”[②]所以塑造形象的能力，是进行审美创造的一个极为重要的条件，而这种能力是由原始人类的一些非审美的、日常的生活实践生发出来的。

我们知道，巫术活动几乎渗透到原始人日常生活的一切领域，是他们日常生活中一个重要的组成部分。举行巫术活动，少不了巫术仪式和巫术符号。巫术仪式多采用歌唱、舞蹈和哑剧的形式，而绘画、雕刻则是巫术符号的主体。比如，《尚书·伊训》载伊尹教导商王太甲，说过这样的话：“敢有恒舞于宫，酣歌于室，时谓巫风。”孔安国疏：“巫以歌舞事神，故歌舞为巫觋之风俗也。”伊尹把歌舞看作巫觋的风俗，这是有根据的。《说文解字》所载的“巫”字的篆文是这样写的：“巫”。《说文解字》对“巫”的字意是这样解释的：“巫，祝也。女能事无形以舞降神者也。象人两褎舞形，与工同意。”这里讲了巫的性别，女性；巫的职能，降神；降神的形式，舞蹈；还讲了巫这个字的来源，是个象形字，像人张开两袖跳舞的样子。章太炎认为，巫“孳乳为舞”。[③]舞是由巫术派生出来的。这个看法是有根据的。《楚辞》中的“九歌”就反映了巫觋祭神的遗风。《汉书·地理志下》指出，楚地“信巫鬼，重淫祀”。巫觋祭祀鬼神时必伴之以歌舞。楚辞中的“九歌”就是祭祀诸神的歌舞。东汉的王逸在《楚辞章句·九歌序》中写道：“昔楚国南郢之邑，沅、湘之间，其俗信鬼而好祠。其祠必作歌乐，鼓舞以乐诸神。屈原放逐，窜伏其域，怀忧苦毒，愁思沸郁。出见俗人祭祀之礼，歌舞之乐，其词鄙陋。因为作‘九歌’之曲。”“九歌”歌词可以证明王逸此说不谬。《东皇太一》有这样的唱词：“扬枹兮拊鼓，疏缓节兮安歌，陈竽瑟兮浩倡。灵偃蹇兮姣服，芳菲菲兮满堂。五音纷兮繁会，君欣欣兮乐康。”这个场面有巫婆翩翩起舞，乐队奏乐伴唱，俨然一个歌舞盛会。

---

① ［德］黑格尔：《美学》第 1 卷，商务印书馆 1986 年版，第 7 页。

② 《车尔尼雪夫斯基论文学》中卷，上海译文出版社 1979 年版，第 37 页。

③ 转引自萧兵《楚辞文化》，中国社会科学出版社 1990 年版，第 47 页。

下面再举一个巫术仪式的例子。澳大利亚阿伦塔部落，以白蛴螬为图腾，这种昆虫是这个部落成员的食物来源。他们为了增殖白蛴螬，要举行巫术仪式，其中一种仪式是用一场哑剧来模仿这种已发育完全的昆虫从它的蛹里蜕变出来的动作。人们修造起一个树枝做的狭长甬道，以象征蛴螬的蛹茧。在这个建筑物里，坐着一些来自以白蛴螬做图腾的部落的男人，他们歌唱这个生物的各个发育阶段，然后以一种下蹲的姿势慢吞吞地走出来。他们一边做脱出蛹茧的动作，一边唱着歌，歌唱这种昆虫正从它的蛹茧蜕变出来。他们认为这样的仪式会使蛴螬增多。[①] 如果撇开表演者的图腾信仰，便可以把这场表演当作一场歌舞剧看。

图腾崇拜也是原始人日常生活的重要组成部分。图腾崇拜对塑形能力的培养起着巨大的作用。比如，北美印第安各部族，用头发来造型，以象征其图腾。鸟图腾的人，结一小辫，盖于头额，以像鸟嘴，脑后留置少许，扮为鸟尾。两耳间亦梳小辫，象征鸟的两翼。海龟部族的成员，一致地把头发剃掉，只留六条小辫子，四条置于左右两旁，一条伸向前额，一条在背后，即为龟的头、足、尾各部分的模仿。[②] 还有的印第安部族用绘画和雕刻的形式来表现图腾，如夸扣特尔印第安人以虎鲸为图腾，他们就把虎鲸形象画在图腾柱上和自己的住房上。有这样一幅绘在夸扣特尔人的住房正面的虎鲸图案。这幅画不是对虎鲸形象的简单的模仿，而是非常富有创造性的反映。博厄斯对这幅画做了这样的解释：作者对虎鲸的形象进行了切割，然后重新加以组装。先是从虎鲸后背到正面整个劈开，头部的两个侧像连在一起，嘴两边的纹样代表鳃。虎鲸的背鳍被切下来，放在了头部两侧像的两边。侧鳍在身体的两边，各有一点同身体相连。尾巴的两半向外扭转，形成一条直线。这样处理是为了虎鲸的形象适应长方形的门。[③] 这个虎鲸的形象是一个非常复杂的、变了形的形象。制作这样的形象，不仅需要高超的塑形能力，而且

---

① 参见［英］詹·庆·弗雷泽《金枝》上册，中国民间文艺出版社 1987 年版，第 28—29 页。

② 参见岑家梧《图腾艺术史》，学林出版社 1986 年版，第 39—40 页。

③ 参见［美］弗朗兹·博厄斯《原始艺术》，上海文艺出版社 1989 年版，第 222 页。

还要有丰富的想象力。

由以上叙述可以看到，巫术仪式和巫术符号以及图腾形象创造了歌唱、舞蹈、哑剧、雕刻和绘画等形式，如章太炎所说，巫术“孳乳为舞”。我们现在所有的各种艺术形式（各种门类艺术）几乎都是由巫术和图腾演变、派生而来，都滥觞于巫术和图腾。因此，创造艺术和美所需要的塑形能力，在人类有意识地进行艺术和美的创造之前，就已经在巫术活动和图腾活动当中生发出来、培养起来了。

第二，想象力的产生。

在原始人类那里，伴随着认识世界和改造世界的活动，想象力已开始产生和发展起来。马克思指出，想象力是人类的高级的特性，并对人类的发展有巨大的影响。他在谈到作为人种学时期的野蛮时期的情况时写道，想象力这个十分强烈地促使人类发展的伟大天赋，这时候已经开始创造出了还不是用文字来记载的神话、传奇和传说的文学，并且给予了人类以强大的影响。[①]

想象力在人类精神活动的各个领域都发挥着不可小觑的作用，而它在艺术创造和审美活动中扮演着特别重要而且显眼的角色。许多美学家都谈到了这一点。培根（Bacon，1561—1626）指出：“诗歌以想象力为主。”[②] 维柯（Giovanni Battista Vico，1668—1744）认为，诗人的特点就在于“能凭想象来创造”[③]。艾迪生（J. Addison，1672—1719）说：“一个伟大的作家必须天生具有健全和壮盛的想象力”，“诗人应该费尽苦心去培养自己的想象力，正好比哲学家应当费尽苦心去培养自己的理解力”[④]。黑格尔断言：“最杰出的艺术本领就是想象。”[⑤]

杰出的艺术作品（无论古今中外）证明，黑格尔等人关于想象力在艺术创造中的地位和作用的观点是完全正确而且十分深刻的。让我们

---

① 参见《马克思恩格斯论艺术》第2卷，中国社会科学出版社1983年版，第4—5页。

② 范明生：《西方美学通史》第3卷，上海文艺出版社1999年版，第27页。

③ ［意］维柯：《新科学》，人民文学出版社1987年版，第162页。

④ 《外国理论家、作家论形象思维》，中国社会科学出版社1979年版，第24页。

⑤ ［德］黑格尔：《美学》第1卷，第357页。

举几个小小的例子来看。一个例子是李白的诗《望庐山瀑布》：“日照香炉生紫烟，遥看瀑布挂前川。飞流直下三千尺，疑是银河落九天。”在阳光照耀之下，山头上水汽氤氲。香炉峰之名，使人联想到氤氲的水汽犹如从香炉中升腾而起的烟雾。这个想象就很奇妙。又把挂在前面山上的瀑布想象成自天而降的银河，这就活灵活现地描绘出了瀑布磅礴、壮观的气势。另一个例子是雕塑铜奔马。这匹马奋起四蹄，一条前腿向前平伸，一条后腿向后伸展，额头上的鬃毛向后飞扬，尾巴高高翘起。这是一匹狂奔中的马的姿势。作者为了表现这匹马奔跑的神速，把一只正在飞行的燕子置于马蹄之下。给人的感觉是，天马行空，轻轻松松地超越了飞行中的燕子（图 1—1）。这个构思非常奇特而且十分大胆，其效果是令人惊叹的。这要归功于创造性的想象。

图 1—1　马踏飞燕

对艺术创作有重要意义的想象力，却是远在人类进行有意识的美的创造和艺术创作之前，是在非审美活动之中培养起来的。对原始人类来说，他生活于其中的高天厚地，环绕在他周围的万事万物，都让他感到好奇，也让他感到迷惑，简直可以说，环视世界，处处问题。比如：世界是怎样形成的？人从哪里来？又到哪里去？诸如此类许许多多的问题，都涌到了他的面前。原始人根本没有科学，他们不能对诸如此类的问题作出科学的解释。但是，求知是人类的本性。人类对于令他疑惑的问题，他总是希望也需要有一种解释。这种需要就成为强大的动力，促进了想象力的产生和发展。维柯说过：“推理力愈薄弱，想象力就愈雄厚。”[①] 他认为，原始人和儿童都有这个特点。古代各个民族的神话，就是古代人类用想象力去解读自然的表现。马克思指出，任何神话都是用想象和借助想象以征服自然力，支配自然力，把自然力加以形象化。因而，随着这些自然力实际的被支配，神话也就消失了。[②] 神话被当成艺术的一个种类，那是现代人的观点。对于创造神话的古代人来说，他们并不是把神话当作一种艺术来创作的。神话乃是古代人对自然现象和社会关系的解释和说明。比如，对于世界是怎样形成的这个问题，中国古代人有他们的解释，那就是盘古开天辟地说。说的是太古时期，天地混沌不分，就像一只鸡蛋。盘古生在其中，他开辟了天地。清气上升为天，浊气下降为地。而且，盘古死后，他“身体化为世间万物，气成风云，声为雷霆，左眼为日，右眼为月，四肢五体为四极五岳，血液为江河，筋脉为地理，肌肉为田土，发髭为星辰，皮毛为草木，齿骨为金石，精髓为珠玉，汗流为雨泽，身之诸虫，因风所感，化为黎民。”[③] 又如，太阳每天有升有落，太阳升起为白昼，太阳落下为黑夜。原始人又用想象来解释这种现象。他们认为有一个神叫羲和，乘六条龙拉的一辆车子，每天载着太阳巡游天空，早晨从旸谷出发，晚上到虞渊息驾。[④] 原始人欲解释自然现象，需要有想象力，这是想象力产生的原动力；运用想象力创造出了丰富的神话，使想象力本身也获得了迅猛的发展。

① 《外国理论家、作家论形象思维》，中国社会科学出版社 1979 年版，第 24 页。

② 参见《马克思恩格斯论艺术》第 1 卷，中国社会科学出版社 1983 年版，第 149 页。

③ 袁珂编著：《中国神话传说词典》，上海辞书出版社 1985 年版，第 358 页。

④ 同上书，第 441 页。

三　审美感的养成

人类历史上的审美感是怎样产生的？从史前遗物和历史记载中都难以找到有力的证据。但是有一个故事却对我们推测审美感的产生有所启发。欧洲第一个扬名于世的史前洞窟壁画——西班牙阿尔塔米拉洞窟壁画的发现颇具传奇色彩。1879 年，一位名叫马赛斯诺·特·索姆乌拉的工程师来到这个洞窟附近收集化石。他把四岁的小女儿玛丽亚带在身边。玛丽亚对她父亲的工作不感兴趣，独自爬进了一个低矮的山洞。因为洞内黑暗，她划了一根火柴点燃了蜡烛。这时，她突然看到了一头壮实的公牛站在她的面前而吓得大叫起来。[①] 于是，举世闻名的史前壁画这颗文化明珠就被拂去历史的尘封，光彩夺目地呈现于世了。玛丽亚之所以受到惊吓，是因为壁画上的公牛的造型太生动、太逼真了。这些史前壁画在原始人那里，起初只是一种巫术符号，它引起他们的信仰的感情。但是由于其造型的生动、逼真，必定会使原始人在信仰之余，会像玛丽亚那样，对它产生惊奇、赞叹的感情。这些壁画引起原始人的惊奇、赞叹的原因是这些形象并非真的动物，却具有真的动物一样的形态和生气。人造之物竟然可与造化媲美。这个事实对原始人的精神的振奋与鼓舞是极其强烈和巨大的。这令他们意识到人的能力是多么的伟大，因而令他们感到无比的自豪。这样，人所创造的公牛的形象犹如一面镜子反映出了人的伟大的本质力量，原始人从其中直观到了自己的本质力量，从而沉醉于自我欣赏之中。这就是审美感的萌芽。黑格尔对这种情况作了理论上的说明，他写道：“人有一种冲动，要在直接呈现于他面前的外在事物之中实现他自己，而且就在这实践过程中认识他自己。人通过改变外在事物来达到这个目的，在这些外在事物上面刻下他自己内心生活的烙印，而且发现他自己的性格在这些外在事物中复现了。人这样做，目的在于要以自由人的身份，去消除外在世界的那种顽强的疏远

① 参见朱狄《原始文化研究》，三联书店 1988 年版，第 253 页。

性，在事物的形状中他欣赏的只是他自己的外在现实。”[①] 这就是说，人在创造出美的事物和艺术的同时，审美感也在他身上生长起来了。马克思承接了黑格尔的观点，进一步揭示了审美感随着人的本质力量的展开而产生的必然性，他写道，只是由于人的本质的客观地展开的丰富性，主体的人的感性的丰富性，如有音乐感的耳朵，能感受形式美的眼睛，总之，那些能成为人的享受的感觉，即确证自己是人的本质力量的感觉，才一部分发展起来，一部分产生出来。[②] 人类的审美感就是这样在非审美活动中产生出来和发展起来的。

第五节 审美发生的条件和过程浅探(二)：审美客体的产生及其被发现

从审美发生的角度看，原始人在还没有审美需要因而也还没有有意识的审美活动的情况下，他们就在自己的巫术活动、图腾崇拜以及日常生活实践中无意识地创造了当今被称为“原始艺术”的审美客体。不过原始人本身并不认为那是艺术，是审美客体，他们对它有另一种认识。格罗塞就说过：“我们至少可以肯定，我们以前所讲的原始装潢的图形，最初并不是发源于纯粹的审美的动机，而是由于另一种不同的动机。”[③] “原始民族的大半艺术作品都不是纯粹从审美的动机出发，而同时想使它在实际的目的上有用的，而且后者往往还是主要的动机，审美的要求只是满足次要的欲望而已。”[④] 只是在很久之后，当人类已经具有了审美能力并且脱去了巫术观念之类的有色眼镜之后，他们才惊讶地发现，他们的先人在没有审美需要和审美意识之前，已经无意识地生产出了审美的客体，所谓“原始艺术”便是这样的东西。

下面我们就根据事实来看看，原始人是怎样并非出于审美动机却创

① ［德］黑格尔：《美学》第 1 卷，商务印书馆 1986 年版，第 39 页。
② 参见《马克思恩格斯全集》第 42 卷，第 126 页。
③ ［德］格罗塞：《艺术的起源》，商务印书馆 1987 年版，第 110 页。
④ 同上书，第 234 页。

造了审美客体的。

欧洲史前洞窟壁画，被公认为“原始艺术”的范本。这些壁画是出于什么动机被创造出来的？它们在当时的功用是什么？在史前洞窟壁画暴露于世之日起直至今日，诸如此类的疑问一直是人们热议的话题。人们对此有各种各样的解读：有的认为是一种纯粹的艺术创造，有的认为是一种图腾崇拜的遗迹，有的认为是一种性符号，有的认为是一种季节符号，还有的认为是某一种巫术活动的符号。[①] 其中，巫术符号说比较更有说服力，得到比较普遍的认可。

洞窟壁画中的动物形象是可以当作巫术符号看的。因为按照模拟巫术的原理，在原始人的眼中，画中的动物并不是一个虚幻的形象，而是如同一只实实在在的动物。巫师对画中动物施行法术，就等于对实在的动物采取措施，就可以取得狩猎的成功。现代残存的原始族部正是这样看问题的。凯特林画了一幅野牛写生，一个北美曼丹人忧郁地说：“我知道这个人把我们的许多野牛放进他的书里去了，我知道这些，因为他做这事的时候我在场，的确是这样，从那时候起，我们再也没有野牛吃了。”[②] 但仅仅根据这一点，还不足以证明壁画的动物形象是巫术符号。因为如果孤立地看，说壁画的动物形象是出于审美目的而创作的艺术作品亦无不可。认定史前壁画的动物形象是巫术符号，还可以举出如下两条理由：（1）壁画地点的选择。许多洞穴显示出，有壁画或雕塑作品存在的地方，几乎都是一般人所难以接近和到达的地方。这种地方无疑是经过精心选择的，目的不是让人参观，而是拒绝参观。比如，要进入拉·派西加（La Pasiega）洞穴，要通过只允许一人穿过的洞口，在洞口的下面是一条地下河流，上面是峭壁，在一些危险的斜坡上，画有许多符号和动物。尼沃（Niaux）洞穴的壁画画廊在著名的“黑厅”。黑厅处于洞穴深处800码的地方。绘画者必须用明灭不定的油脂灯当照明工具才能工作。还有，有些壁

① 参看朱狄《原始文化研究》第二章，三联书店1988年版。

② ［法］列维－布留尔：《原始思维》，商务印书馆1987年版，第38页。

画画在峭壁的凹处，人只有冒极大的危险才能去利用这块岩石的平面。那些地方不允许作画者有自由站立的余地，而且往往会迫使他以最不合适作画的姿势作画，他或者要蹲下，或者要完全弯腰，甚至或者要用背紧贴地面。在如此恶劣的条件下，作画者还要腾出一只手来擎着灯光微弱的油脂灯，照着另一只手作画。认为在这样的地方作画是出于纯艺术的目的，那是不可想象的，合理的推测是，选择这些地方作画是出于某种神秘的动机，巫术活动是可以归于这类动机的。[①]高·柴尔德对出于巫术动机作画的情形作了生动的描述，他写道："在石灰石的洞窟最深处，大约在地下三公里深，只用一个微弱的、藓草灯芯的陶制灯灯光照亮漆黑的暗处，往往是在协助者肩部高的岩石表面上，画师与巫师一起进行绘画和雕刻犀牛、猛犸象、原牛、驯鹿——这些他们赖以生活的兽类。他们认为，由艺术家用灵巧的笔触在洞窟壁按照巫术雕画出一只原牛的形象，那么实际上肯定就会出现一个原牛，供艺术家的同伙把它杀掉和食用。"[②] 这同用于狩猎目的的、作为模仿巫术的舞蹈，性质完全相同。对这种舞蹈，卡西尔有过描写，他写道："在所有北美印第安人中，都可以观察到，在进行'真实'的狩猎之先，必须进行一种巫术性的狩猎。这种巫术性的狩猎有时要通宵达旦，并且伴随着非常确定的预防措施和种种禁忌规定。因此，捕杀野牛要先跳野牛舞。在舞蹈中惟妙惟肖地模仿出捕杀野牛的细节。这种神秘仪式不是单纯的娱乐或化装舞会，而是'真实'的狩猎的一个组成部分。真实的狩猎成功与否从根本上取决于履行这种仪式。"[③] （2）动物形象上的可疑痕迹。有些动物形象上有被箭和矛等武器打击的痕迹，如莱斯·特洛亚·费莱尔洞穴中一只熊的形象，身体被尖利的武器戳刺得伤痕累累，伤口流着血，嘴巴喷着

---

① 参见朱狄《艺术的起源》，中国社会科学出版社 1982 年版，第 142—144 页。

② 引自［匈］卢卡奇《审美特性》第 1 卷，中国社会科学出版社 1986 年版，第 385—386 页。

③ ［德］卡西尔：《神话思维》，中国社会科学出版社 1992 年版，第 202—203 页。

血。[①] 又如蒙特斯潘洞穴中一些泥塑的马和狮子的形象上面发现有小洞，这个洞穴壁上刻着一些马的形象上面有小坑，小洞和小坑都表示这是由武器和石块打击留下的伤痕。这样的形象除了作巫术的解释之外，其他的解释都很难说得通。还有，某些地方的岩壁往往被一画再画，以致破坏了原有壁画的轮廓，而周围的岩壁却空着不画。据推测，应是第一幅画被认为产生了预期的巫术效果，因而此处被看作灵验之地，所以在上面一画再画，即使破坏了原来的画作也在所不惜。

由以上叙述可知，史前壁画被称为“原始艺术”，却不是作为艺术作品而是作为巫术符号被创作出来的。如阿恩海姆所说：“原始艺术既不是产生于单纯的好奇心，也不是产生于创造性的冲动本身。原始艺术的目的，并不存在于产生愉快的形象，而是把它作为日常生活中重要的实践工具和一种超凡的力量。”[②] 但是，它们却是真正的艺术，只是这是一种潜在的艺术。卢卡契就明确地说：“由巫术的需要能够产生出很高的艺术。但它们的审美本质特性却不能进入同时代人的意识之中。”[③] 就是说，史前壁画是具有“审美特性”的，但是这种特性却没有被当时的人所意识到。那是因为当时的人的意识还没有发展到具有审美因素的程度。壁画的“审美特性”指什么呢？指的是壁画中的动物形象，生动逼真，蕴含着高度的技巧，体现着人类的智慧和技能。请看下面这头受伤的野牛的图像：它侧倒在地上，脖子内弯，四肢蜷曲，背部隆起，尾巴上翘，全身蜷缩成一团，张着嘴巴，睁着大眼，表现出在极度痛苦中喘着粗气、抽搐挣扎的样子。创作者对受伤的野牛的情态，观察之仔细，描绘之逼真，不能不令人拍案叫绝。以艺术性来说，这头野牛的形象不愧为一幅杰作，绝不逊色于现代艺术家的手笔（图1—2）。

---

① 参见朱狄《原始文化研究》，三联书店1988年版，第315页。

② ［美］鲁道夫·阿恩海姆：《艺术与视知觉》，中国社会科学出版社1984年版，第178页。

③ ［匈牙利］卢卡契：《审美特性》第1卷，中国社会科学出版社1986年版，第386页。

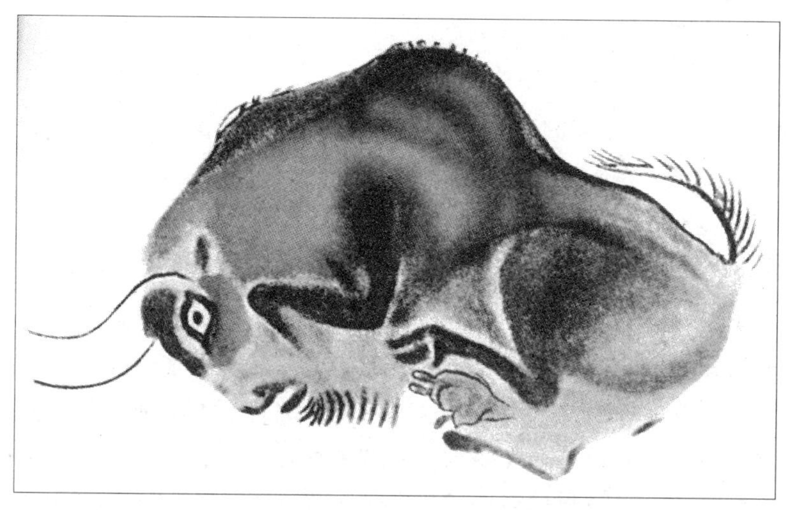

图 1—2 受伤的野牛

由于当时的人是戴着巫术的有色眼镜来观看这些动物形象的，因而这些形象所蕴含的“审美特性”还未被人们发现。它们的审美特性要被发现，需要有两个契机：一个是驱散蒙在它表面的巫术的迷雾，使它的审美特性放出光芒，卢卡契把这称为“巫术的还俗成为审美的”①；再一个是观看者要具有审美的能力，能用审美的眼光来观看审美的特性。海德格尔说到过一件“巫术的还俗成为审美的”事。他在 20 世纪 60 年代参观拉斐尔为波亚琴查的教堂所作的圣坛背后的画像时说：“不仅从历史与文物的意义上，而且就画面的本质来说，这幅画是大众举行祭祀活动的场所的显现，所以一旦它被连根拔起并被移入博物馆，被剥掉了自身的世界，那么它将丧失其‘确证的真理’而成为‘审美对象’。”② 拉斐尔的画具有两种意义：一是作为“大众举行祭祀活动的场所的显现”；一是具有审美特性。当它被置于祭坛上时，它所显现的主要是前一种性质，而后一种性质被遮蔽了；当它被移入博物馆时，它的

① ［匈牙利］卢卡契：《审美特性》第 1 卷，中国社会科学出版社 1986 年版，第 388 页。

② 引自刘旭光《海德格尔与美学》，上海三联书店 2004 年版，第 174 页。

前一种性质丧失了，后一种性质敞亮了。作为巫术的洞穴壁画同样具有两种性质，并且在两种场合之下，两种性质分别得到了显示。依据“巫术的还俗成为审美的”这个事实，从审美发生学的角度看，审美客体的产生在前，它作为审美客体而被发现在后。

图腾形象也是所谓原始艺术的一个重要发祥地。原始人相信某种动物或植物是他们的祖先，他们奉这种动物或植物为图腾。他们是用绘画、雕刻或者用自己的身体的造型来表现图腾的。北美德林克特人与海达人的图腾柱就是用雕刻来表现图腾的，如厄斯丁次家的图腾柱，顶端作大鹰，底下为熊形，二者皆为这家丈夫的图腾，中间刻一狼，为其妻的图腾。用身体造型来表现图腾的事例俯拾皆是。北美海达人各图腾部族，用黥文手术把图腾形象印在腿、臂及胸部等处，其形象有比目鱼、蛙，等等。中国古代民族也有文身的习俗，《淮南子》记载：“九嶷之南，陆事寡而水事众，于是人民断发纹身，以象鳞虫。”高诱注曰：“纹身刻画其身体，纳默其中，为蛟龙之状，以入水蛟龙不能害也。”①这些图腾形象同前面所说的巫术的图像一样，蕴含着“审美特性”，只是其“审美特性”并未进入当时的原始人的意识当中。他们只把它看作他们所信仰的神物——图腾。这样就出现了卢卡契所说的那种现象：“无自觉审美意图的活动，它的作用原来基本上没有审美特性，却能产生审美形象。”② 当人们不再用图腾观念来看待图腾形象，而是把它看作对某种动物的模仿和表现。这时候，这些图腾形象就“还俗成为”审美形象了。

原始人还在日常生活中，把绘画和雕刻作为通过模仿事物来传达信息和传授知识的工具。封·登·斯坦恩亲身见证过这样的事。他说，有一次他在巴西一条河的河岸上看到了土人所画的一幅表现本地一种鱼的图画。他于是命令伴随他的印第安人撒下网去，他们便捞出了几条同河

---

① 转引自岑家梧《图腾艺术史》，学林出版社1986年版，第38页。

② ［匈牙利］卢卡契：《审美特性》第1卷，中国社会科学出版社1986年版，第267页。

岸上所画的鱼一样的鱼。显然，土人画这幅画的目的，是想向自己的同伴们报告：在这个地点可以找到那种鱼①。原始人所创造的这种传达信息和传授知识的方式一直流传下来，成了一种传统。我国夏代用铸鼎象物的方法来传播知识。《左传·宣公三年》记载了王孙满所说的话："昔夏之方有德也，远方图物，贡金九牧。铸鼎象物，百物而为之备，使民知神奸。故民入川泽山林，不逢不若。螭魅罔两，莫能逢之。用能协于上下，以承天休。"② 后人用绘画和雕塑来塑造人物形象，留作纪念，实际上是铸鼎象物的传统的延续。比如，唐太宗把二十四个开国元勋的形象画在凌烟阁上，又

图 1—3　明代仿制宋代针灸铜人

① 参见［俄］普列汉诺夫《没有地址的信　艺术与社会生活》，人民文学出版社 1962 年版，第 166 页。

② 北京大学哲学系美学教研室编：《中国美学史资料选编》，中华书局 1980 年版，第 2 页。

在他的坟墓的墓石上刻出他所喜爱的六匹战马的形象，这就是著名的“昭陵六骏”。“铸鼎象物”把事物模仿得越像，也就是越逼真、生动，效果就越好。因为这样不仅所传授的知识的正确度高，而且能给人以鲜明的印象。这种出于实用目的对事物进行模仿而生成的图像，不一定都有审美特性，因为它可能仅仅是对事物的一种性质的图解，这种图解虽然可以给人以知识，但是由于没有个性、没有生气，因而枯燥乏味而不能让人感到愉悦，我国宋代的针灸铜人就是这样的例子（图1—3）。但是，其中必有一些模仿得非常成功的图像，这些图像意在表现对象的个性和生气，恰如昭陵六骏（图1—4）那样，这种形象就蕴含着审美特性。其实，在照相术发明以前，西方文艺复兴时期非常繁盛的肖像画就有为人留影的功用，而那些肖像画就有许多是当之无愧的艺术杰作，如委拉斯开兹（Velazquez，1559—1660）的《教皇英诺森十世》（后面还要讲到这幅画）。当人们摆脱实用的观点而用审美眼光观看此类图像的时候，这些图像便由实用的图像转化为审美的形象了。

图1—4　昭陵六骏之青骓

由以上事例我们看到，所谓“原始艺术”即审美对象不是发生于一个单一的源泉，而是由多个源泉汇聚而来。卢卡契说：“人类的审美实践不可能是由唯一的一个源泉，首先不会由一个审美源泉发展而来。相反，审美是以后逐渐的历史发展综合的产物。”① 这一切“原始艺术”都是原始人并非出于审美动机而创造出来的审美客体，潜在的审美客体，它们一致地向我们证明了，审美客体（潜在的）的创造在先，它们作为审美客体被发现在后。

① ［匈牙利］卢卡契：《审美特性》第1卷，中国社会科学出版社1986年版，第258页。

第二章　审美主体

第一节　审美活动两要素

具有审美需要的主体（审美主体）受自己的审美需要的驱使，就要进行特定的活动，创造出或寻找到审美客体（审美对象），来满足自己的审美需要。所以审美活动必有两要素，即审美主体与审美客体，这两要素在审美活动中形成审美关系。

审美主体与审美客体是不可分离的。没有审美客体，审美主体就没有对象（无美可审），审美活动就失去了根据；没有审美主体，审美客体就显不出它的审美价值。许多美学家对此都有所论述，德索指出："审美经验的过程包括一个客体，一个可以接纳的主体以及结果所产生的两者间的主要的美感接触。一个特殊的对象和一个特殊的人相遇，从此愉悦的情感便产生了。很明显，每一个美感愉悦都是如此的。"① 杜威（John Dewey）认为，一个完整的经验具有审美的性质，而"每一个经验都是由'主体与客体'，由自我与世界的相互作用构成的"。② 在贾勒德（J. l. Jarrett）看来，美出现在主、客体的关系中，他写道："客观对象必须是一个适当的对象，而主体也必须是准备就绪的主体……而美就出现在这两者之间的关系中。"③ 海德格尔（Martin Heidegger,

① ［德］玛克斯·德索：《美学与艺术理论》，中国社会科学出版社 1987 年版，第 19 页。

② ［美］杜威：《艺术即经验》，商务印书馆 2007 年版，第 274 页。

③ 朱狄：《当代西方美学》，人民出版社 1984 年版，第 222 页。

1889—1976）认为审美考察决定性的基础是“主体—客体关系”，他写道：“艺术作品被设定为某个‘主体’的‘客体’。对有关艺术和作品的美学考察来说，决定性的是主体—客体关系，而且是一种情感关系。”①

可是，近年来出现了一种与上述观点相反的看法，认为在审美活动领域，不存在主体、客体二元对立的情况，如有一位学者说：“讨论美感问题，必须超越主客二分的思维模式，而代之以‘人—世界’合一的思维模式。”他还说：“美感不是‘主客二分’的关系（‘主体—客体’结构），不是把人与世界万物看成彼此外在的、对象性的关系。美感是‘天人合一’即人与世界万物融合的关系（‘人—世界’结构），是把人与世界万物看成是内在的、非对象性的、相通相融的关系。”②另外一位学者说：“审美活动是一个直觉活动的领域，在这个领域，没有主体—客体的二元对立划分，而是一个在存在意义上物—我冥合的整体。”③ 我以为这两位学者是把审美活动的前提与审美活动的状态混为一谈了。审美活动的前提是主客二分的二元对立，审美活动的状态是主客融合而成的物我一体。这两位学者是以审美活动的状态否定了审美活动的前提。

张世英关于人与世界的关系的论述，对于我们理解审美活动的前提与状态的分别大有启示。他指出，人与世界的关系可以粗略地分为两个层次、三个发展阶段。两个层次：一是“人—世界”结构，即人与世界万物融为一体，或称为“天人合一”；二是“主体—客体”结构，意即主张人作为主体、世界作为客体，二者一主一从，分离对立，只是通过认识的桥梁达到统一。这两种关系表现为三个阶段：第一阶段是原始的天人合一，这种天人合一的观点缺乏（不是完全没有）主客二分和与之相联系的认识论；第二阶段是主体—客体；第三个阶段是“经过

① ［德］海德格尔：《尼采》上卷，商务印书馆2002年版，第84页。

② 叶朗：《美学原理》，北京大学出版社2009年版，第111、146页。

③ 牛宏宝：《美学概论》，中国人民大学出版社2007年版，第163页。

了主体—客体式思想的洗礼，包含‘主体—客体’在内而又超越（亦即通常所说的‘扬弃’）了‘主体—客体’式的天人合一”。[①] 这种天人合一是一种高级的天人合一，高级的天人合一境界就是审美意识。张世英谈到的以下几点，特别值得注意：第一，“主客关系或主客二分并不是只讲主客的分离、对立，不讲统一，像有些人所误解的那样；只不过这种统一是在本质上处在外在关系的基础上靠搭桥建立起来的统一”。[②] 在主客二分的基础上，可有两种途径来达到两种主客统一。一种是靠知识搭桥，达到主客符合，这是科学认识；一种是靠体验（感情）搭桥，达到主客融合，这是审美意识。科学认识和审美意识各有其用，不可偏废。第二，“超主客关系必须通过主客关系”。[③] 审美意识就是超主客关系所达到的物我两忘、天人合一的境界，“所以审美意识的核心在于‘超越’二字。这里要注意的是，超越不是抛弃，超主客关系不是抛弃主客关系，而是高出主客关系，超越知识不是不要知识，而是高出知识”。[④] 这就是说，审美活动必须以主客关系为前提、为基础，没有主客的二分和对立，何来主客的融合？何来天人合一？两个无（即无主体、无客体）相遇，不能产生出一个有（即主客合一，即美）来。第三，“审美意识的天人合一以原始的‘天人合一’和‘主体—客体’关系的诸阶段为基础，它依存于前此诸阶段，包含前此诸阶段，而又超出前此诸阶段”。[⑤] 审美意识是高级的“天人合一”的境界。要达到这个境界，主客体就必须分别具备一定的条件，主体必须要有审美能力，客体必须要有审美特性，否则主客体便不能构成审美关系，也就不能产生出审美意识。主体的审美能力是通过审美教育和修养而成的；客体的审美特性是通过审美创造而被赋予的。如果认识不到审美活动的基础乃是审美主客体的二元分离和对立，那就会取消了对主体进行审美

① 张世英：《哲学导论》，北京大学出版社 2004 年版，第 12 页。

② 同上书，第 3 页。

③ 同上书，第 216 页。

④ 同上书，第 108 页。

⑤ 同上书，第 23 页。

教育的任务，同时也否定了通过审美创造产生审美客体的必要。这样一来，既无具有审美修养（能力）的主体，又无具有审美特质的客体，从哪里生出主客体的审美关系呢？

综上所述，审美主客体的二元分离与对立，乃是审美活动和审美关系得以进行和产生的前提和基础，在审美活动和审美关系中，审美主客体才达到了“物我为一”（庄子语）和“天人合一”的状态、境界。

审美主客体是互为条件、不可分割的。但是，为了充分揭示审美主客体各自的性质和特点，我们必须将它们拆分开来分别加以研究。

第二节　审美主体研究的历史情况

在这里，我们只能讲一些对审美主体的研究有较突出贡献或有较大影响的一些美学家的观点。

人们很早就感觉到，审美能给人带来快乐。古希腊的赫拉克利特（Herakleitos，约前 540—前 480）说：“大的快乐来自对美的作品的瞻仰。”① 孔子跟赫拉克利特生活年代相近，他也有相同的感受，孔子的弟子绘声绘色地描述了孔子欣赏音乐之乐。“子在齐闻《韶》，三月不知肉味，曰：不图为乐之至于斯也。”②

柏拉图对审美主体的特点甚为关注，他观察到了艺术创作者和欣赏者的心理特点，那就是处于一种“迷狂”状态，他写道：“科里班特巫师们在舞蹈时，心理都受一种迷狂支配；抒情诗人们在做诗也是如此。……诗人是一种轻飘的长着羽翼的神明的东西，不得到灵感，不失去平常理智而陷入迷狂，就没有能力创造，就不能做诗和代神说话。”③ 诗人在作诗的时候，神给他以灵感，把他用作代言人。在柏拉图及其同

① 北京大学哲学系美学教研室编：《西方美学家论美和美感》，商务印书馆 1982 年版，第 18 页。

② 北京大学哲学系美学教研室编：《中国美学史资料选编》上册，中华书局 1980 年版，第 16 页。

③ ［古希腊］柏拉图：《文艺对话集》，人民文学出版社 1983 年版，第 8 页。

时代人看来，迷狂并不是精神失常，而是一种超常的精神状态，因为它是由神感召的。“迷狂也远胜于清醒，像古人可以作证的，因为一个由于神力，一个由于人力。”[①] 柏拉图把由神灵凭附的迷狂按其功用分为四种，每一种都由一位天神主宰，这四种迷狂及其主神是：寓言——阿波罗，教仪——狄俄尼索斯，诗歌——缪斯姊妹们，爱情——阿佛洛狄忒和艾若斯。[②] 每一种迷狂都有其特有的情状，那么，艺术家和欣赏者的迷狂即审美的迷狂是如何表现的呢？柏拉图指出，它有两种密切相关的表现形态：一是犹如身临其境，“失去自主，陷入迷狂，好像身临所说的境界”；二是感情勃发，“在朗诵哀怜事迹时，就满眼是泪，在朗诵恐怖事迹时，就毛骨悚然，心也跳动”。[③] 柏拉图对进行艺术创作或欣赏时的心理状态的观察和描述是十分细致和真切的。至于他把这种心理状态看作一种迷狂，且把它同巫师的迷狂相提并论，那是事出有因的。究其原因，巫术原是艺术的重要起源之一，而柏拉图生活在离艺术与巫术相分化还不太久的时代，艺术与巫术还存在着千丝万缕的联系。证据是仅比柏拉图早一个世纪的毕达哥拉斯学派就是一个政治宗教团体。据阿里斯多克申那说，毕达哥拉斯学派用巫术治疗肉体，用音乐净化灵魂。[④] 而毕达哥拉斯派正是柏拉图的思想来源之一，罗素指出：“从毕达哥拉斯那里柏拉图得来了他哲学中的奥尔弗斯主义成分。”[⑤] 奥尔弗斯是一个苦行的教派，这个教派以酒为象征，崇尚激情状态的沉醉，那是一种与神合而为一的沉醉，他们相信用这种方法可以获得用普通方法不能得到的神秘之事。所谓奥尔弗斯主义成分就是指这种神秘成分。罗素指出：“这种神秘的成分随着毕达哥拉斯进入到希腊哲学里面来，毕达哥拉斯就是奥尔弗斯教的改革者。……奥尔弗斯成分从毕达哥

---

① ［古希腊］柏拉图：《文艺对话集》，人民文学出版社 1983 年版，第 117 页。

② 同上书，第 151—152 页。

③ 同上书，第 10 页。

④ 参见［波］沃拉德斯拉维 · 塔塔科维奇《古代美学》，中国社会科学出版社 1990 年版，第 115 页。

⑤ ［英］罗素：《西方哲学史》上卷，商务印书馆 1986 年版，第 114 页。

拉斯进入到柏拉图的哲学里面来。”[①] 柏拉图把审美的感动与巫术的迷狂相提并论，根源乃在于此。

亚里士多德对艺术所引起的快感做了更深入的研究。他指出，不同的艺术引起不同的快感，他写道：“我们不应要求悲剧给我们各种快感，只应要求它给我们一种它特别给的快感。”[②] 这种快感是“由悲剧引起我们的怜悯与恐惧之情”。亚里士多德在《修辞学》一书中把怜悯与恐惧界定为“痛苦的感觉”。痛苦的感觉何以在悲剧中能给人以快感呢？这是审美欣赏心理中一个非常重要而困难的问题。对这个问题，亚里士多德给出了他的解释。他说，悲剧“借引起怜悯与恐惧来使这种情感得到陶冶”。[③] 要紧的是“陶冶”一词。陶冶原文为 katharsis，本义是净化，《诗学》第十七章说到俄瑞斯忒斯因举行净罪礼（katharsis）而得救。[④] 在这里，katharsis 用的正是它的本义——净化。朱光潜认为把 katharsis 译作陶冶不妥。那么，净化究竟是什么意思呢？这是历来的亚里士多德研究者们长期争论不休的问题。他们提出了各种不同的解释，有人说“净化”是借重复激发而减轻这些情绪（怜悯与恐惧）的力量，从而导致心情的平静；有人说“净化”是消除这些情绪中的坏因素，好像把它们洗干净，从而产生健康的道德影响；也有人说“净化”是以毒攻毒，以假想情节所引起的怜悯、恐惧来医疗心理上常有的怜悯与恐惧。[⑤] 朱光潜认为，“净化”的真正含义可在《政治学》卷八中找到，在那里，亚里士多德指出，学习音乐有三个目的，“那就是（1）教育，（2）净化（关于‘净化’一词的意义，我们在这里只约略提及，将来在《诗学》里还要详细说明），（3）精神享受，也就是紧张劳动后的安静和休息”。[⑥] 加在“净化”一词后面的那个括号里的说明

---

① ［英］罗素：《西方哲学史》上卷，商务印书馆 1986 年版，第 43 页。

② 《诗学　诗艺》，人民文学出版社 1982 年版，第 43 页。

③ 同上书，第 19 页。

④ 同上书，第 59 页。

⑤ 参见朱光潜《西方美学史》上卷，人民文学出版社 1963 年版，第 71 页。

⑥ 同上书，第 72 页。

值得注意，它告诉我们，在这里所说到的关于“净化”的含义就是《诗学》中“净化”一词所有的含义。亚里士多德接着对“净化”的含义作了阐释，他写道：“像哀怜和恐惧或是狂热之类情绪虽然只在一部分人心里是很强烈的，一般人也多少有一些。有些人受宗教狂热支配时，一听到宗教的乐调就卷入迷狂状态，随后就安静下来，仿佛受到了一种治疗和净化。这种情形当然也适用于受哀怜恐惧以及其他情绪影响的人。某些人特别容易受某种情绪的影响，他们也可以在不同程度上受到音乐的激动，受到净化，因而心里感到一种轻松舒畅的快感。因此，具有净化作用的歌曲可以产生一种无害的快感。”① 从这些话可以看出，由艺术（悲剧、音乐等）所引起的情感的净化是一个过程，有如下几个环节：激动或迷狂→受到治疗和净化→安静下来→轻松舒畅的快感。由这几个环节不难理解“净化”的要义，如朱光潜所指出的：“‘净化’的要义在于通过音乐或其他艺术使某种过分强烈的情绪因宣泄而达到平静，因此恢复和保持住心理的健康。”② 朱光潜还指出，亚里士多德的“净化说”是针对着柏拉图对诗人的控诉的。在柏拉图看来，情绪以及附带的快感都是人性中“卑劣的部分”，本应该压抑下去而诗却“滋养”它们，所以，诗人应被逐出理想国。亚里士多德替诗人申辩说，诗对情绪有净化作用，净化产生一种“无害的快感”，有益于听众的心理健康，也就有益于社会。③

夏夫兹博里（The Earl of Shaftesbury，1671—1713）和他的门生哈奇森（F. Hutcheson，1694—1747）探讨了“为什么人能欣赏美，而动物却不能”这个问题，并给出了他们的答案。他们认为，那是因为人有一种专司审美的内在感官即审美感官。他们的同胞休谟（D. Hume，1711—1776）也为这个问题所吸引，他则认为，那是因为“人心的特殊构造”。这三个人可以说是对审美心理结构进行探索的先行者。（关

① 朱光潜：《西方美学史》上卷，人民文学出版社1963年版，第72页。
② 同上。
③ 同上书，第73页。

于他们的观点，将在后面详谈。）

康德是对审美主体的能力做了专门的、深入的研究的第一位西方美学家。康德的美学著作名为“判断力批判”，就昭示了该书的主旨——专门研究审美判断力。康德对审美判断力的研究有以下几点值得注意：第一，审美快感是一种无利害、自由的愉快，所谓“无利害”，按康德的解释是：“凡是与一对象存在的表象相结合的愉悦，我们称为利害关系。”[①] 就是说，你对一个对象，因认识到它的性质和功用所得到的愉快，就是有利害的；相反，对某物的性质、功用漠不关心，仅仅关心该物的形式，就是无利害的。如对花的看法，认识到花有完满性和有用性而感到愉快是有利害的快感；撇开花的完满性和有用性，纯粹因其形式——色彩、形态而感到愉快，是无利害的快感。第二，审美判断不是逻辑判断，审美活动不是认识活动。认识活动是凭借悟性联系于客体的表象以求得知识，审美活动是凭借想象力（或者想象力与悟性相结合）联系于主体和它的快感与不快感。第三，审美判断力是由多种心理因素相互和谐、共同作用而形成的。康德写道：“鉴赏判断就必须建立在一种单纯的感觉之中，这种感觉即是自由活动的想象力和按合规律性活动的知性之间相互激活的那种感觉。”[②] 第四，在审美活动和认识活动中，都有多种心理因素共同参与，但在上述两种不同类型的活动中，这些心理因素不仅有不同的比重，而且处于不同的地位，发挥不同的作用。[③]

黑格尔深入地探讨了审美欣赏的深层原因，他指出，人有一种冲动和需要，就是要在呈现于他面前的外在事物中实现他自己，在这些外在事物中刻下他内心生活的烙印，把自己的性格复现在外在事物中，然后他欣赏这被改变了的外在事物的形状，实质上“他欣赏的只是自己的外在现实”[④]。黑格尔认为，这是艺术的根本的和必然的起源。黑格尔还探讨了审美主体与认识主体及实践主体的差异及其根源。他指出，主

---

① 《康德美学文集》，北京师范大学出版社 2003 年版，第 451 页。

② 同上书，第 538 页。

③ 同上书，第 492 页。

④ ［德］黑格尔：《美学》第 1 卷，商务印书馆 1986 年版，第 39 页。

体与外在世界有三种关系并产生出三种兴趣，即实践兴趣、科学兴趣和艺术兴趣。他写道："艺术兴趣和欲望的实践兴趣之所以不同，在于艺术兴趣和它的对象自由独立存在，而欲望却要把它转化为适合自己的用途，以至于毁灭它；另一方面，艺术观照和科学理智的认识性的探讨之所以不同，在于艺术对于对象的个体存在感到兴趣，不把它转化为普遍的思想和概念。"① 在主体与世界的欲望关系之中，主体和客体皆不自由，主体之所以不自由是因为它受欲望的束缚和驱使，客体之所以不自由是因为主体要利用它以至消灭它，因而它没有独立的存在和自由。而在艺术兴趣之中，主体和客体都获得了自由，所以黑格尔说："审美带有令人解放的性质。"②

叔本华（Arthur Schopenhauer，1788—1860）对审美主体的特点谈得很多。他指出审美主体的最大特点是"不带意志的主体"③。按照叔本华的哲学，整个世界的"内核"就是"意志"，世界上的一切表象、一切客体和现象都是意志的客体化；从无机物到有机界的动植物直到人类，都是意志的客体化。所以无机物和人类并无本质的不同，只是客体化层次和级别的差异而已。意志的本质就是无目标无休止地追求欲望的满足。"人作为这意志最完善的客体化"，"彻底是具体的欲求和需要，是千百种需要的凝聚体"。④ 需要没得到满足，是痛苦的；需要得到满足之后，空虚和无聊就会袭来，而且不久又会生出新的需要，跟着来的是新的痛苦。人生就在无聊和痛苦之间像钟摆一样来回摆动着。⑤ 所以在叔本华的眼中"人生只是痛苦"。⑥ 叔本华把审美活动视为解除人生痛苦的一个途径，因为在审美活动中主体从意志的奴役之下解放出来，就是抛弃了一切欲求，以一个纯粹的旁观者的态度来观照人生。⑦ 他认

---

① ［德］黑格尔：《美学》第1卷，商务印书馆1986年版，第48页。

② 同上书，第147页。

③ ［德］叔本华：《作为意志和表象的世界》，商务印书馆1982年版，第28页。

④ 同上书，第427页。

⑤ 同上。

⑥ 同上书，第443页。

⑦ 同上书，第430页。

为，此时的主体是一个“超乎时间的”、“在一切相对关系之外的”主体①。其实，叔本华的观点不过是对康德的审美无利害的观点的发挥而已。可是，他把审美主体看成是“超时间的”即超越历史的，“超乎一切相对关系”即超越一切社会现实关系的超人了。

爱德华·布洛（Edward Bullough，1880—1934）提出了“心理距离”这样一个审美原则。何谓“心理距离”？布洛说：“这距离就介于我们自身与我们的感受之间。”② 布洛举了一个例子加以说明：海上航行遭遇大雾，感到忧虑恐怖，这是出于实际利害的考虑，这叫作无距离；如果超越实际的利害考虑，欣赏起雾中的景，就有了距离。距离是通过排除或超越实际利害的途径而取得的。这种有距离的事物形象就不是也不可能是我们的正常现象。距离因此成了一种审美原则。布洛的距离说显然滥觞于康德关于崇高的观点。康德说，诸如火山喷发、怒涛狂啸之类自然现象令人感到可怕，但是，假如我们发现自己处在安全地带，那么景象越可怕对我们越有吸引力，我们称呼这些对象为崇高。③可以看出，距离说无非是对康德的观点稍加改变并予以巧妙发挥而已。

立普斯（Theodor Lipps，1851—1914）提出了“移情论”，讲的是审美欣赏中的主体的心理活动的情况。他以欣赏古希腊建筑中的道芮式石柱为例，道芮式石柱的形状是下粗上细，柱面有凹凸形的纵向的槽纹。他说，当我们观照道芮式石柱时得到这样的感觉：从纵直方向看，石柱顶着重压，耸立上腾；从横平方向看，它承受压力凝成整体。这种感觉是对石柱的一种解释，叫作“机械的解释”。与此同时还有一种解释，叫作“人格化的解释”，就是把物当成人，向物灌注生命。拿石柱来说，就是我们将石柱的形象同人的动作加以类比，于是，我们感到“石柱仿佛自己在凝成整体和耸立上腾，就像我们自己在镇定自持，昂扬挺立，或者抗拒自己身体重量压力而继续维持自己挺立姿态时所做的

---

① ［德］叔本华：《作为意志和表象的世界》，商务印书馆1982年版，第278页。

② 蒋孔阳主编：《二十世纪西方美学名著选》上册，上海复旦大学出版社1987年版，第243页。

③ 参见《康德美学文集》，北京师范大学出版社2003年版，第511页。

一样”，因而，我对石柱的挺立自持就起一种同情，这是种令人愉快的同情感，就是审美喜悦。立普斯还指出，审美快感的特征是自我欣赏。他写道：“审美的快感是对于一个对象的欣赏，这对象就其为欣赏的对象来说，却不是一个对象，而是我自己。或则换个方式说，它是对于自我的欣赏，这个自我就其受到审美的欣赏来说，却不是我自己而是客观的自我。”[①] 一句话，审美欣赏就是欣赏自我，这个自我是一个被移置到了对象中的自我。

尼采（Friedrich Wilhelm Nietzsche，1844—1900）是继康德之后十分重视对审美主体研究的一位美学家。尼采认为，艺术和审美的核心是醉。他写道：“为了艺术得以存在，为了任何一种审美行为或审美直观得以存在，一种心理前提不可或缺：醉。”[②] 醉也就是酒神精神，醉或酒神精神的本质是肯定生命，是“一种满溢的生命感和力量感，在其中连痛苦也起着兴奋剂的作用”。[③] 尼采特别崇尚生命力的原始状态，即动物性的生命表现，如性冲动、醉和残酷等。尼采认为：“动物性的快感和欲望的这些极具精妙的细微差别的混合就是审美状态。审美状态仅仅出现在那些能使肉体的活力横溢的天性之中，第一推动力永远是在肉体的活力里面。”[④] 他又说：“艺术使我们想起动物活力的状态：它一方面是旺盛的肉体活力向形象世界和意愿世界的涌流喷射，另一方面是借助崇高生活的形象和意愿对动物性机能的诱发；它是生命感的高涨，也是生命感的激发。”[⑤] 他要求艺术家要有强大的生命力，心中要有一种“常驻的醉意”，他写道：“艺术家倘若有些作为，都一定要秉性强健（肉体上也如此），精力过剩，像野兽一般，充满情欲。假如没有某种过于炽烈的性欲，就无法设想会有拉斐尔……无论如何，艺术家的创

---

① ［德］立普斯：《论移情作用》，载李醒尘主编《十九世纪西方美学名著选·德国卷》，复旦大学出版社 1990 年版，第 606 页。

② ［德］尼采：《悲剧的诞生》，三联书店 1986 年版，第 319 页。

③ 同上书，第 334 页。

④ 同上书，第 351 页。

⑤ 同上。

作力总是随着生殖力的终止而终止。"[①] 由此可见，在尼采的眼中，美和艺术本身乃是动物活力的喷射和表现，它们所具有的价值，也仅仅是或主要是生物学的价值，他直言不讳地写道："美属于有用、有益、提高生命等生物学价值的一般范畴之列。"[②] 这样一来，人类原始的生命表现即性欲就成了美与艺术的内核了。尼采写道："对艺术和美的渴望是对性欲癫狂的间接渴望，它把这种快感传导给大脑。通过'爱'而变得完美的世界。"[③] 因此之故，尼采把美学视为"应用生物学"[④]，就毫不足怪了。认为美具有生物学的价值，这并没有错，这是尼采在重估价值中所提出的一个有新意、有价值的观点，但是，倘若忘记了或忽视了艺术和美还有比生物学价值更高级的人性的价值，那就是个大错了。尼采认为，美离不开人，故不存在所谓"自在之美"。他还指出："没有什么是美的，只有人是美的：在这一简单的真理上建立了全部美学，它是美学的第一真理。"[⑤] 根据这一个美学的第一真理，就可以顺理成章地得出美就是人的自我肯定和自我崇拜的结论。尼采写道："在美之中，人把自己树为完满的尺度；在精选的场合，他在美之中崇拜自己。一个物种舍此便不能自我肯定。……归根到底，人把自己映照在事物里，他又把一切反映他的形象的事物认作美的。"[⑥] 这个观点是很深刻的。还有值得注意的一点是，尼采关于悲剧快感的观点。他既不接受亚里士多德关于感情宣泄的观点，也不认可黑格尔关于高尚原则胜利的观点，却对歌德提出的悲剧乃是"审美的游戏"的观点表示首肯。[⑦] 表现人生痛苦的悲剧何以是一种"审美的游戏"呢？尼采认为，艺术是一个民族的一种精神的表现，"艺术是生命的伟大兴奋剂"。[⑧] 所以，艺术

① ［德］尼采：《悲剧的诞生》，三联书店 1986 年版，第 350 页。
② 同上书，第 352 页。
③ 同上书，第 354 页。
④ 杨恒达：《尼采美学思想》，中国人民大学出版社 1992 年版，第 107 页。
⑤ ［德］尼采：《悲剧的诞生》，三联书店 1986 年版，第 322 页。
⑥ 同上。
⑦ 同上书，第 98 页。
⑧ 同上书，第 325 页。

只要它是表现了生命力的充盈和壮健的，哪怕是人生的残酷与痛苦，都是有价值的。尼采说："悲剧神话恰好使我们相信，甚至丑与不和谐也是意志在其永远洋溢的快乐中借以自娱的一种审美游戏。"[①] 尼采还进一步从形而上层次探索了悲剧快感的根源，他写道："对于悲剧所生的形而上快感，乃是本能的无意识的酒神智慧向形象世界的一种移植。悲剧主角，这意志的最高现象，为了我们的快感而遭否定，因为它毕竟只是现象，它的毁灭无损于意志的永恒生命。悲剧如此疾呼：'我们信仰永恒生命'。"[②] 对于悲剧快感，亚里士多德给予了心理学的解释，黑格尔给予了伦理学的解释，尼采给予了哲学的解释。

海德格尔（Martin Heidegger，1889—1976）对审美状态中的主体的特点做了深入的研究，有一些独到的看法。他认为，陶醉是"审美状态的普遍本质"。[③] 这还是尼采的观点。他指出："审美状态是我们自己实行的一种行为和接纳。我们并非仅仅作为观察者寓于这个事件，不如说，我们自身就保持在这种状态之中。"[④] 传统的观点认为审美是静观，主体是一个旁观者，海德格尔对这种传统观点提出了异议。他还指出，在审美状态中，主体超越了自己，也就是说，主体与客体相互交融，归于物我一体了。他写道："审美状态既不是某种主观的东西，也不是某种客观的东西。"[⑤] 特别值得注意的是，海德格尔对处于审美状态中的"生命本体"的特点的描述，他写道："陶醉是感情，是一种肉身性的心情，一种被扣留在心情中的肉身存在，一种被交织于肉身存在中的心情。……可是，在把陶醉说明为感情状态时，我们曾多次专门强调，我们不可把这种状态看作'在'身体'之中'和'在'心灵'之中'的一种现成之物，而是要把它看作一种对存在者整体的肉身的、有心情的

① ［德］尼采：《悲剧的诞生》，三联书店 1986 年版，第 105 页。
② 同上书，第 70—71 页。
③ ［德］海德格尔：《尼采》上卷，商务印书馆 2002 年版，第 116 页。
④ 同上书，第 153 页。
⑤ 同上。

对待方式，一种本身规定着心情的对待方式。”① 海德格尔用“肉身存在中的心情”和“心情中的肉身存在”这样的说法，强调在审美状态中，肉身与心情是不可分割的，陶醉是身心共同参与、身心一起享受的状态。海德格尔在对尼采的那句有名的话——“美学是实用生理学”——进行解释时，进一步申明了他的观点，他写道：“这意思（指尼采的话——引者）就是说：感情状态，被看作纯粹心灵上的感情状态，应当归结于与之相应的身体状态。从整体看来，这恰恰就是那个未被撕碎的，也撕不碎的身—心统一体，就是被设定为审美状态之领域的生命本体。”② 海德格尔一再强调，处于审美状态中的主体是一个“身—心统一体”，这是一个非常有见地的观点。

当代美学中出现了一种所谓“审美态度”理论，它认为审美经验与审美对象完全无关，审美态度可以使任何事物成为审美对象，乔治·迪基（George Dickie）是这种理论的一个有力的倡导者。他在《美学引论》一书中写道：“任何一个对象，无论是人工制品还是自然对象，只要对它采取一种审美态度，它就能变成一种审美对象。”③ 他进一步在《艺术与审美》一书中对审美态度理论的核心论点做了提炼，他写道：“这种理论可以概括为这样一种观点：即只要审美知觉一旦转向任何对象，它立即就能变成一种审美的对象。”④ 这种观点的拥护者还真不乏其人。杜卡斯（C. J. Ducasse）说：“自不待言，对任何事物进行审美观照会将其置于审美客体的位置。”⑤ J. 斯托尼茨（J. Stolnitz）也说：“无论何时，只要我们用一种特定的方式观察对象，就是说，我们不是为了其他原因而观看它，而纯粹地是为了观看和欣赏它，那么，任何对象都可以是‘审美对象’。”⑥ 乔治·迪基承认，审美态度理论是一种彻底主

① ［德］海德格尔：《尼采》上卷，商务印书馆 2002 年版，第 116 页。

② 同上书，第 104 页。

③ 彭立勋：《美学的现代思考》，中国社会科学出版社 1996 年版，第 304 页。

④ 同上书，第 305 页。

⑤ ［美］杜卡斯：《艺术哲学新论》，光明日报出版社 1988 年版，第 187 页。

⑥ 彭立勋：《美学的现代思考》，中国社会科学出版社 1996 年版，第 304 页。

观化的理论，他在《趣味和态度：审美的起源》一书中说："趣味理论由于需要某些客观事物作为主体的刺激而保持它与外部世界的微弱的联系，而审美态度的理论则因为没有提出这样的需要而完全主观化了。"①这是一种极端的主观论，它的谬误是显而易见的。

第三节　审美主体的特点

人出于多种多样的需要和目的，进行多种多样的活动，于是，与世界发生多种多样的关系。在特定的关系中，外界事物（对象）以其某种特殊的属性作用于人，人以其特殊的能力和状态应对对象。在审美活动与审美关系中，主体与对象也各有其互相对应的特点。那么，审美主体有些什么特点呢？

第一，审美主体是摆脱了实际需要和功利态度的主体。康德指出："对美的鉴赏的愉快是一种无利害关系的、自由的愉快。"②所谓"无利害关系"指的是主体对于对象的实际性质和功用漠不关心，关心的只是对象的形式。康德还专门用了一个词来为这样一种态度定性，就是"静观"，静观的真谛乃是对事物的性质和功用"漠不关心"。所以，作为审美活动的主体跟在日常生活中的主体相比是有其特点的。康德的这个观点得到美学家们的普遍认同。鲍桑葵（Bernard Bosanquet，1848—1923）说道："给古代最伟大的思想家带来极大困难的审美兴趣的特殊性，自经康德深刻阐发之后，就永远不再被严肃的思想家所误解了。黑格尔说，他在《判断力批判》的导论中找到了'关于美的第一个合理的字眼'，我们很可以同意黑格尔的这一评断。"③

马克思在关于人类的两种生产的论述中包含了康德的观点，并且把它大大地深化了。马克思指出，人进行生产有两种情况，从而产生出对

① 彭立勋：《美学的现代思考》，中国社会科学出版社 1996 年版，第 308 页。

② 《康德美学文集》，北京师范大学出版社 2003 年版，第 458 页。

③ ［英］鲍桑葵《美学史》，商务印书馆 1987 年版，第 344 页。

产品的两种关系。一种生产，人以直接的需要为尺度，人出于功利的而且利己的目的，人对产品的关系仅仅是为了拥有、利用。[①] 在这种情况下，主体是愚蠢而片面的，因为它对产品只是为了拥有和使用，对产品的拥有和使用则仅仅为了活着。另一种生产则是人的自我肯定和自我实现，人把生产作为他的生命表现，作为使人的本质对象化的活动，因而产品就成了反映人的本质的镜子。人不仅在生命表现之中获得享受，而且，从产品中直观人的本质力量而得到乐趣。[②] 这样一来，主体和产品的关系就表现出一种完全新的景象："需要和享受失去了自己的利己主义性质，而自然界失去了自己的纯粹的有用性。"[③] 人不以自己的需要和欲求为尺度去改造、占有、利用自然界，相应地自然界也不以它的纯粹的有用性为人服役。这种情况如马克思所说："是人的一切感觉和特性的彻底解放。"[④] 之所以说这是一种解放，是因为人的感觉和特性摆脱了功利目的和实际需要，摆脱了纯粹的物欲，从而展示了人的全面的、丰富的本质。在这里我们所见到的难道不正是审美主体的特点吗？马克思指出，在人与外物的关系中，当人一味死盯实际需要时，便无审美可言，"忧心忡忡的穷人甚至对最美丽的景色都没什么感觉；贩卖矿物的商人只看到矿物的商业价值，而看不到矿物的美和特性"。[⑤] 中国唐代诗人罗与之的一首诗所表达的意思，正可作为马克思的观点的形象的注脚。这首诗名为《商歌》，诗曰："东风满天地，贫家独无春。负薪花下过，燕语似讥人。"贫家为什么对鸟语花香的春天美景没有感觉呢？因为他没有审美态度。为什么没有审美态度呢？因为他贫穷的生活境况使他摆脱不了利己主义的需要，花草对他来说只有有用性，用来烧饭或拿去卖钱而已，这种情况使他无法上升到审美的需要，使他无心去欣赏鸟语花香。

---

① 参见［德］马克思《1844 年经济学哲学手稿》，人民出版社 1985 年版，第 168 页。

② 同上书，第 172 页。

③ 同上书，第 81 页。

④ 同上。

⑤ 同上书，第 83 页。

第二，审美主体是“身—心”整体享受快乐的主体。

审美活动必能使主体获得快乐和享受，即使是描写灾难和毁灭的悲剧也能使人获得快感，而在现实生活中灾难和毁灭却是只能令人悲哀和伤心的。诚如休谟所言：“快感是美的必有的随从。”[①] 所以，审美对主体来说是一种享受和快乐。在现实生活中，有许多事情可以使人感到快乐和享受，那么，审美的快感有什么区别于其他快感的特点呢？

康德对审美快感的特点做过专门的研究。他把审美快感同其他两种重要的快感即感官的舒适与道德的愉悦做了比较，指出审美快感不仅是无利害的快感，而且是一种不凭概念而普遍令人愉快的快感。审美快感与感官舒适相比，感官舒适不仅与客体的性质、功用相关，而且它是一种个人的判断，仅有个体有效性，如俗话所说：“萝卜白菜，各人各爱”；审美快感与客体的性质、功用无关，而且它是公共的判断，具有普遍有效性。审美快感与道德快感相比，道德快感要通过理性对善恶作出判断而获得，因而通过概念而具有普遍性；审美快感则无须凭借概念而具有普遍性。康德通过上述的比较得出一个看法：审美快感既不是单纯的感性的舒适，也不是单纯的理性的愉快，唯有理性与感性相结合的主体才有条件享受审美愉快。[②]

审美快感的最大特点，在于它使主体身心俱获享受。鲍桑葵（Bernard Bosanquet，1848—1923）和海德格尔都非常强调这一点。有意思的是，他们都使用了由他们自己制造的一个特殊的词儿来标识这个特点，这个词就是“身—心”联写。不知道这是不谋而合呢，还是谁受到了谁的影响。鲍桑葵在说明创造“身—心”联写这个词的原因时写道：“在审美讨论上心灵是整个身体，而身体就是整个的心灵。”[③] 他还进一步解释说：“审美态度的要义就是身体与灵魂的适合交融，其中灵

① 北京大学哲学系美学教研室编：《西方美学家论美和美感》，商务印书馆 1982 年版，第 109 页。

② 参见《康德美学文集》，北京师范大学出版社 2003 年版，第 457 页。

③ ［英］鲍桑葵：《美学三讲》，上海译文出版社 1983 年版，第 4 页。

魂是情感，身体是情感的表现，两方面都没有什么剩余的东西。”① 海德格尔强调在审美状态中的主体是心灵与肉身相互交融的、不可分割的一个整体，他把这样的整体称为“审美状态之领域的生命本体”。人以其身心交融的生命本体进入和处于审美状态，因此，审美愉快是身心的皆大欢喜。

第三，审美主体是主要活动在情感和想象领域的主体。

人有三种心意机能，即知、情、意。知是认识机能，情是愉快与不快的机能，意是欲求机能。人是一个有机的整体，这三种机能在人的各种活动中一般都是一起参与、相互交织、共同发挥作用。但是在性质不同的活动中，三种机能往往不是以同样的比重参与、发挥同等重要的作用；而是以不同比重参与，以某种机能起主导作用。在审美活动中，情感机能以及想象力常常占最大比重，从而成为主要的色彩和主要的音调。在审美活动中，想象力是一种十分活跃的心理机能。毕加索说：“画家画画是要宣泄感觉和想象。”② 而且，想象力犹如天马行空，纵横驰骋，一无羁绊，刘勰把艺术想象力称为“神思”，运用神思，使人能够“寂然凝虑，思接千载；悄焉动容，视通万里”。陆机的《文赋》也谈到了艺术想象之海阔天空：“精骛八极，心游万仞。”

在欣赏纯粹自然之美时，想象力往往给自然之物着上人文色彩，比如把云南石林的某块石头看作阿诗玛，把黄山某座山峰称为梦笔峰之类，在这种情况下，想象力起到一个作用，那就是使冷冰冰的自然之物跟人亲近起来，让人有亲切感。想象力不仅为审美活动所必需，而且有时起到决定性的作用，就是说，一物成为审美对象，全仗了想象力的作用，突出的例子就是美国动画片《米老鼠和唐老鸭》。这部作品以丰富的想象力见长，它的引人之处、它的令人赞叹之处全在于想象之丰富多彩与出人意表。说它有什么意义的话，其最大的意义就在于大有益于想象力的开发。

---

① ［英］鲍桑葵：《美学三讲》，上海译文出版社 1983 年版，第 37—38 页。

② 毕加索等：《现代艺术大师论艺术》，中国人民大学出版社 2003 年版，第 58 页。

再来说说审美主体的情感性特点。审美活动以浓厚的情感色彩与认识活动相区别。爱因斯坦对此有深刻的认识。他指出，科学体系所用到的概念是不表达什么感情的，他写道："对于科学家只有'存在'，而没有什么愿望，没有什么价值，没有善，没有恶，也没有什么目标。"① 爱因斯坦讲到，科学研究也需要感情，而且这种感情强烈而执着得近乎宗教感情。但是，在这里感情只是一种动力，它本身不能渗透到科学理论里边去，所谓科学家"没有善，没有恶"说的就是这个意思。卡西尔也谈到，科学要排除一切个人的特色以至一切人的特点。他写道："在科学的客观内容中，这些个人特色都被遗忘和抹去了，因为科学思想的主要目的之一就是要排除一切个人的和具有一切人的特点的成分。用培根的话来说就是，科学力图'按照宇宙的尺度'而不是'按照人的尺度'来看待世界。"② 而艺术家是满怀感情进行创作的，而且是个性色彩很浓烈的感情。同样的对象在不同的艺术家的心目中，甚至在同一个艺术家的不同的心境之下，都可以被着上不同的感情色彩，却都可以成为不朽的艺术品。就以《咏柳》为例，在贺知章的笔下，柳树显现出婀娜多姿、妩媚可爱的形象："碧玉妆成一树高，万条垂下绿丝绦。不知细叶谁裁出，二月春风似剪刀。"而在王安石的眼中柳树却有轻狂的姿态："嫩条犹未变鹅黄，倚得春风势便狂。解把飞花蒙日月，不知天地有清霜。"在审美活动中，感情常常压倒理智和常识，如梁山伯与祝英台，死后双双化蝶，得续前缘；杜丽娘死而复生，与心上人终成眷属。按科学观点看，简直是荒谬绝伦。但是在审美活动中，情感自有它的逻辑，青年男女互相爱得深沉、爱得忠贞，一往情深，不妨死后化蝶，不妨死而复生，就像汤显祖为杜丽娘所作的辩护那样："第云理之必无，安知情之所必有邪！"

还有，在审美活动中产生的情感是真情感，不是假情感、虚情感，而且甚至是很强烈的情感。但是，这种情感在审美活动当中就得到宣

---

① 《爱因斯坦文集》第3卷，商务印书馆1979年版，第280页。

② ［德］卡西尔：《人论》，上海译文出版社1985年版，第288页。

泄，而不会像现实生活中那样直接转化为行动。谢·维戈茨基说得好："艺术所引起的激情是审美反应的基础，我们完全现实地和强烈地体验到这些激情，但它们在艺术欣赏所必然要求于我们的幻想活动中得到舒泄。"[①] 他把这种情形称为"激情的自燃"。这个说法实在是精当之至。审美活动中的情感如果超出了"自燃"的范围，就会破坏审美活动。这种情况并不鲜见。有一个剧团在美国某地演出莎士比亚的戏剧《奥赛罗》，当戏演到埃古用阴谋挑拨奥赛罗同他的妻子苔丝德梦娜的关系，激起奥赛罗的嫉妒心，使他决心要杀死妻子的时候，台下一位看戏的青年军官气愤至极，当场拔出手枪把演埃古的演员击倒在台上。这位青年军官很快就清醒过来，意识到自己铸成了大错，于是立即调转枪口饮弹自尽了。事后，人们在痛惜之余，将这两个死者葬在一起，立了一块墓碑，上面写着"最好的演员和最好的观众"。从审美观点看，"最好的演员"，当之无愧；"最好的观众"，却不合格。

由于审美活动同认识活动有如许不同，倘使艺术家和科学家各以其所从事的活动的特点为准绳去考量对方，凡与自己的活动的特性不合者，即被目为谬误，那就难免相互攻讦。济慈和牛顿的话就让我们见识了这种情况。济慈认为牛顿用光学理论对彩虹所作的分析是"把彩虹还原为各种棱镜色彩，从而葬送了所有关于彩虹的诗"。[②] 牛顿反唇相讥，当有人问牛顿对诗歌的看法时，牛顿说："我告诉你巴罗是怎么说的吧——他说，诗好像是具有独创性的胡说。"[③]

第四节　审美主体的心理结构

审美主体的心理结构是一个大题目，我们拟从以下三个方面进行探讨。

① ［苏］维戈茨基：《艺术心理学》，上海文艺出版社 1985 年版，第 284 页。

② ［美］M. H. 艾布拉姆斯：《镜与灯》，北京大学出版社 1958 年版，第 500 页。

③ 同上书，第 490—491 页。

一　审美心理结构探索的历史过程

为什么单单人类有审美能力和审美活动而动物却没有？这是一个必然会发生的问题。针对这个问题，最早被提出来的答案是，因为在人类身上存在着特殊的审美器官。夏夫兹博里（The Earl of Shaftesbury，1671—1713）认为，对于人来说，眼睛一看到形状，耳朵一听到声音，就立刻认识到美、秀雅与和谐，是因为人有一种“内在的眼睛”，它能分辨美丑。这种内在的眼睛“植根于自然”，“来自于自然”，即属于人的自然本性。这样说来，“内在的眼睛”应该是一种生理器官。但是，夏夫兹博里指出，它又不同于一般的生理器官，因为它含有理性的因素。他写道：“如果动物因为是动物，只具有感官（动物性的部分），就不能认识美和欣赏美，当然的结论就会是：人也不能用这种器官或动物性的部分去体会美或欣赏美；他欣赏美，要通过一种高尚的途径，要借助于最高尚的东西，这就是他的心和他的理性。”①夏夫兹博里认识到美有可感知性，因而感知美需有感官；但感知美又不能仅靠感官，尚需理性的参与。他找不到适当的概念来指称这种感知美的能力，于是只好借用感官，并用“内在的”这个定语对它加以限制，于是就构成了“内在的感官”说。夏夫兹博里的门徒哈奇森继承了老师的观点并且进行了深化和发挥。他认为，人有两类感官和感觉，即内在的和外在的，两种感官都具有“天然的知觉能力”。②“美的感官”就是一种内在感官，他说：“对人来说，存在着某种天然的美的感官。”③但是外在感官是肉体的一部分，是有形的，内在感官却是无形的，仅仅是一种感觉的能力。他写道：“把我们知觉规则之美以及秩序与和谐的能力称为内在感官。”④美的感官或感觉是天然的，不是通过教育而形成的。哈奇森

① 朱光潜：《西方美学史》上卷，人民文学出版社1963年版，第196页。

② ［英］弗兰西斯·哈奇森：《论美与德性观念的根源》，浙江大学出版社2009年版，第62页。

③ 同上书，第4页。

④ 同上书，第3页。

说："我们对对象中的美有一种天然的知觉能力或美的感官，它先于所有的习俗、教育和典范的存在。"① 而且，美的感官对美的知觉也不基于对利益的预期。哈奇森写道："有些对象直接就是这种美之快乐的诱因，我们有适宜于接受它的感官，它不同于基于对利益的预期而源于自爱的那种喜悦。"② 哈奇森已意识到对美的感知是一种能力，一种心理能力，而且也意识到了这种心理能力的诸多特点，但是，他还囿于旧的概念，新观念萌芽了，但仍被旧概念束缚着。

新观念之蚕蛹终究要冲破旧概念的蚕茧束缚，最终找到适合于自己的新概念的。休谟（David Hume，1711—1776）是为新观念寻找新概念的第一人。休谟依然承袭了夏夫兹博里和哈奇森的关于内在感官的基本观点。但是，他用"人心的特殊构造"的提法取代了"内在的感官"的名称。他认为，对美的感受"必定依赖于心的特殊构造或结构"，"如果改变人心结构或内在官能，感受就不复存在"。③ 他指出，这种"心的特殊构造"乃是"我们机体内部，原初结构的某些特殊形式或性质，仿佛是专为快感而设计出来的，而另一些则同不快相关"。④ 休谟把"机体内部原初结构"也称为"原始的心理结构"。⑤ 这里说得明白，"心的特殊构造"乃是纯生理的构件，其特殊性在于专司对美的感受。可以说，在观点上毫无新意，但是对审美能力的研究由感官转向了人心，这一转向意义重大，可以说开启了对审美心理结构研究的先河。

在对审美心理的研究中，取得突破性进展的一个人物是康德。他扭转了研究的方向，从把审美能力归于感官和生理结构，转变为把审美能

---

① ［英］弗兰西斯·哈奇森：《论美与德性观念的根源》，浙江大学出版社2009年版，第65页。

② 同上书，第10页。

③ ［英］休谟：《怀疑派》，《人的高贵与卑劣》，上海三联书店1988年版，第8—9页。

④ ［英］休谟：《鉴赏的标准》，《人的高贵与卑劣》，上海三联书店1988年版，第149页。

⑤ ［英］休谟：《人性论》下册，商务印书馆1991年版，第529页。

力归于一种心意能力。康德认为，审美判断力是多种心理因素的复合体。审美判断力包含着想象力和知性。康德说：“为了确定某物是否美，我们不是由知性把表象联系于客体以取得知识，而是由想象力（也许要与知性相结合）（把表象）联系于主体及其愉快和不愉快的情感。”[①] 康德又指出，情感是构成审美判断力的重要成分，审美判断力是“被理解为通过愉快与不愉快的情感来判断形式的合目的性（也被称为主观的）的能力”。[②] 审美判断力还有感觉的因素，讲到审美快感的性质时，康德指出审美快感不是单纯的感官舒适（这种舒适亦适合动物），也不是单纯的理性的善的愉快，而是一种感性与理性相结合的愉快。审美判断力由多重心理因素结合起来，实际上就是一种心理结构，只是康德未提出这个概念罢了。康德还讲到，认识活动的心理结构同审美活动的心理结构是有所不同的。他认为，知性和想象力这两种因素在认识活动和审美活动中都有，但是这两种因素在两种不同的活动中比重不同，所起的作用也不同。在认识活动中，知性处于主导地位，想象力为知性服务，想象力是受规律和概念约束的。而在审美判断中，想象力处于主导地位，知性为想象力服务，而且，在这里，不仅想象力是自由的，连知性也进入一种“自由游戏状态”，因为没有规定性的概念把它们限制在特殊的认识规则之中。[③]

把由休谟首先提出的心理结构的概念，从生理学意义的转变为心理学意义的，应当归功于弗洛伊德（S. Freud，1856—1939）。他在《图腾与禁忌》一文中首先提出了心理学意义上的“心理结构”的概念。[④] 他认为人的心理结构由三种不同的区域或成分构成。关于三种心理区域或成分，弗洛伊德有两个说法：一是按心理的或隐或显的状况来划分，这三个区域是潜意识（Ucs）、前意识（Pcs）和意识（Cs）；一是按人

① 《康德美学文集》，北京师范大学出版社 2003 年版，第 450 页。

② 同上书，第 443 页。

③ 同上书，第 465 页。

④ 参见《弗洛伊德文集》第 5 卷，长春出版社 1998 年版，第 89 页。

格来划分，这三个成分是本我（id）、自我（ego）和超我（super-ego）。[①] 大致说来，本我与潜意识相当，自我与前意识相当，超我与意识相当。

荣格（Carl Gustav Jung，1875—1961）继弗洛伊德之后谈到心理结构。他认为，社会各个阶层的人士的心理结构都具有特殊的客观性，他特别提到，要注意研究艺术家的心理结构。他认为，艺术家的心理结构中固然有一些属于个人性质的元素，但是，对艺术家的艺术创作起决定作用的乃是一种名为“原型”或“原始意象”的心理元素。所谓“原型”，是一种从远古遗留下来的一种“集体无意识”。“它们相当于某种集体的（非个人的）一般人类心理的结构元素，并且也同人体的形态结构一样由遗传获得。”[②] 荣格认为，艺术的本质就在于表现集体无意识，艺术抓住艺术家，使他成为它的工具。荣格写道：“艺术家不是拥有自由意志、寻找实现其个人目的的人，而是一个允许艺术通过它实现艺术目的的人。他作为个人可能有喜怒哀乐、个人意志和个人目的，然而作为艺术家却是更高意义上的人即‘集体的人’，是一个负荷并造就人类无意识精神生活的人。”[③] 对于艺术家的心理结构，荣格只提到并强调一种心理元素，即“集体无意识”，而且，这种集体无意识对艺术创作是否有如此巨大的支配作用，以及艺术家在艺术创作中是否只是一个无自主意识的工具，这都还是疑问。荣格提出了研究艺术家的心理结构的任务，但他本人对艺术家的心理结构却未作细致、深入且有说服力的分析。不过，我们不要苛求荣格，我们的兴趣在于，把荣格所提出的研究艺术家的心理结构的任务接手过来，并将它稍作改变，变为研究一切审美主体的心理结构这样一个课题，这就适合本书的要求了。

---

① 参见［奥］弗洛伊德《论潜意识》，《弗洛依德文集》第2卷，长春出版社1998年版，第489页。

② ［瑞士］荣格：《集体无意识和原型》，《文艺理论译丛》第1辑，中国文艺联合出版公司1983年版。

③ ［瑞士］荣格：《心理学与文学》，三联书店1987年版，第141页。

二　主体的审美心理结构的形成与发展

首先，要搞清楚什么是我们所说的心理结构。我认为，心理结构乃是各种心理因素的一种组合方式。在面对特殊的对象（一定的对象）的时候，根据眼前的需要，主体就对他所具有心理元素（因素）进行必要的调配和组合，形成一个有组织的心理系统，以便去有效地应对对象。经过调配组合而成的有组织的心理系统就是心理结构。关于心理结构，我们可以打个比方来说。一支军队由许多兵种组成，诸如步兵、水兵、航空兵、炮兵、装甲兵、特种兵等。军事首长在面对不同情况的敌人时，他就要将各个兵种加以调配组合，以应对之。如进行阵地战与进行运动战，兵种配备应有不同，渡海夺岛战同陆上攻坚战，兵种配备又有差别。人在进行三种主要的社会活动即认识的、伦理的、审美的活动时，心理活动应该是有所不同的。康德已注意到了审美的心理结构与认识的心理结构的差别。按照康德的观点，无论是在逻辑判断即认识活动中还是在鉴赏判断即审美活动中，都有想象力和知性以及感性这几种心理因素的协调活动。但是，各种心理因素（心意能力）在逻辑判断和鉴赏判断中不仅所占比重不同，而且，它们所处的地位和发挥的作用以及它们之间相互协调的状态皆不相同。在逻辑判断中，知性处于主导地位，想象力受制于知性。康德指出："在想象力用于认识时，受到知性的强制，受到必须与知性概念相适应的限制。"[①] 在这里，想象力所起的作用只是把多样性的东西聚合与组织起来提供给知性，由知性去做判断。康德写道："一个给定的对象借助于感官带动想象力去组合多样性的东西，而想象力又带动知性把多样的东西统一于概念。"[②] 获得概念乃是逻辑判断的目的和终点，比如，玫瑰花有特殊的花形、颜色、香味，这种种特点触动我们的感官而为我们所感知。我们的感官就将这些特点交给想象力，由想象力把这种种特点加以组合并交给知性，知性就

① 《康德美学文集》，北京师范大学出版社 2003 年版，第 567—568 页。

② 同上书，第 488 页。

用既有的花的概念对它进行检验，衡量玫瑰花是否可以归到花的概念之下，最后作出玫瑰是花或不是花的结论。但是，在鉴赏判断中，知性却为想象力服务。康德指出，鉴赏判断是“心灵能力与我们称为美的东西之间一种自由的、没有确定目的的合目的性的嬉戏。在这种嬉戏里，是知性为想象力服务，不是后者为前者服务”。[①] 知性是如何为想象力服务的呢？在康德看来，想象力在鉴赏判断中起主导作用，而知性处于从属的（辅助的）地位。因为鉴赏判断“是由想象力（也许要与知性相结合）（把表象）联系于主体及其愉快或不愉快的感情”。[②] 康德明确地指出：“虽然知性也参与作为审美判断的鉴赏判断，但它并不是作为对一个对象的认识能力而参与其间的，而是按照表象与主体和主体的内在情感的关系来规定判断及其表象能力而发挥作用。”[③] 知性的性质和目的是思维，是探索事物共性并最终产生概念，探索事物的规律并最终揭示规律。鉴赏判断需要想象力与知性的结合和协调一致，在这当中，知性并不提供概念和规律，却是给鉴赏判断注入认识的性质，从而使鉴赏判断具有一种康德所说的无规律的合规律性，也称为无目的的合目的性。[④] 而想象力在鉴赏判断中不仅起着主导作用，更为突出的是想象力摆脱了规则的羁绊而自由活动。康德指出：“在审美的目的中，想象力是自由的。”[⑤] 而且，“想象力的自由几乎达到怪诞的程度”。[⑥] 比如嫦娥奔月，成为月宫的主人，作为艺术想象，这不仅是允许的，而且成就了一个美丽的故事。倘使从知性的、认识的角度来看，那么，这个故事乃是一种荒诞不经的幻想。

我们注意到，门罗（Thomas Munro，1897—1974）也谈到了审美心理结构。他说：“审美态度是一种复合的和多样性的结构，它可能包括

---

① 《康德美学文集》，北京师范大学出版社 2003 年版，第 492 页。

② 同上书，第 450 页。

③ 同上书，第 478 页。

④ 同上书，第 490—491 页。

⑤ 同上书，第 568 页。

⑥ 同上书，第 492 页。

全部意识功能，任何一种或全部的感性知觉方式，还包括想象、推理、意动和情感。”①

审美心理结构是怎样形成的？我们从心理学家让·皮亚杰（Jean Piaget，1896—1980）所创立的发生认识论中可以得到一些启发。皮亚杰对心理学的传统的刺激—反应理论及其公式提出了异议，从而对它做了修正。皮亚杰认为，一个机体能对一个刺激进行感受并作出反应，有一个必要的先决条件，就是该机体具备一种能把刺激同化或整合的格式（Scheme），他把这种格式称为人的活动的“内部结构”。据此，皮亚杰认为，原有的刺激—反应公式 S→R 应改写为 S→（AT）→R，S 表示刺激，T 是一种格式或结构，是反应的能力，A 是大于 1 的系数，AT 同化刺激 S 于格局 R。② 跟格式这个核心概念密切相关，还有一对重要的概念，就是同化与顺化。同化这个概念是从生物学借用过来的。同化就是把外界元素整合于正在形成或业已形成的结构。同化作用在保证结构的连续性和把新元素整合到那些结构中是必要的。但是，仅有同化作用，人的内部结构就不会有变异。结构要有变异，得靠与同化密切联系的顺化。所谓顺化指的是格式或结构受到它所同化的元素的影响而发生了改变。同化与顺化是同时并进的。皮亚杰指出：“每一格式同化的一面与它对情境顺化的另一面是两两同时并进的，因此当主体认识一个客体或与之发生关系时，那里就进行着这两个过程。这不只是单纯的联系，这里有一个两极性。在这两极性中，主体把客体同化于自己的格式中去，而同时又使他的格式顺化于客体的特征。”③ 同化使格式保持相对稳定，顺化使格式发生变异，进而产生新的格式。正是在同化与顺化的两极并进运动中，格式既保持了连续性，又不断地得到丰富和发展。皮亚杰写道：“认知的结构既不是在客体中预先形成了的，因为这些客

---

① ［美］托马斯·门罗：《走向科学的美学》，中国文联出版公司 1985 年版，第 415 页。

② 参见［瑞士］皮亚杰《皮亚杰的理论》，《皮亚杰发生认识论文选》，华东师范大学出版社 1991 年版，第 9 页。

③ ［瑞士］皮亚杰：《平衡化问题》，《皮亚杰发生认识论文选》，华东师范大学出版社 1991 年版，第 134 页。

体总是被同化到那些超越于客体之上的逻辑数学框架中去；也不是在必须不断地进行重新组织的主体中预先形成了的。认识的获得必须用一个将结构主义和建构主义紧密地连结起来的理论来说明，也就是说，每一个结构都是心理发生的结果，而心理发生就是从一个较初级的结构过渡到一个不那么初级的（或较复杂的）结构。”①

卡尔·波普尔（Karl Popper）提出的精神探照灯说可以看作对皮亚杰的心理格式说的认同和佐证。波普尔认为，有两种认识论，他把它们分别称为“精神水桶”说和“精神探照灯”说。“精神水桶”说是这样一种观点：我们的精神类似于一个容器，一个水桶，知觉和知识都积累在里面。感觉经验（感性知识）积累得多了，对这些感性知识进行概括，就得出理性知识，即科学知识。就像把成熟的葡萄采摘下来，经过压榨，获得醇酒一样。在波普尔看来，水桶说忽视了一样重要的东西，那就是主体所拥有的某种天赋的反应能力。他指出：“我们可以说每个有机体拥有某种天赋的可能的反应的集合或发生某种反应的倾向。……而这个集合所构成的东西可以称为有机体的［瞬时］内在状态。”② 有机体根据它的内在状态而决定它怎样对外在的环境作出反应。③ 所以，有机体的反应倾向预先存在于它对外在环境做出反应之前。从这个意义上可以说，有机体的某种反应倾向是先天的。波普尔用“预期层”这个概念来称谓有机体的“反应倾向”或“内在状态”。波普尔把这个观点称为“探照灯”说④，这个预期层就像一盏探照灯一样指导我们去观察问题。因此，在波普尔看来，科学永远不会从零开始，“因为在任何一个时刻，它都预设了一个预期层——可以说是昨天的预期层。今天的科学建立在昨天的科学之上（所以是昨天的探照灯起作用的结果）；而昨天的科学又以前天的科学为基础”。⑤ 预期层是可以得

① ［瑞士］皮亚杰：《发生认识论原理》，商务印书馆 1996 年版，第 15 页。

② ［英］波普尔：《客观知识》，上海译文出版社 1987 年版，第 353 页。

③ 同上书，第 354 页。

④ 同上书，第 357 页。

⑤ 同上书，第 357 页。

到修正或发展的。对预期层的修正和发展，观察起着重要的作用。在观察到的情况同某些预期发生冲突的时候，“它们能够对预期层产生爆炸一样的效果。这种爆炸能迫使我们重构或重建整个预期层，也就是说，必须改正我们的预期，并重新把它们组成一致的整体。我们可以说，通过这一方式，我们的预期层被提高并重建于更高的水平”。① 我们看到，波普尔的“预期层”说同皮亚杰的“心理格式”说何其相似，简直是用不同的概念述说了同样一个观点。

虽然皮亚杰和波普尔讲的是认识的心理格式或心理结构，但是这个观点对审美心理结构完全适用。每一个美和艺术的创造者和欣赏者，在一定时候必有一个一定的审美心理格式或心理结构。康德提到人们在欣赏美的时候心中有一个“鉴赏原型”或“规范”，说的就是一个一定的审美心理结构。康德认为，这鉴赏原型或规范“起源于被许多事例所证实的鉴赏”②，就是说，它由经验而获得，却先于鉴赏活动而存在。不过，康德没有涉及鉴赏原型的发展问题。恰好接受美学家尧斯（Hans Robert Jauss）弥补了康德的不足。尧斯所提出的“期待视野”，说的也是一种审美心理结构。尧斯指出，期待视野通过对具有传统的流派、风格和形式的作品的阅读和欣赏而形成。期待视野一旦形成，就成为一种先在的审美经验，如波普尔所说的审美的探照灯。但是，期待视野并不是一成不变，它可以通过同新作品的接触、对新作品的接受而变化。尧斯指出：“假如人们把既定期待视野与新作品出现之间的不一致描绘成审美距离，那么新作品的接受就可以通过对熟悉经验的否定或通过把新经验提高到意识层次，造成‘视野的变化’。”③ 期待视野的变化会造成“期待视野的重构”。④

值得注意的是，科学家们也感觉到有先天的心理原型的存在。这对

---

① ［英］波普尔：《客观知识》，上海译文出版社1987年版，第356页。

② 《康德美学文集》，北京师范大学出版社2003年版，第481页。

③ ［德］尧斯：《走向接受美学》，《接受美学与接受理论》，辽宁人民出版社1987年版，第31页。

④ 同上书，第35页。

康德所说的鉴赏原型即审美心理格式是有力的佐证。最先提出心理原型的是著名的天文学家开普勒，他在《世界的和谐》一书中认为，在人的内心中存在着一种“先验模式”或者说是“内心原象”，我们的认识就是把外界的感觉与内心原象加以比较，并判断外界的感觉是否同这些原象符合一致。那么，这些内心原型来自何方？开普勒认为是先天存在。他写道：“所有纯粹的理念或和谐的原型样本，诸如我们所谈到的，先天地存在于那些能够理解它们的人的心中。但是它们不是通过理解过程吸收到心灵中来的，毋宁说，作为一种对于纯粹量的本能直觉的产物，是那些个体生来就有的，正如植物的花瓣数目就它的结构原则而论，可以说是生来就有的，或者，像苹果的子房的数目是生来就有的一样。”[①] 开普勒的观点得到多位诺贝尔物理学奖获得者的响应。泡利（W. Pauli）赞同开普勒的观点。他写道：“从起初无秩序的经验材料到理念的桥梁，是某种早先存在于灵魂中的原始意念——开普勒的原型。这些原始意念并不处于意识中，或者说不与特定的、可合理形式化的观念相联系。相反，它是属于人类灵魂的无意识领域里的形式问题，是具有强有力的情感内容的意念，它不是被思考东西，而是像图形一样被感知。发现新知识时感到的快乐来自这种先前存在的意念与外部物体运动的协调一致。”[②] 他还指出，开普勒所说的原始意象同由荣格引进到现代心理学的原型之间有着极其广泛的一致性。海森堡与钱德拉塞卡都抱着同情的态度引述了开普勒与荣格的观点，海森堡指出：“无可置疑的是确实存在着这种完全直接的认识”，而“对所有认真思考这个问题的人来说，似乎普遍都已承认这种直接的认识并不是推论的（理性的）思维的结果”。[③] 这里所说的“直接的认识”同开普勒所说的“生来固有的原型”是同义的概念。认识领域有这种原型，审美领域也有这种原型。从静态的角度看，这种原型是先验模式或天赋能力；但是，从动

① 转引自［德］W. 海森堡《精密科学中美的含义》，《自然科学哲学问题丛刊》1982年第1期。

② 转引自［美］S. 钱德拉塞卡《真与美》，科学出版社1992年版，第80页。

③ ［德］海森堡：《精密科学中美的含义》，《自然科学哲学问题丛刊》1982年第1期。

态的角度看，它们乃是经验的产物。荣格就持这样的看法，他指出："原始意象可以被设想为一种记忆蕴藏，一种印痕或者记忆痕迹，它来源于同一种经验的无数的凝缩。在这方面它是某些不断发生的心理体验的沉淀，并因而是它们的典型的基本形式。"① 奥地利科学家、哲学家马赫（Emst Mach）与荣格有相同的看法，他写道："事实上，在心灵中却是有一个'观念'，新的经验被归在它的门下；但那观念本身是从经验中形成的。"②

下面让我们来看一些审美心理结构形成及发展的实例吧。画家瓦西里·康定斯基（Wasily Kandinsky）在《回忆录》里谈到他自己如何从服膺具象主义转变到推崇抽象主义的过程，这也就是他的审美心理格式演变的过程。康定斯基对于他的审美心理格式变化过程谈得非常细致、非常生动，令人印象深刻。他写道："起初，我只知道现实主义艺术，实际上只是俄国的现实主义艺术作品，我经常长时间地站在列宾所创作的弗兰茨·李斯特肖像前，欣赏着音乐家的手和其他的细节。可是我突然第一次看到了一幅画，画展目录告诉我这是一个草垛。可是我却认不出来，这使我十分痛苦。我认为画家没有权利这样模糊不清地画画，我迟钝地感觉到这幅画失掉了物象。可是，我注意到这幅画不仅深深地吸引着你，而且还不可磨灭地刻在你的记忆里，它的一切细枝末节都完全出乎意料地漂浮在你的眼前，这使你感到吃惊和困惑。所有这些都使我迷惑不解，而且，我也无法对这一体验作一简洁的结论。但是，我却十分清楚地意识到调色板毋庸置疑的威力，我对这种威力至今都是无知的，它超越了我所有的梦想。绘画需要一种神话的力量和光辉，于是，不知不觉之中物象作为绘画中的一个必不可少的因素受到怀疑。"③ 在以列宾为代表的俄国现实主义绘画传统的熏陶下，康定斯基建立起了他

---

① ［瑞士］荣格：《心理学与文学》，三联书店 1987 年版，第 6 页。

② 赵修文、童世骏：《马克思恩格斯同时代的西方哲学》，华东师范大学出版社 1994 年版，第 321 页。

③ ［西］毕加索等：《现代艺术大师论艺术》，中国人民大学出版社 2003 年版，第 72—73 页。

的审美心理结构。当他初次接触到跟现实主义传统不同的印象派画风的时候，起初他感到格格不入，他认为画家没有权利这样模糊不清地画画，他原有的审美心理格式未能同化这种新的画风。但是，新的画风深深地吸引了他，给他留下了不可磨灭的印象，并促使他对物象作为绘画中不可缺少的因素的现实主义原则起了怀疑，最终导致他的审美心理格式发生变异，顺化于新的画风了。可以说，他的审美心理格式得到发展了，变得丰富了。

对音乐的欣赏也有类似的情形。在以莫扎特、贝多芬的乐曲为代表的古典音乐熏陶下成长起来的一代西方人，形成一种审美心理结构。这些人在初次接触现代派音乐的时候，他们不能接受，以致加以排斥，如英国历史学家阿诺德·汤因比（Arnold Joseph Toynbee，1889—1975）关于爵士乐所说的那样："人确实是自己时代和地域的囚徒，我属于前切分音时代。西方古典音乐适合于我的耳朵。聆听爵士乐时，我会感到浑身不自在，甚至会产生一种敌意。"① 但是，这些人在大量地接触西方现代派音乐之后，他们的审美心理格式（审美趣味）会受到顺化而发生变异，从而建构起一种新的审美心理格式。房龙对此有深切体会，他说："我们的耳朵很快会适应我们最初听起来感到刺耳的音响结合。对于这一事实，我有深切的感受，在我第一次听德彪西的《欢乐岛》时，就像我第一次听斯特拉文斯基的《火鸟》一样，那种感觉犹如坐针毡般难受。但今天，我再听这些作品就比较顺耳，不会再感到什么不舒服，甚至觉得像佩尔格莱西和罗西尼的音乐一样优雅。如果我能再多活二三十年，对那些我认为是三四岁小孩的东西的新近的所谓无调专家的作品，也许能够习惯，并学会欣赏。"② 就这样，在欣赏各种流派、各种风格的艺术作品的过程中，审美心理格式经历着不断的结构和建构、不断的嬗变和递进，从而不断地得到发展和丰富。

---

① 转引自福柯等《激进的美学锋芒》，周宪等译，中国人民大学出版社 2003 年版，第 282 页。

② ［美］亨德里克·房龙：《人类的艺术》，陕西师范大学出版社 2008 年版，第 466 页。

有一个问题大家一定会很感兴趣，那就是每个人的原始的即婴儿时期的审美心理格式是怎么来的？好吧，我们就来探讨这个问题。皮亚杰认为，个人的最原始的审美心理结构是从遗传得来的，他说："结构就其从遗传得来而言是预先就存在的。"① 荣格认同皮亚杰的观点，他认为，集体无意识形成了人的原始的心理结构，他写道："人的无意识同样容纳着所有从祖先遗传下来的生活和行为的模式，所以，每一个婴儿一生下来就潜在地具有一整套能够适应环境的心理机制。"② 不难发现，婴儿的心理结构中确有审美的因素。据达尔文的观点，人类对鲜艳的颜色有一种天生的敏感和偏爱，这种敏感和偏爱可追溯到他们的动物远祖。巴罗认为，人类对大自然景色的爱恋也是祖先遗留下来的审美偏爱，他写道："有证据显示人对于热带大草原的居住环境有一种天生的偏爱，在对其他环境没有超乎寻常的经历的话，这种偏爱就形成我们的一种自然审美倾向，这种倾向是祖先传给我们的，它是祖先成功地适应自然环境的产物。"③ 由此可知，婴儿的审美心理结构来自遗传。

三　审美心理结构剖析

主体的审美心理结构是一个多层次的系统结构，各个层次之间互相沟通、互相渗透、互相制约、互相协调，共同发挥审美功能。审美心理结构大体含有三个层次，即感觉层次、心灵层次和文化层次。下面分别对各个层次略加说明。

第一个层次，感觉层次。

鲍姆嘉敦在说明美学与哲学的分野时指出，美学的对象是可感知的事物，哲学的对象是可理解的事物。这就等于宣告了，可感知性乃是美的根本特性。这个观点在美学界已成定论。席勒特别强调这个观点，他写道："美具有完全独立的性质，美不仅表现于感性世界，而且首先就

---

① ［瑞士］皮亚杰：《发生认识论》，商务印书馆 1996 年版，第 25 页。

② ［瑞士］荣格：《心理学与文学》，三联书店 1987 年版，第 42 页。

③ ［英］约翰·巴罗：《艺术与宇宙》，上海科学技术出版社 2001 年版，第 133 页。

来源于感性世界，自然不仅表现美，而且创造美。美完全仅仅是感性事物的一种属性，而构思美的艺术家，只有在他把握住自然所产生的外观时才能达到美。”①

无论是美的自然还是艺术，都必须具有可感知的外观、形式。跟美的可感知的外观、形式相对应，审美心理结构必须有感觉的层次。亚克·马利登说得好：“在领悟美的过程中，感觉起的作用（因为说的是人）是巨大的和几乎必不可少的。……一个人身上只有借助感觉所获得的知识才充分地具备为了领悟美而必要的直觉。”②

尽管认识活动也需要感觉，认识就是从感觉开始的。但是，感觉在认识活动中与在审美活动中所处的地位和所发挥的作用却大不相同。感觉在认识活动中仅仅是一个起点、一个入口处、一条通道。认识有两个阶段，即感性认识和理性认识，认识的最终任务是达到理性认识，即认识事物的本质和规律。一旦达到对事物的本质和规律的认识，感觉、感性就被舍弃了，这可以说就是过河拆桥。比如，苹果落地的现象引起了牛顿的感觉，这种感觉引起了他的思考，思考的结果得出了万有引力定律；而在万有引力定律中，苹果落地的现象以及对这种现象的感觉已被完全抹去了，不留一点痕迹了。在美的事物中，在艺术中，情况完全不同，在这里，感觉不仅是出发点，也是终结点，而且自始至终感觉都在场，美和艺术就生息在感觉中。脱离了感觉，美就不成其为美，美将异化为非美，艺术也就不成其为艺术，艺术将异化为非艺术。

感觉在认识与审美中还有一个重要的不同点，那就是，在认识活动中，感觉只是一个工具，而且是辅助的工具，这是海森堡的看法，他说：在自然科学研究中，“我们的感官只是当作或多或少完善的辅助工具”。③ 而在审美活动中，感官却是一个享受的器官。由于感官只是被当作科学研究的辅助工具，由于科学理论把感官所得到的直观经验排除

---

① ［德］席勒：《秀美与尊严》，文化艺术出版社 1996 年版，第 113 页。

② ［美］麦·莱得尔主编：《现代美学文论选》，文化艺术出版社 1988 年版，第 79 页。

③ ［德］海森堡：《严密自然科学基础近年来的变化》，上海译文出版社 1978 年版，第 70 页。

在外，我们对世界的认识就难免片面性，这种片面性就会造成单向度的人。对于这种危险性，海森堡有极为深刻的认识和论述。他指出，自然科学想把可能由感官的错觉或由我们感觉的不准确所引起的各种错误摒除于外，为客观世界描绘出一幅尽可能准确的图像，“可是结果证明，这幅越来越变得准确的图像却与有生气的自然界的面貌越离越远。自然科学谈论的不再是这个直接给予我们的世界，而是我们经验所揭露出来的这个世界的黑洞洞的背景”。这种情况会造成如下的不良后果：“背离这个由感官直接给我们的世界以及由此而产生的把世界分成不同领域，现在已经使精神大为分裂，并且随着我们离开这个有生气的自然界，就使我们仿佛进入到一个不可能有任何生命、不存在空气的空间中去。”① 海森堡提出的补救办法就是“发展自然科学要和直观经验紧密结合起来”。艺术给予人的正是直观经验。人的感官作为享受器官是在审美活动中，而且只是在审美活动中得到了实现。托马斯·阿奎那就看到了这一点，他在《神学大全》中写道：“五官赋予人类，并不仅仅是为满足生活之必须，就像动物那样，而是同样也为求知的目的。因此，其他动物唯以食色为从中获取快感的感觉对象，唯独人类从感性对象的美中，获得为其自身缘故的快感。”② 人的耳朵听到谐和的声音如鸟鸣或音乐而感到欣悦，是耳朵本身的享受，因为此时的耳朵并不为其他目的服务。费尔巴哈也说到，感官在人类那里成了享受的器官，他写道：“感官是人和动物共通的，但只有在人身上，感官的感觉从相对的、从属于较低的生活目的的本质成为绝对的本质、自我目的、自我享受。”他还说：“人的感官去感受对象，常常不是为了这些对象本身，而是为了美的享受。”③ 从把感官仅仅当作认识的工具到使感官成为享受的器官，这是感觉更加人性化的结果，这是人类为使自己成为更加丰富的人、更加全面的人而迈出的一步，诚如马克思所说，社会的人的感觉不

---

① ［德］海森堡：《严密自然科学基础近年来的变化》，上海译文出版社 1978 年版，第 73—74 页。

② 转引自陆扬《西方美学通史》第 2 卷，上海文艺出版社 1999 年版，第 247 页。

③ 《费尔巴哈著作选集》上卷，商务印书馆 1984 年版，第 212—213 页。

同于非社会的人的感觉。只是由于人的本质的客观地展开的丰富性，主体的、人的感性的丰富性，如有音乐感的耳朵、能感受形式美的眼睛，总之，那些能成为人的享受的感觉，即确证自己是人的本质力量的感觉，才一部分发展起来，一部分产生出来。[①] 使感官成为一种享受的器官，使感觉成为一种享受的乐趣，是对人的本质力量的新的开发，这一开发就为人的审美活动奠定了心理学的基础，而且是对审美活动的巨大推动。如席勒所说："当他（指人类——引者）开始用眼睛来享乐时，视觉对于他获得了独立的价值，他也就具有了审美的自由，使游戏冲动得到了发展。"[②] 没有感官的享受性的产生，没有感官的享受性的需要，人就不会去创造美、创造艺术，人就不会去审美和欣赏艺术。

人的感官的另一个特性也对审美具有重大意义，这个特性就是马克思所指出的，五官感觉的形成，是以往全部世界历史的产物。[③] 人的感官同动物的感官相比，生理构造和机制是相同的，但是为什么人的耳朵能欣赏音乐，人的眼睛能欣赏绘画，而动物却不能呢？恰如俗话所说："对牛弹琴，牛不入耳。"这就是因为人的感官同动物的感官虽然生理构造相同或相似，但是两者的感官的感觉却大不相同。根本的原因在于人的感官是承载了历史积淀的、人化了的感官。动物的感觉纯粹是生理的，而人的感觉则除此以外，还含有社会的、历史的因素。感觉的这种社会的、历史的因素不仅造成了人类与动物的感觉的差别，而且也造成了人类中各个时代之间和各个民族之间的感觉的差异。比如说，中国人的耳朵惯于欣赏单一旋律的乐曲，而欧美人的耳朵惯于欣赏多旋律的交响乐；中国人的眼睛惯于欣赏散点布局的中国水墨画，欧美人则惯于欣赏焦点透视的油画。这种感觉的差异乃是历史的产物，同时也是世界艺术多样性的一个重要根源。

第二个层次，心灵层次。

---

① 参见［德］马克思《1844 年经济学哲学手稿》，人民出版社 1985 年版，第 83 页。

② ［德］席勒：《美育书简》，中国文联出版公司 1984 年版，第 134—135 页。

③ 参见［德］马克思《1844 年经济学哲学手稿》，人民出版社 1985 年版，第 83 页。

美的事物，特别是艺术作品，不仅有可感知的形式，或曰外观，而且有内涵、有意蕴。可感知的形式蕴含着意蕴，恰如人的身体拥有灵魂一样。黑格尔说得好："艺术正是要在感性因素中活动，把精神引导到一个领域。"① 黑格尔还指出，艺术"在本质上是一个问题，一句向起反应的心弦所说的话，一种向感情和思想所发出的呼吁"。② 因此，欣赏艺术不仅需要有感觉，还需要有心灵，心灵要对艺术所提出的问题和所发出的呼吁作出回应和响应。

举个例说，虞世南的五言绝句《咏蝉》曰："垂緌饮清露，流响出疏桐。居高声自远，非是藉秋风。"用我们的感官，我们看到了蝉的形象（触须如垂緌），听到了蝉的鸣声（流响出疏桐），还有把蝉的鸣声送向远处的秋风。如果对这首诗的欣赏仅止于此的话，那只是接触到了这首诗的表面、皮毛，而根本没有触摸到它的深层的意蕴。要想触摸到它的深层的意蕴，就得运用类比、联想、悟性等的心理能力，才能领悟到诗人是以蝉的高洁自况，表明自己人格的高尚。

需要注意的一点是，悟性这种心理能力在审美活动中与在认识活动中发挥作用的方式是大不相同的。在认识活动中，悟性能力是用抽象的概念去把握客体的内容和意义；在审美活动中，悟性能力不凭借概念而直接参悟对象的意蕴。悟性能力之所以在审美活动中取直接参悟的方式，这是由审美对象的特点决定的。艺术家创造出审美意象，是要用它来反映现实，抒发情志，而绝不是用它来图解某个抽象的概念。这一点在音乐中表现得最为突出，如法国作曲家圣－桑（C. Saint-Saens，1835—1921）所指出的："在纯概念的领域中（哲学不是在纯概念的领域中有效吗?）我总是看到音乐艺术完全无能为力，相反，当谈到表现各种程度的激情、最细腻的感情色彩时，我总是看到音乐艺术的威力。它的主要作用以及它的胜利恰恰就在于洞察心灵，沿着勉强可寻的途径向心灵挺进；音乐始于词尽之处，音乐能说出非语言所能表达的东西，

---

① ［德］黑格尔：《美学》第3卷上册，人民文学出版社1979年版，第390页。

② ［德］黑格尔：《美学》第1卷，商务印书馆1986年版，第89页。

它使我们发现我们自身最神秘的深奥之处；它能传达出任何词也不能表达的那些印象、‘心灵状态’。”[①] 这个话在一定程度上也适用于美术、舞蹈等其他艺术种类。即使是以语言为媒介的艺术如诗歌、小说中，它的意蕴也不是用言语所能说尽的。对于诗歌有一种说法，叫作“言有尽而意无穷”。为什么会这样呢？我以为除了诗意蕴藉之外，恐怕还有一个重要的原因，那就是由于言语的表达能力是有限制的，唐代诗人刘禹锡对此深有体会，他写道：“常恨言语浅，不如人意深。”（《视刀环歌》）语言的功用在艺术中和在哲学中是不一样的。语言在艺术中是塑造艺术意象的手段，在哲学中是传达概念的工具。而艺术意象所含的意蕴是无法用言语、用概念把它明晰、准确、完全地说出来的，否则文学同哲学也就没有本质的差别了。因此之故，托尔斯泰认为，要想把一部小说的主题说清楚，就只好把这部小说从头到尾复述一遍。由此可见，要想掌握艺术作品所含的意蕴，就需要一种跟哲学中的理解力性质相近而又不同的表现形态的一种心理能力。那么是否存在这样一种心理能力呢？黑格尔是相信存在着这种心理能力的。黑格尔认为，思考和理解的方式不适用于审美，审美需要一种特殊的心理能力，他用“敏感”这个概念来指称这种心理能力。他写道：“在审美时对象对于我们既不能看作思想，也不能作为激发思想的兴趣，成为和知觉不同甚至相对立的东西。所以剩下来的就只有一种可能：对象一般呈现于敏感，在自然界我们要借一种对自然形象的充满敏感的观照，来维持真正的审美态度。”[②] 那么，敏感究竟是什么样的一种心理能力呢？黑格尔作了细致的解释，他写道：“‘敏感’这个词是很奇妙的，它用作两种相反的意义。第一，它指直接感受的器官；第二，它也指意义、思想、事物的普遍性。所以‘敏感’一方面涉及存在的直接的外在方面，另一方面也涉及存在的内在本质。充满敏感的观照并不很把这两方面分别开来，而

① 转引自何乾三编《西方哲学家文学家音乐家论音乐》，人民音乐出版社 1983 年版，第 152 页。

② ［德］黑格尔：《美学》第 1 卷，商务印书馆 1986 年版，第 166 页。

是把对立的方面包括在一个方面里，在感性直接观照里同时了解到本质和概念。但是因为这种观照统摄这两方面的性质于尚未分裂的统一体，所以它还不能使概念作为概念而呈现于意识，只能产生一种概念的朦胧预感。”① 敏感是一种把感性与理性、感觉与思维熔于一炉的一种心理能力。因此，它在观照审美对象时，既能感知到它的外在的可感知的形式，同时又能领悟到它的内在的意蕴。爱因斯坦也认为，艺术的形象和意蕴不能为理智所接受，而要靠直觉去掌握，直觉既能欣赏艺术的形象，又能领悟艺术的意蕴，这样的直觉就是把感性和理性融于一身的一种心理能力。他写道：“当这个世界不再能满足我们的愿望，当我们以自由人的身份对这个世界进行探索和观察的时候，我们就进入了艺术和科学的领域。如果用逻辑的语言来描绘所见所闻的身心感受，那么我们所从事的就是科学。如果传达给我们的印象所假借的方式不能为理智所接受，而只能为直觉所领悟，那么我们所从事的便是艺术。”② 心理学家也证实，人类确有黑格尔所说的敏感那样的心理能力。鲁道夫·阿恩海姆和斯宾塞都认为，知觉也有悟解能力，有理性因素。阿恩海姆说：“知觉活动在感觉水平上，也能取得理性思维领域中称为‘理解’的东西。任何一个人的眼力，都能以一种朴素的方式展示出艺术家所具有的那令人羡慕的能力，这就是那种通过组织的方式创造出能够有效地解释经验的图式的能力。因此，眼力也就是悟解能力。”③ 斯宾塞则进一步说明了知觉何以具有理性的缘由，他指出，理性可以积淀于知觉中，从而使知觉含有理性的成分，他写道：“理性的推论由于不断的重复而变成自动的推论或有机的直觉。一切获得性的知觉都是这个真理的例证。”④

---

① ［德］黑格尔：《美学》第1卷，商务印书馆1986年版，第167页。

② 《爱因斯坦谈人生》，世界知识出版社1984年版，第39页。

③ ［美］鲁道夫·阿恩海姆：《艺术与视知觉》，中国社会科学出版社1984年版，第56页。

④ ［英］斯宾塞：《心理学原理》第1卷，第459—460页，转引自赵修文、童世骏《马克思恩格斯同时代的西方哲学》，华东师范大学出版社1994年版，第254页。

再从实际情形来看，在审美中确有敏感那样一种心理能力存在，并且发挥着作用。让我们看一些实例吧，面对列宾所画的《胆怯的农民》(图2—1)，看到那人蓬乱的头发，不整的衣衫，特别是那充满惊慌的眼神，不用看标题就会明白这是一个胆怯的下层人民的一员。这就是直觉，这就是领悟。

一听到贝多芬的《命运交响曲》的开头的动机，你立即会感觉到似是敲门之声，你还会感觉到这种声音似有不祥和不善的意味。

图2—1 胆怯的农民

阅读《阿Q正传》和《堂·吉诃德》，在我们的脑海里会浮现出活生生的阿Q的形象和堂·吉诃德的形象。我们还会从这两个形象意会到“阿Q精神”和“堂·吉诃德精神”。而对这两种精神，如黑格尔所说的那样，我们只有“一种朦胧的预感”，很难用概念将这两种精神说得十分清晰、十分透彻。

第三个层次，文化层次。

文化，指的是人类在长期的社会历史发展过程中所创造的物质财富与精神财富的总和，特别指精神财富，如教育、科学、神话、宗教、道德、艺术等。每个时代都有各自的文化，它乃是对前代文化既有所继承又有所创新而产生的结果。文化是人创造的，同时文化也塑造着人，诚如马林诺夫斯基所指出的：“世间并没有‘自然人’，因为人性的由来，就是在于接受文化的模塑。”[①] 所以每个人的心灵中，即在他的思想感情中都积淀着厚重的文化内涵。

关于文化是如何模塑人的心灵的问题，卡西尔（Ernst Cassirer，1874—1945）有非常深刻的论述。卡西尔揭示了人类的一个新特点，他指出，人跟动物有一个本质的区别，就是除了在一切动物科属中都可看到的感受系统和效应系统之外，在人那里还可以发现可称之为符号系统的第三个环节，它存在于这两个系统之间，这个新的获得物改变了整个的人类生活。卡西尔写道：“人不再生活在一个单纯的物理宇宙之中，而是生活在一个符号宇宙之中。语言、神话、艺术和宗教则是这个符号宇宙的各部分，它们是织成符号之网的不同丝线，是人类经验的交织之网。……在某种意义上说，人是在不断地与自身打交道而不是在应付事物本身。他是如此地使自己被包围在语言的形式、艺术的想象、神话的符号以及宗教的仪式之中，以致除非凭借这些人为媒介物的中介，他就不可能看见或认识任何东西。”[②] 卡西尔指出了文化对人的浸淫和影响是如此的深巨，以致可以把人定义为“符号的动物”。

每个人都受到文化的模塑，由人所创造的艺术当然也不能例外。艺术作品既是艺术家对他们所处的那个社会、那个时代的现实生活的反映，又是艺术家本人内心的思想感情的抒发。因此，艺术作品里必不可

① ［英］马林诺夫斯基：《文化论》，中国民间文艺出版社 1987 年版，第 97 页。

② ［德］恩斯特·卡西尔：《人论》，上海译文出版社 1997 年版，第 33 页。

免地含有文化的因素。而且可以说，越是伟大的艺术家，对本国、本民族的文化资源越了解、越熟悉，他的作品所蕴含的文化内涵也就越丰富、越深刻。接受、欣赏这样的艺术作品，对提高接受者的文化修养大有裨益。从另一方面说，想细致入微地领悟富含文化内涵的艺术作品的深邃意蕴，接受者也需有很高的文化修养。

艺术作品富含文化内涵的典型，可举《红楼梦》为例。周汝昌说《红楼梦》是“文化小说”，确有见地。《红楼梦》的文化内涵真是丰富得很哪，我在此任兴之所至，随手拈来，略说一二。贾宝玉和林黛玉是《红楼梦》中的两位主人公，他们的来历就不同凡响，跟中国古代的一个神话有关。据神话说，共工氏把天撞破了一个角，女娲氏炼石补天。她炼成三万六千五百零一块石头，补天后剩下一块无用。这块石头被茫茫大士、渺渺真人携入人世，就化身为人，这就是贾宝玉的来历。茫茫大士、渺渺真人这一僧一道也不是凭空捏造出来的，而是植根于中国文化之中，就是佛教和道教。这两个人物出场不多，却在整部小说的结构上起了一个穿针引线的作用。《红楼梦》给人物起名也很有讲究，讲究的就是文化内涵。书中有两个人物，一个叫甄士隐，一个叫贾雨村。这两个名字的谐音是“真事隐去”与“假语村言”，这两个谐音结合起来意思就是，用编造的故事，把隐去真名真姓的一群闺阁女子的事迹敷衍出来，这就是《红楼梦》的内容和它的创作方法。《红楼梦》四位小姐的名字依次是元春、迎春、探春、惜春，取她们的名字的头一个字，它们的谐音是“原应叹息”，这个谐音蕴含着悲凉的意味，预示着贾氏家族的命运。用谐音表达意思是中国人的一种传统的表达方式，也是中国人特有的一种表达方式，比如用蝙蝠来表示幸福，用喜鹊来表示喜庆。这种表达方式来源于汉语的特点，汉字可以一音多义。《红楼梦》中对秦可卿的闺房的陈设的描写隐含着极为深厚的文化内涵，请看具体描写：“案上设着武则天当日镜室中设的宝镜，一边摆着飞燕立着舞过的金盘，盘内盛着安禄山掷过伤了太真乳的木瓜。上面设着寿昌公主于含章殿下卧的榻，悬的是同昌公主制的联珠帐。”还有那“西施浣过的纱衾”，“红娘抱过的鸳枕”，把这些器具跟历代的女皇、嫔妃、公主的名字联系在一起，一方面烘托出秦可卿身份的高贵，另一方面也暗示了对秦可卿人品的几分讥讽。《红楼梦》还是一个中国古典诗词的宝贵矿藏。中国自古以来诗歌就很繁盛，而且诗脉不断，代代相传。更加令人惊异的是，每个时代各有一种诗体，独领风骚，烜赫一时。从诗经起，到楚辞、汉赋、唐诗、宋词、元曲，其间还有汉乐府和南北朝乐府。《红楼梦》有大量诗歌，从体裁来说，几乎应有尽有；从功用来说，则多种多样。书中人物借以抒发感情，占了《红楼梦》中诗的一大部分，黛玉的葬花辞便是其中的名篇。《红楼梦》中精彩的诗篇不胜枚举。作者没有精深的诗歌修养，写不出那么多、那么好的诗歌来；读者没有起码的诗歌修养，对如许精彩纷呈的诗歌，也读不懂、参不透。所以，一个人的文化程度的高低，决定性地影响着他对《红楼梦》的丰富而深邃的意蕴的悟解程度的深浅。而阅读《红楼梦》，则大有助于全面提高一个人的文化修养。

第五节　审美体验

在审美对象的激发之下，审美主体的审美心理结构有序地运作起来。由此，审美主体被置于一种在一定程度上如醉如痴、如梦如幻的精神状态之中，并感受到一种非同寻常的愉悦，这是一种特殊的人生经验，这就是审美体验。

审美体验的过程，一般来说要经历感知、品味、陶醉和效应四个阶段。审美对象触发了我们的感官的感觉，引起了我们对审美对象的注意和兴趣。审美注意是审美活动的发端，审美兴趣则把审美活动推向前进，到达了品味的阶段。品味是对审美对象做从细节到整体的观察，从形象到意蕴的品味。以观画为例，比如对罗中立的《父亲》一画的感知和品味。从远处一眼瞧见《父亲》，就留下一个初步印象：这是一位中国老农。走到近处细看，看到他满脸皱纹，就像黄土地上的沟沟坎坎，他的额头上、鼻子上沁出一颗颗绿豆大的汗珠，表明他刚刚在地里辛勤地劳作。他双手捧着一只碗，正往嘴里送，碗里有半碗清水，表明他正要歇一歇，喝口水。最令人难忘的是他那眼神，那样木然而又无助。这幅画的标题是“父亲”，表明农民乃是我们的衣食父母。可是，这幅画告诉我们，我们的衣食父母是多么辛劳、多么贫穷，我们于心何忍！

随着对审美对象的细细品味，审美体验不知不觉地进入了陶醉的阶段。陶醉是审美体验的高潮，稍后我们将专门予以描述。审美效应，往往要经历过长期的和众多的审美经验之后才能见出。审美效应是多方面的。首先是审美鉴赏力的提高。刘勰所谓“操千曲而后晓声，观千剑而后识器”（《文心雕龙·知音》），说的就是这个意思。艺术作品是主要的审美对象，所以要特别地说一说艺术作品的审美效应。合格的艺术作品必有美的品质；但是，艺术作品又不是唯美的，它跟社会生活中的政治思想、道德标准、价值观念等都有千丝万缕的联系。所以观赏艺术作品，除了能提高艺术鉴赏力之外，还会在政治思想、道德标准和价值观念等方面受到影响。车尔尼雪夫斯基把艺术品称为“生活的教科书”，他对这一点看得很清楚。

现在，着重地来说一说审美体验中的陶醉。孔子在齐闻《韶》，三月不知肉味，感叹道：“不图为乐之至于斯也。”那是典型的陶醉的状态。陶醉是审美体验的高潮，没有达到陶醉的境界，审美体验就不是完美的。尼采非常强调这一点，他写道：“为了艺术得以存在，为了任何一种审美行为或审美直观得以存在，一种心理前提不可或缺：醉。……醉的本质是力的提高和充溢之感。”① 海德格尔赞同尼采的观点，他把陶醉视为“审美状态的普遍本质”，并且指出，作为审美状态的陶醉的一大特点就是主体与客体的融合。他写道：“作为感情状态的陶醉，冲破了主体性。由于拥有一种对于美的感情，主体就超越了自己，也就是说，它不再是一个主体了。另一方面，美不是一种单纯表象活动的现成对象。作为一种调音作用，美贯通并调协着人之状态。美突破那个设置在远处、自为地站立着的‘客体’范围，并且把后者带入与‘主体’

① ［德］尼采：《偶像的黄昏》，《悲剧的诞生》，三联书店 1986 年版，第 319 页。

的本质性的和原始性的归属状态之中。美不再是客观的，不再是一个客体。审美状态既不是某种主观的东西，也不是某种客观的东西。”① 在陶醉状态当中，审美主体为审美客体所吸引、所感动，主体会不知不觉地同化于、自拟于客体，痛苦着客体之痛苦，喜悦着客体之喜悦。在这里，客体调协着主体之状态，使主体超越了自己而同化于客体。这种主体与客体相交相融的状态用庄子的话说，就是身与“物化”，庄子还讲了一个寓言故事来描述身与物化的情景，这就是有名的庄周化蝶的故事。故事如下：“昔者庄周梦为蝴蝶，栩栩然蝴蝶也，自喻适志与，不知周也。俄然觉，则蘧蘧然周也。不知周之梦为蝴蝶与，蝴蝶之梦为周与。周与蝴蝶，则必有分矣。此之谓物化。”（《庄子·齐物论》）庄周化蝶的故事本意讲的并不是审美状态，但是用它描述审美状态再合适不过了。审美状态中主观与客观相交融的情况与此十分相似。在审美状态中，主体对于客体的关系是：身临其境，感同身受。这种事例十分丰富，让我试举一二。福楼拜有一个重要的经验之谈，也可看作一条创作原则，就是“创造什么人物就过什么人物的生活”。他在谈到写《包法利夫人》的体验时说：“写书时把自己完全忘去，创造什么人物就过什么人物的生活，真是一件快事。比如我今天同时是丈夫和妻子，是情人和他的姘头，我骑马在一个树林里游行，当着秋天的薄暮，满林都是黄叶，我觉得自己就是马，就是风，就是他俩的甜蜜的情话，就是使他们的填满情波的眼睛迷着的太阳。”② 他还细致地描写了他写到包法利夫人服毒时他自己的真真切切的内心感受，他写道：“我的想象的人物感动着我、追逐着我，倒像我在他们的内心活动着。描写爱玛·包法利服毒的时候，我自己的口里仿佛有了砒霜的气味，我自己仿佛服了毒，我一连两次消化不良，两次真正消化不良，当时连饭我全吐了。”③ 艺术家须进入身与物化、物我同一的审美状态，才能创作出感人至深的艺术

① ［德］海德格尔：《尼采》上卷，商务印书馆 2002 年版，第 135 页。

② 李健吾：《福楼拜评传》，湖南人民出版社 1980 年版，第 126—127 页。

③ 李健吾：《福楼拜评传》，湖南人民出版社 1980 年版，第 82 页。

品。艺术接受者在欣赏艺术作品时，也须进入身与物化、物我同一的审美状态，才能充分地领略艺术作品的美。列宁读契诃夫的小说《第六病室》的感受，就是一种陶醉的状态，他写道："昨天晚上我读了这篇小说，觉得简直可怕极了，我在房间里待不住，就站起来，走了出去。我有这样一种感觉，仿佛我自己也被关在'第六病室'里似的。"①

要想获得审美体验，有一个必不可少的前提，那就是要有审美兴致，审美兴致植根于审美需要。在审美兴致的驱动之下，审美主体会积极、主动地去寻觅美、欣赏美。花钱买票去看电影、看戏剧、看画展，就是审美兴致的外在表现。审美兴致还会被偶然的突发事件所触发，在这种情况之下，审美主体会不假思索地中断正在进行的日常生活，而兴致勃勃地投入到审美活动中。杜牧的七言绝句《山行》写的正是这种情形，诗曰："远上寒山石径斜，白云生处有人家。停车坐爱枫林晚，霜叶红于二月花。"诗人在山行中突然看到一片枫林，枫叶红艳得像二月的鲜花。他被这美丽的景致深深吸引，就停下车观赏起红叶来了。但是，也有这样的情况：有的人，并非没有审美需要和审美能力，却由于种种原因，他有意识地压制了自己的审美需要，压制了自己的审美兴致，他不让自己参与审美活动，进入审美状态。柯南道尔笔下的人物福尔摩斯就是这种人当中的一个典型。在柯南道尔（Arther Conan Doyle）的《克波·比奇历险记》中有这样一个情节：福尔摩斯和华生乘坐火车穿越英格兰的乡村时，面对车窗外的春日景色，两个人有完全不同的反应。这是一个美好的春日，浅蓝的天空中飘浮着几片蓬松的白云，大地沐浴在明亮的阳光中。在一片嫩绿的乡村大地上，点缀着红色和灰色的乡村屋顶，一直延伸到阿德尔少特周围起伏的山峦。这种景色使这个来自雾都的男子华生感到非常新鲜，致使他由衷地发出赞叹："真是太清新太美好了。"但是福尔摩斯却沉重地摇了摇头，说："你知道吗华生？……这是我这颗该诅咒的心迫使我在看每一样东西时都要同我的特

---

① 中国社会科学院文学研究所文艺理论研究室编：《列宁论文学与艺术》，人民文学出版社1983年版，第865—866页。

殊职业联系起来。你观看这些点缀在乡间大地上的房舍时，被它们的美丽所吸引。我在观看它们时，却感到它们的荒凉，甚至觉得有什么罪恶的事件正在那里发生。……它们总是给我一种恐怖感。我的这一信念是根据自己的切身经验得出的，华生。在那些龌龊低矮的伦敦胡同里发生的罪恶，远远比不上这个笑容满面的可爱乡村发生的罪恶可怕。"[①] 福尔摩斯的职业头脑使他专注于犯罪问题，压制了他的审美兴趣，从而对自然之美也视而不见。

有一个跟审美体验相关联的问题，就是有没有特殊的审美感知和审美情感？在"审美感官"说的提出者如夏夫兹博里和哈奇森看来，既然存在特殊的审美感官，自然就有特殊的审美感知。但是，如我们在前面已经说到，特殊的审美感官是无法得到证明的。人类获得审美体验，不是靠什么特殊的审美感官，而是靠审美心理结构。从承认有审美心理结构这样一种立场来回答上面的问题，即究竟有没有特殊的审美感知和审美情感的问题，可以说有，也可以说没有。说有，是因为审美心理结构是针对审美活动的需要，将各种心理元素按一定比例加以调配和组合的一个心理系统，它的组合方式和构成成分以及它所引起的效应同认知心理结构和意志心理结构都有所不同。说没有，是因为构成审美心理结构的各种心理元素同构成认知心理结构和意志心理结构的心理元素是同一个人所有的心理元素，它们之间并无本质的不同，它们只是在不同的心理结构中所占比重和所发挥的功能有所差别而已。瑞恰兹指出："所有现代美学都依赖于一个假定，即有一种呈现于被称为审美经验之中的特殊种类的心理活动存在。"瑞恰兹对这个假定持否定的态度，他认为，被称为审美经验的经验与普通经验并无不同，"它们仅仅是一个进一步发展的、经过良好组织的普通经验，丝毫不是什么新的和不同种类的事物"。[②] 杜威也持同样的看法。杜威指出，审美情感有不同于日常情感之处，情感的发泄（日常情感）同情感的表现（审美情感）是不

① ［美］拉尔夫·史密斯：《艺术感觉与美育》，四川人民出版社 2000 年版，第 288 页。
② 朱立元、张德兴：《西方美学通史》第 6 卷，上海文艺出版社 1999 年版，第 330 页。

一样的。但是，这两种情感并不是完全隔绝的，它们之间有连续性。杜威写道："审美情感是通过对客观材料的发展和完成而变化了的天然情感。"[①] 我认为这种看法是符合实际的。根据这种看法，我们可以相信，审美并非少数天才的特权，每一个人都具备进行审美活动的潜在的素质和能力，即杜威所说的"天然情感"和瑞恰兹所说的"普通经验"，不过，这种"天然情感"和"普通经验"尚需要按照审美的需要经过培养和训练，需要"进一步发展""经过良好组织"才能成为审美心理结构的组成成分。这就是美育所要做的事情。

第六节 审美主体的养成:美育

我们的教育方针是使学生在德、智、体、美几个方面得到全面的发展。美育的任务就是把学生培养成为有审美鉴赏力的人。

美育思想和美育实践，在人类历史上源远流长，可谓自古有之。在中国周代，学校的教学内容有六项，称为六艺，即礼、乐、射、御、书、数，其中就有音乐科目。孔子非常重视乐教对养成学生人格的作用，他说："兴于诗，立于礼，成于乐。"（《论语·泰伯》）个人的修养要用诗来启蒙，以礼为依据，由乐来完成。在这里面，艺术教育处于十分重要的地位。古代希腊人同样强调艺术教育对塑造人格的作用。柏拉图在《理想国》一书中指出，古希腊的教育制度用体育来培养强健的身体，用音乐来塑造优美的心灵。[②] 他认为音乐教育有两个功能：第一，节奏与乐调能浸入人心深处，拿美来浸润心灵，使心灵得到美化；第二，音乐教育能培养起良好的审美趣味和辨别美丑的能力。[③] 我们的先哲已经认识到，审美主体的养成要靠美育。

从美育思想的产生、美育实践的启动到明确地把美育作为全面教育

---

① ［美］杜威：《艺术即经验》，商务印书馆 2007 年版，第 85 页。

② 参见［古希腊］柏拉图《文艺对话集》，人民文学出版社 1983 年版，第 21 页。

③ 同上书，第 62—63 页。

的一个不可或缺的组成部分确定下来，是经历了一个相当长的酝酿和发展过程的。在历史上首倡美育的人是席勒。席勒以书信方式撰写了一本关于美育的专著——《美育书简》，集中地论述了美育的目的、任务和功用。下面我们结合介绍席勒的美育思想，谈谈美育的基本问题。

席勒写了二十七封书信专门谈论美育问题。他对美育的内容、功能发表了很精辟的看法，很值得重视。席勒在第二十七封信中，讲到全面的教育应包含哪些方面以及美育在其中担负什么样的任务，他写道："有促进健康的教育，有促进认识的教育，有促进道德的教育，还有促进鉴赏力和美的教育。这最后一种教育的目的在于，培养我们的感性和精神力量的整体达到尽可能和谐。"① 席勒说得很清楚，美育的任务就是促进鉴赏美和创造美的能力。他在第十六封信中又一次明确地谈到美育的任务，他说："使道德代替道德行为、知识代替所知道的事物、幸福代替幸福的体验，这就是体育和德育的任务，由美的对象产生美，这就是美育的任务。"② 在席勒看来，德育的任务重在道德观的确立，而不在做一两件道德之事；智育的任务重在训练知性，而不在知道一两件具体事物；美育的任务重在通过对审美对象的欣赏和体验培养起创造美和鉴赏美的能力。这个观点是非常深刻的，也把美育的任务讲透了。培养鉴赏力，这是美育的基本任务或曰功能，这也是它的不可替代的功能，因为德育、智育、体育都担当不了培养鉴赏力的任务。

在这里，对于席勒所说的关于美育的目的的一句话的解读，需要花点笔墨，略加辩证。席勒讲过这样的话，美育的目的在于"培养我们的感性和精神力量的整体达到尽可能和谐"。③ 有的学者把这句话跟席勒说的另一句话——"人的完整性在于他的感性与精神力量的和谐能力"——联系起来，据此断言："这不是明确告诉我们美育的目的就在于培养人的完整性，即造就完人吗？"④ 如果认为美育独力就能造就完

---

① ［德］席勒：《美育书简》，徐恒醇译，中国文联出版公司 1984 年版，第 108 页。

② 同上书，第 93 页。

③ 同上书，第 108 页。

④ 顾建华：《美育的使命究竟是什么》，《美育通讯》2003 年第 1 期。

人，而且把这当成是席勒的观点，那是对席勒的误解。席勒本人就承认，美育代替不了德育和智育。他指出，如果从道德的、智力的和实用的角度考量美，“那么人在审美状态就是零（无价值的）。因此，我们必须承认那些人是完全有道理的，他们说美使我们处于一种心境中，这种美和心境在认识和志向方面是完全无足轻重而且毫无益处。他们是完全有道理的，因为美不论在知性方面还是在意志方面完全不给人以任何结果。它既不能实现智力目的，也不能实现道德目的。它不会发现任何真理，丝毫无助于我们完成任何义务。总之，它既不能确立性格，也不能启发头脑”[①]。审美无疑有知性的参与，但是此知性非彼知性。席勒明确地指出，美同感觉与思维这两种相互对立又绝不会一致的状态相关联，它把这两种状态结合在一起，以致使这两种状态完全消失在第三种状态即美的状态之中。在美的状态中，感性与理性同时起作用，消除了对立。[②] 参与到审美状态中的知性，为什么“既不能实现智力目的，也不能实现道德目的”呢？这是因为，知性在审美状态中跟它在认识和道德活动中所处的地位和发挥的作用并不相同。席勒认识到：“美并不给知性和意志以任何结果，美也不干预思维和决断。美只是给这两者提供能力，却不决定这种能力的实际使用。”[③] 知性在审美中只保持着认识的性质和功能，却放弃了、远离了取得知识、追求真理的目的。试举一些例子来说，李白的《秋浦歌》写道：“白发三千丈，缘愁似个长。不知明镜里，何处得秋霜。”看到白发与忧愁之间的密切联系，这里显出知性的作用。然而，因忧愁而长出的白发竟长到了三千丈的长度，这个由瑰丽想象力所创造的独特意象，以其令人惊叹的方式抒发了郁结于作者心中的情愫，却同以追求真理为目的的知性不能相容。在以追求真理为目的的知性看来，三千丈长的白发是有悖常理的，恰如牛顿喜欢引

① ［德］席勒：《美育书简》，徐恒醇译，中国文联出版公司 1984 年版，第 110 页。

② 同上书，第 98、107 页。

③ 同上书，第 117 页。

用的巴罗所说的话那样："诗就好像是具有独创性的胡说。"[①] 美和艺术的意象同知性相悖的现象，可以说俯拾皆是。凄美的爱情故事《梁山伯与祝英台》以一个美丽的幻想作结：梁山伯与祝英台这一对有情人生前未能成为眷属，却死后化为蝴蝶，比翼双飞，永不分离。这也是逸出常理的。知性的本质在于认识世界、取得知识、发现真理。美和艺术中的知性却起不到这个作用，美和艺术也不欲促使知性去起到这个作用。倘若要按其本性来培养知性、发展知性，靠艺术、靠美育是不行的，还非得靠纯粹的智育、靠科学教育不可。由此看来，单靠美育，绝对不可能使人得到德、智、体、美全面发展，绝对培养不出"完人"。

席勒对于美育的基本的目的和性质的定位，得到许多当代美育专家的认同。美国艺术资助部门所发表的报告——《走向文明：艺术教育报告》指出，艺术教育的目的是"引导所有学生培养一种文明世界的艺术感，一种艺术过程中的创造力，一种从事艺术交流的语言表达能力和鉴别艺术作品必不少的评判能力"。[②] 拉尔夫·斯密斯（Ralph A. Smith）认为："在我看来，审美教育的总的目的，就是要培养人们的艺术欣赏能力，必须使他们在观赏艺术品时，获得艺术品所能提供的珍贵经验。"[③] 曾繁仁指出："审美的主要功能是审美能力的培养。"[④] 叶朗写道："美育的功能主要就是培养一个人的审美心胸、审美能力、审美趣味，促进个体的审美发展。"[⑤]

促进鉴赏力是美育的基本功能，但美育的功能不止于此。美育还在跟教育的其他方面的关系中，以及跟教育的总体目标的关系中发挥它应

① ［美］M. H. 艾布拉姆斯：《镜与灯——浪漫主义文论及批评传统》，张照进等译，北京大学出版社 1992 年版，第 491 页。

② ［美］列维·史密斯：《艺术教育：批评的必要性》，王柯平译，四川人民出版社 1998 年版，第 1—2 页。

③ ［美］拉尔夫·史密斯：《艺术感觉与美育》，滕守尧译，四川人民出版社 2000 年版，第 39 页。

④ 曾繁仁：《审美教育现代性初论》，《美学之思》，山东大学出版社 2003 年版，第 623 页。

⑤ 叶朗：《美学原理》，北京大学出版社 2009 年版，第 412 页。

有的功能。

美育与教育的其他方面并不是各行其道、互不相关的。它们虽然各司其职，但是同时又互相渗透、互相促进。拿美育来说，它就有辅德、益智、佑体的功能。关于美育辅德的功能，席勒讲得比较多。他指出，政治领域的一切改善都应该来自性格的高尚化，但是，野蛮的国家制度不可能造就高尚性格。为此我们不得不寻求一种不是国家为我们提供的工具，去打开不受一切政治腐化污染而保持纯洁的源泉。这工具就是美的艺术，在艺术的不朽的范例中打开了纯洁的源泉。[①] 席勒还坚信："发达的美感可以改良习俗。"他写道："人们依靠日常的经验证明，经过教养的鉴赏力通常是同知性的明晰、情感的活跃、自由的思想以及行为的庄重联结在一起的。"[②] 借助艺术来施行德育，是非常普遍、常见的做法，而且是非常有效的做法。因此之故，车尔尼雪夫斯基认为，艺术肩负起了"成为人的生活教科书这个高尚的美丽的使命"[③]。美育的益智功能表现在两个方面，一方面是增长人们的知识，另一方面是促进人们的智慧。艺术作品有客观与主观两个要素。其客观性表现为它是社会生活的反映，因此打从柏拉图开始，许多哲学家和艺术家如达·芬奇、莎士比亚等都把艺术比作反映生活的镜子。我们从艺术特别是现实主义艺术这面镜子中，确实可以获得关于历史和现实的知识。巴尔扎克创作了总名为《人间喜剧》的庞大的系列小说，借以反映 19 世纪前半个世纪法国复杂而动荡的社会生活。恩格斯说他从巴尔扎克的小说中看到了贵族社会的没落，看到了满身铜臭的资产阶级的崛起，他还用感佩的口吻说："我从这里，甚至在经济细节方面（如革命以后动产和不动产的重新分配）所学到的东西，也要比从当时所有职业的历史学家、经济学家和统计学家那里学到的全部东西还要多。"[④] 人们把《红楼梦》

---

① 参见［德］席勒《美育书简》，徐恒醇译，中国文联出版公司 1984 年版，第 61 页。

② 同上书，第 66 页。

③ ［俄］车尔尼雪夫斯基：《生活与美学》，人民文学出版社 1962 年版，第 107 页。

④ ［德］恩格斯：《致玛·哈克奈斯》，《马克思恩格斯选集》第 4 卷，人民出版社 1972 年版，第 463 页。

称为封建社会的百科全书式的小说，从《红楼梦》可以了解封建社会各色人物，特别是贵族阶层的生活面貌。美育促进智慧的典型可以举出《三国演义》来说，有这样的民谚：“三国多计（计谋），岳传多气（气愤）。”三国人物工于计谋，致使一些企业界人士把《三国演义》作为商战参考书来读。美育向体育的渗透，催生了艺术体操、花样游泳等新型的体育项目，音乐被用来为体操、游泳及冰上运动做伴奏，大大地增强了这些运动项目的韵律感和艺术性。

美育还有一个重要的功能，那就是它同德育、智育、体育一起，共同去造就全面发展的人，或如王国维所说的“完全之人物”。这是教育的最高宗旨、最终目标。造就全面发展的人，不是美育以及德、智、体任何一育所能独立完成的，这是事情的一个方面；另一方面是，要造就全面发展的人，上述四育都是不可或缺的，唯有四育的合力才能达到这个目标。而且，四育中的每一育在这合力中都有其独特的、不可替代的作用。美育的独特的、不可替代的作用就是促进鉴赏力。所以，我们在考虑教育问题的时候，务必把教育的最终目标同教育的各个方面有机地结合起来、联系起来，既要全面照顾四育，要牢记四育各有其独特的功能，缺一不可；又要切记，四育都要服从于、服务于教育的终极目标——造就全面发展的人。作为美育工作者，我们要用双手紧紧把握住美育的基本功能，而把眼光投向教育的终极目标。

通过以上分析，我们可以看到，美育是有多层的功能的，而促进鉴赏力是它的基本功能，这可以说是第一层次的功能；美育的辅德、益智、佑体的功能则是第二层次的功能；美育同德、智、体一起共同造就完人的功能是其第三层次的功能。美育的后两种功能，乃是它以其基本功能为立足点、为原动力，而生发出、衍生出的新的功能。美育没有了它的基本功能，后两种功能就根本无从谈起。所以，如果说，促进鉴赏力是美育的原生功能的话，那么后两种功能就是它的衍生功能。

我认为中国的一些著名美育学者实际上都认识到了并且论述了美育功能的多层次性，只是没有使用“多层次性”这个字眼罢了。曾繁仁认为：“美育是通过审美感受与欣赏美、创造美的能力的培养，进而培养一种健康高尚的审美情感，因此塑造和谐协调的人格，确定和谐协调的审美的世界观、人生观。因此，美育说到底是一种人生观、世界观的教育，而不是单纯的技能教育。”① 曾繁仁分明地讲到美育有两项任务，就是培养审美能力和确定人生观，他并不是把这两项任务并列起来，而是把它们分开层次，他所用的词语就表明了这一点，美育“通过”培养审美能力，“进而”确定人生观，这不是把美育功能多层次性说得清清楚楚了吗？顾建华也承认，美育有多种功能，而促进鉴赏力是“基础”，培养完整的人是最终目的。他写道：“席勒说的‘美的教育’、‘由美的对象产生美’，在我的理解中，就是以美的事物为材料和工具，通过审美活动促进鉴赏力，并进而陶冶情感，净化心灵，促进感性和精神力量尽可能和谐，造就社会和时代所需要的全面发展的完整的人。”② “通过”促进鉴赏力，“进而”造就完整的人，所表达的意思以至用词都表明了美育功能的多层次性。叶朗实际上指出了美育功能有两个层次，只是没有明说层次罢了。他说：“美育的功能主要就是培养一个人的审美心胸、审美能力、审美趣味，促进个体的审美发展。”③ 他又说：“美育的根本目的是使人去追求人性的完满，也就是学会体验人生，对人生产生无限的爱恋、无限的喜悦，从而使自己的精神境界得到升华。从这个意义上来理解‘人的全面发展’，才符合美育的根本性质。”④ 达到“人性的完满”、“人的全面发展”，美育参与其事，但不是美育所能独立完成。根据我在前面关于美育功能多层次性的分析，可以说，上面所引的叶朗的第一句话讲的是美育的第一层次的功能，第二句话讲的是美育的第二层次的功能。赵伶俐等人提出了“大美育”的概念，讲到美育“功能之大”，实际上说的是美育功能是多层次的、分层次的，他们写道：“美育的主要功能是提高审美能力，但同时它又内在地促进人

① 曾繁仁：《走到社会与学科前沿的中国美育》，《美学之思》，山东大学出版社 2003 年版，第 550 页。

② 顾建华：《美育的使命究竟是什么》，《美育通讯》2003 年第 1 期。

③ 叶朗：《美学原理》，北京大学出版社 2009 年版，第 412 页。

④ 同上书，第 406 页。

的各方面素质全面和谐发展。”① 前半句话讲的是美育的第一层次的功能，后半句话讲的是美育的第二、第三层次的功能。根据以上叙述是否可以说，对于美育功能的多层次性的认知，默默地隐伏在美学家的心中。

美育的首要任务是培养鉴赏能力。鉴赏力的培养，需要通过对艺术作品、自然美和社会美的直接体验和欣赏来实现。所以，艺术作品、自然美和社会美是实施美育的手段。在学校美育中，特别是艺术作品，成为实施美育的主要渠道。这有两个原因：第一，艺术作品在美的王国中占据着主导地位，它是美的集中体现，用艺术作品来实施美育，可以收到最好的效果。第二，对教师和学生来说，取用艺术作品要比接触社会美、自然美来得方便。有人认为美育就是艺术教育，那就是一种误解了。艺术作品是实施美育的一种重要教材，但是美育的范围不限于艺术教育。

此外，还有更加值得注意的一点是，从美育的角度进行艺术教育跟一般的艺术教育是不同的。席勒注意到了这个问题，并且发表了精辟的见解。席勒既是一位作家，又是一位美学家，他心里非常清楚，艺术有多重性质、多重功用。席勒决不排斥文学艺术作品具有教育性和道德性，他在标题就有十分浓厚的道德意味的文章《作为道德建制的剧院》中指出，剧院“是培养智慧的伟大学校，文明生活的指引者，开启迷惘的钥匙”。他还说，舞台应当把宝剑和天平接过来，成为“廉政无私的审判官”，“将一切邪恶丑行拖到森严的裁判的面前”。② 他还在论悲剧快感的一篇文章中进一步认为，道德感是引起审美愉快的基础和条件，他写道：“艺术所引起的一种自由自在的愉快，完全以道德条件为基础，人类的全部道德天性在这一时间也进行活动。”又说：“引起这种愉快是一种必须通过道德手段才能达到的目的，因此艺术为了完全达

① 赵伶俐、汪宏等：《百年中国美育》，高等教育出版社 2006 年版，第 47 页。

② 引自毛崇杰《席勒的人本主义美学》，湖南人民出版社 1987 年版，第 174—175 页。

到愉快——它们的真正目的，就必须走上道德的途径。”[①] 席勒本人的剧作《阴谋与爱情》《强盗》同他的如上观点完全吻合。但是，席勒强调，对艺术来说，引起审美快感是它的目的，而道德是它达到目的的手段；目的和手段的关系不能颠倒，颠倒了，艺术就会受到严重的损害。他写道：“如果说目的本身就是道德的，这样，艺术就失去了唯一使它产生力量的自由性，并且也失去了使它产生普遍影响的快乐的诱惑性。”[②] 一件完美的艺术作品，把道德事件作为题材、作为手段，既达到了艺术本身的目的——引起审美快感，又产生了道德的作用。这个观点真让人耳目一新，而且，它是完全正确又十分深刻的。这种情形如同用饴糖做材料捏一个糖人。糖人的形象，比如猛张飞、孙悟空等，由于性格鲜明、形象生动，给人以审美愉悦，所以糖人是艺术品。同时，糖人又不失糖的品质，仍可以作为食物食用；而且，饴糖由于被捏成了人物形象，具有了艺术性，就能引起人们的兴趣，更能吸引人们来品尝这人形的糖块。所以，诚如席勒所说：“只有在艺术产生最高的审美作用时，才会对道德形成有益的影响；但是艺术却只是在自己充分发挥自由时，才能产生最高的审美作用。”[③] 所谓艺术“自己充分发挥自由”，说的是不要把为政治、道德、宗教服务当作艺术的目的，而是要让艺术自由地去实现自己的目的，即“产生最高的审美作用”。如上所述，艺术实现自己的目的，是在道德的基础上，以道德为手段，所以它并不会脱离道德，而是以它自己特有的方式对道德产生有益的影响。席勒并不反对人们利用艺术作品来辅助德育和促进智育。但是，倘若是从美育的视角进行艺术教育，那么着眼点就应该在艺术作品的审美方面。席勒对那些把艺术作品仅仅作为说教工具，或者作为感官享受手段的人提出了批评，他说：“这种人对作品的兴趣完全是或者在道德或者在物质方面，

① ［德］席勒：《悲剧题材产生快感的原因》，载《古典文艺理论译丛》第 6 辑，人民文学出版社 1963 年版，第 74 页。

② 同上。

③ 同上。

却不是在理应所在的审美方面。”[①] 这就是说，把艺术作品作为美育的教材，那么，我们的兴趣就“理应”在艺术作品的“审美方面”，那就要尽力去发掘和阐明这审美方面。

那么，什么是艺术作品的审美方面呢？席勒在《美育书简》中没有直接谈到艺术作品的审美方面，却谈到了实用器物也可以成为审美对象，因而也有其审美方面。实用器物要成为审美对象，需要条件，这个条件就是要反映出人的智慧、才能和自由精神。席勒写道：“他所拥有和创造的事物，不能再只具有用性的痕迹、只具他的目的的过分拘谨的形式，除了有用性之外它还应该反映那思考过它的丰富的知性、制造了它的抚爱的手以及选择和提出了它的爽朗而自由的精神。”[②] 反映出人的智慧、才能和自由精神的实用器物，比如制作精美的武器、雅致的角杯，就不仅仅是有用之物，而且成了“享乐的对象”，也就是审美对象。这样，美就被附加到实用器物之上，实用器物具有了美的品质。由此再往前跃进一步，人就完全摆脱掉物的有用性，去创造纯粹的审美对象了。席勒写道：“不满足于把审美的盈余纳入必然的事物，自由的游戏冲动终于完全挣脱了需要的枷锁，从而美本身成为人所追求的对象。”[③] 如果把席勒在这里所表达的意思加以概括，可以得出这样一个观点，即美是人的智慧、才能和自由精神的感性表现。席勒在跟《美育书简》写于同年的一篇专论艺术美的文章中，就直接谈到了艺术作品的审美方面。席勒指出，艺术美有两个含义：一是指艺术素材的美，一是指艺术表现形式的美。在素材美中可看出艺术表现的是什么，在形式美中可看出“艺术家如何表现”。席勒认为：“形式或表现的美仅仅是艺术所特有的”，只有它才“严格说来是艺术美”。[④] “如何表现”，从艺术家方面说，乃是艺术家的才能、技巧和匠心的运作；从艺术作品

---

① ［德］席勒：《美育书简》，徐恒醇译，中国文联出版公司 1984 年版，第 116 页。

② 同上书，第 143 页。

③ 同上。

④ ［德］席勒：《艺术的美》，《美育书简》，徐恒醇译，中国文联出版公司 1984 年版，第 177 页。

方面说，是作品所显示出来的构思的精巧、技巧的高明、意蕴的深邃，总之是作品的匠心独运之处。这个看法同《美育书简》中所表达的关于实用器物之美的观点是一脉相通的。这就是席勒所说的作品的“审美方面”的真谛。从美育的角度进行艺术教育，就要把艺术的“审美方面”牢牢地把握住。

在席勒的心目中，审美能力对人生有重大的意义。他认识到了审美活动是在人类发展的比较高级的阶段，是在人类的物质欲求得到了基本满足的基础上才能发生的，而且也必然会发生的。他写道：“不满足安于自然和他所欲求的事物，人要求有所盈余。起初当然这只是一种物质的盈余，这是为了免使欲望受到限制，保证不仅限于目前需要的享受。但后来就要求在物质盈余上有审美的补充，以便同时满足他的形式冲动，以便使他的享受超出各种欲求。”[①] 所谓“审美的补充”，说的是在物质盈余的基础上，滋生出了审美的需要，审美需要驱使人去进行审美活动，从而得到审美享受。审美需要的特点是超出了物质欲求，审美享受的特点是超越了物质享受，是比物质享受高尚的精神享受。因此对人来说，审美需要乃是物质欲求和物质享受之外的一种“补充”，因为它乃是一种全新的需要和享受。由于审美需要超出了物质欲求，它就获得了两个重要的特性，一是对单纯外观的爱好，二是变成了一种游戏。席勒认为，人类摆脱动物状态，并由野蛮人达到人性的标志，乃是“对外观的喜悦，对装饰和游戏的爱好”。[②] 何谓“外观”？指的是舍弃和超越了物的实际存在的形式，比如一条船，舍弃和超越船之为船的用途，剩下的就只是船的形象即外观了。这样的外观就具有了审美的意义。席勒写道：“只要外观是真正的（明确舍弃对实在的一切要求），而且只要它是独立的（无须实在的任何帮助）那么外观就是审美的。”[③] 席勒认为，对外观的爱好是人性得到提升的契机，他说：“对实在的需求和

① ［德］席勒：《美育书简》，徐恒醇译，中国文联出版公司1984年版，第139—140页。

② 同上书，第133页。

③ 同上书，第136页。

对现实的东西的依附只是人性缺乏的后果，对实在的冷漠和对外观的兴趣是人性的真正扩大和达到教养的决定性步骤。”① 人类发展的历程可以为席勒的这个论断做证。在社会生产力发展低下的状态，人类要求实在的事物和依附于实在的事物；当社会生产力发展到相当高度时，人类才能超越物质需求，对实在表示冷漠和对外观产生兴趣。席勒同时认为，对外观的爱好就是美和艺术的起点，他指出：“审美的艺术冲动发展的或早或迟，只是取决于人们对专注于单纯外观的那种热爱的程度。”② 他还说：“艺术的本质就是外观。”③ 这跟萨特说艺术是“非现实”，苏珊·朗格说艺术是“幻象”，是同一个意思。而审美外观与游戏冲动是一对孪生兄弟，因为两者有一个共同点，就是舍弃和超越了实在，从而获得了自由。席勒非常看重游戏状态，因为在游戏状态，人既没有外在的强迫，又没有内在的压力，他拥有充分的自由来发展自己的才能。所以席勒说：“在人的各种状态下正是游戏，只有游戏，才能使人达到完美并同时发展人的双重天性。”④ 进一步还可以这样说：“只有当人在充分意义上是人的时候，他才游戏；只有当人游戏的时候，他才是完整的人。”⑤ 而游戏的对象就是美，席勒写道：“人应该同美一起只是游戏，人应该只同美在一起游戏。”⑥ 游戏是人的自由的状态，美则给人以自由，“通过自由去给予自由，这就是审美王国的基本法律。”⑦ 美和游戏在自由中相遇。美和游戏是人生的一种高层次的境界。

把美和游戏看作人生高层次境界的观点可溯源到亚里士多德的“操持闲暇”说，而对亚里士多德的“操持闲暇”说的了解可以加深对席勒的美育思想的理解。亚里士多德认为，人固然必须进行劳作以维持生存，但人生的目的在于获得闲暇，通过“操持闲暇”自由地表现和

---

① ［德］席勒：《美育书简》，徐恒醇译，中国文联出版公司 1984 年版，第 133 页。
② 同上书，第 135 页。
③ 同上书，第 134 页。
④ 同上书，第 89 页。
⑤ 同上书，第 90 页。
⑥ 同上。
⑦ 同上书，第 145 页。

发挥自己的才能，从而获得快乐和幸福，这才是“人生的止境”。亚里士多德说：“我们曾经屡次申述，人类天赋具有求取勤劳服务同时又愿得悠闲的优良本性，这里我们当再一次重复确认我们全部生活的目的应是操持闲暇。勤劳和闲暇的确都是必需的，但这也是确实的，闲暇比勤劳为高尚，而人生所以不惜繁忙，其目的正是在获致闲暇。”① 有了闲暇，何所作为呢？亚里士多德强调，可以利用闲暇来嬉戏和娱乐，如下棋、打牌之类，把闲暇当作消除疲劳的药剂，但是，这不应是人生的目的。作为人生的目的操持闲暇，应当是出于“自主”和“自得”。“自主”，可以理解为既不受外在力量的压迫，也不受内在力量的强制，完全自由地发挥自己的才能；“自得”，可以理解为由于自由地发挥了自己的才能而获得快乐和幸福。亚里士多德认为，音乐、诗歌和绘画，总之是艺术，就是“操持闲暇”的最好对象，因为这是一种“既非必需亦无实用而毋宁是性属自由、本身内含美善”② 的行当。所以，亚里士多德主张对青少年进行艺术教育，而艺术教育的目的就只在操持闲暇，他说：“音乐的价值就只在操持闲暇的理性活动。”③ 亚里士多德在谈到绘画教育的目的时说：“教授绘画的用意也未必完全为了要使人购置器物不致有误，或在各种交易中免得受骗；这毋宁是目的在养成他们对于物体和形象的审美观念和鉴别能力。事事必求实用是不合于豁达的胸襟和自由的精神的。”④ 艺术教育的目的在于养成审美观念和鉴别能力，而且，这才合于豁达的胸襟和自由的精神。这就是亚里士多德的美育思想，席勒同亚里士多德可谓千古同调。

审美作为一种精神需求和鉴赏力作为一种精神能力，受到心理学家的高度重视，因为这种需求和能力会对人类的生活产生巨大而且美好的影响。弗洛伊德说：“文明有一个特征比任何其他特征更好地表明文明的特点，这就是它尊重和鼓励高级心理活动——智力的、科学

① ［古希腊］亚里士多德：《政治学》第 8 卷，商务印书馆 2009 年版，第 416 页。

② 同上书，第 418 页。

③ 同上书，第 417 页。

④ 同上书，第 419 页。

的和美学的成就——它在人类生活当中组成了观念的主要部分。”①我们可以看到，随着社会的不断进步和发展，审美这种高级心理活动正越来越受到尊重和鼓励，这个事实正可证明弗洛伊德言之不妄。马斯洛认为审美能增加人的幸福感，他写道：“高级需要的满足引起更合意的主观效果，即更深刻的幸福感、宁静感，以及内心的丰富感。”而且，“高级需要的追求与满足具有有益于公众和社会的效果。在一定程度上，需要越高级，就一定越少自私”。② 审美需要当然属于高级需要。审美需要的满足会引起幸福感，相反，丧失了审美兴趣就等于丧失了幸福。审美与幸福相连，不懂得审美的人，没有审美能力的人，是体尝不到的。想必柏拉图对审美与幸福相连的关系是深有体会的，不然他说不出如下的惊人之语。他说：“如果人生值得活，那只是为了注视美。”③ 而美育就担负着把人培养成为“在美的王国所及的领域中成为审美的人”④ 这样的任务。由此看来，美育对人生的意义岂不是十分重大而且无比高尚吗？

综上所述，美育具有多层次的功能。促进鉴赏力即把人培养成审美的人是它的基本的、原生的功能。但是美育的功能不止于此。它还在跟教育的其他方面的关系中以及跟教育的总体目标的关系中发挥它应有的功能，这些是美育的衍生的功能。艺术教育是实施美育的重要手段，但它并不能代替美育。如果从美育的视角进行艺术教育，就要特别注意突出艺术作品的审美方面。鉴赏力是人的一种高级的精神能力，它的养成会使人更有幸福感。

---

① ［奥］弗洛伊德：《文明及其缺憾》，《弗洛伊德文集》第5卷，长春出版社1998年版，第243—244页。

② ［美］马斯洛：《高级需要与低级需要》，载林方主编《人的潜能和价值》，华夏出版社1987年版，第202、203页。

③ ［波］瓦迪斯瓦夫·塔塔尔凯维奇：《西方六大美学观念史》，刘文潭译，上海译文出版社2006年版，第327页。

④ ［德］席勒：《美育书简》，徐恒醇译，中国文联出版公司1984年版，第118页。

第七节 “美育即情育”说商榷[①]

美育就是情感教育的观点，在我国影响巨大而且深远。这个观点是由我国美育的两位首倡者王国维和蔡元培最先提出来的。王国维在《论教育之宗旨》一文中说：“教育之宗旨何在？在使人为完全之人物而已。”[②] 所谓完全之人物，就是既有健康的体魄，又有健全的精神。王国维指出，精神能力有三种，即知力、感情及意志；与这三种精神能力相对应，需有三种教育，即智育、德育和美育；“美育即情育”，美育的功能是“使人之感情发达，以达完美之域”。[③] 上述三育，加上体育，四育并行，方能培养出“完全之人物”。蔡元培指出，普通教育的宗旨是，“养成健全的人格”与“发展共和的精神”。健全的人格要靠体育、智育、德育和美育来养成[④]，而美育“以陶养感情为目的”[⑤]。由于王国维和蔡元培都是声名卓著的大学者、大教育家，他们所提出的美育就是情感教育的观点颇具权威性，至今仍得到广泛认同。

在我看来，把美育定性为情感教育，不算有错，但不准确。因为虽然美育确有辅助情感教育的功能，但这并不是美育的原始的、基本的、主要的功能。我们且从三个方面对美育即情育的观点作一番考察。

首先，看看这个观点的来历。“美育”这个概念，源自席勒。王国维和蔡元培对席勒的《美育书简》都很熟悉，他们在自己谈美育的文章中每每提到席勒和《美育书简》，他们都心悦诚服地接受了美育这个

---

① 这一节曾以同名论文发表于《美育学刊》2012 年第 4 期，其主要观点可追溯到拙文《论美育的使命》（发表于《哲学研究》2000 年第 6 期）。

② 王国维：《论教育之宗旨》，载俞玉滋、张援编《中国近现代美育论文选》，上海教育出版社 1999 年版，第 10 页。

③ 同上书，第 11 页。

④ 参见蔡元培《普通教育和职业教育》，载俞玉滋、张援编《中国近现代美育论文选》，上海教育出版社 1999 年版，第 19 页。

⑤ 蔡元培：《美育》，载俞玉滋、张援编《中国近现代美育论文选》，上海教育出版社 1999 年版，第 207 页。

概念。把美育定性为情感教育则是把康德的哲学当成美育的理论基础的结果。王国维和蔡元培都服膺康德的哲学。康德根据西方的传统观点，把人的心灵能力分成三种，即认识能力、愉快和不愉快的情感和欲求能力，也就是人们常说的知、情、意。康德以对这三种能力的研究为己任，写了三部著作，即《纯粹理性批判》《实践理性批判》和《判断力批判》，分别研究这三种能力的法则。王国维和蔡元培都以康德的心灵能力三分法为出发点，对应三种心灵能力，引申出三种教育，即智育、德育和美育。美育就是情感教育的观点的来历就是这样。

但是这个观点是偏离了席勒和康德的思想的。席勒把美育定性为“促进鉴赏力和美的教育”。[①] 他认为美育同智育、德育和体育相结合，相辅相成，就能培养出精神和身体得到全面发展、达到整体和谐的人。席勒声称，《美育书简》中的命题“绝大部分是基于康德的各项原则”。[②] 我们知道，康德的美学著作《判断力批判》所研究的核心就是审美判断力，即鉴赏力。席勒把美育定性为促进鉴赏力的教育，这才真正是从康德美学引申出来的合乎逻辑的结论。康德对席勒的《美育书简》也赞赏有加。他曾专门致信席勒说：“您关于人的美感教育的通信，我认为是出色的。我将对这些信加以研究，以便有一天能够告诉您我在这方面的想法。”[③] 其实，王国维和蔡元培对席勒关于美育的定性也是认同的。王国维就说过，美育的目的就在于“修养美的感觉，获得美的意识”，除此之外别无他求。[④] 蔡元培在谈到审美与科学、道德的差别时说：“美感在乎鉴赏，故美学之判断，所以别美丑。”[⑤] 循着这个话的逻辑去推论，美育的任务，当然在于培养鉴别美丑的鉴赏力。但

---

① ［德］席勒：《美育书简》，中国文联出版公司 1984 年版，第 108 页。

② 同上书，第 35 页。

③ 康德 1795 年 3 月 30 日致弗里德里希·席勒信，见《彼岸星空——康德书信选》，经济日报出版社 2001 年版，第 307 页。

④ 王国维：《霍恩氏之美育说》，载俞玉滋、张援编《中国近现代美育论文选》，上海教育出版社 1999 年版，第 21 页。

⑤ 蔡元培：《哲学大纲》，《蔡元培全集》第 2 卷，浙江教育出版社 1997 年版，第 339 页。

是，王国维和蔡元培对席勒的美育思想的认同，终究拗不过那个他们所自创并执着坚持的美育即情育的观点。

尽管王国维和蔡元培都十分推崇康德的美学，但是，美育即情育的观点却并不是康德美学在美育领域的应用，它是偏离了康德的美学的。康德将人的心灵能力分为知、情、意三种，情感所关涉的领域是艺术和美。需要注意的是，人的情感是非常丰富而且复杂的，而康德的美学所关注的仅仅是丰富复杂的情感中的一种即快与不快，而且这种快感又只是无利害的快感，纯理性的快感如道德的快感和纯感性的快感如味觉和嗅觉的快感是被排除在外的。还有更为重要的是，康德美学的核心范畴是审美判断力，而对审美判断力来说，情感（快与不快）只是它的相关因素，而不是它的构成因素。审美判断力跟无利害的快感相关联，而审美判断力的构成因素主要是想象力和知性。康德说得很分明："美的艺术需要想象力、知性、精神和鉴赏力。"而"前三种能力通过第四种才得以结合"。[①] 显而易见，从康德美学是推导不出美育即情育的命题的。只是由于从席勒那里拿来了美育的概念，又把康德的心灵能力三分法作为建立美育的理论根据，这样，美育即情育的观点才勉强跟康德和席勒搭上了关系。

我以为，王国维和蔡元培不惜偏离席勒和康德的思想而提出美育即情育的观点，是因为他们深感情感教育的重要，一心想把情感教育纳入教育方针中去，而把美育作为情感教育的手段。王国维认为："感情上的疾病，非以感情治之不可。"[②] 而依王国维所信奉的叔本华哲学的看法，人生不免常遭感情上的疾患。人生有无穷的欲望，欲望未得到满足时感到痛苦，欲望既得到满足又感到空虚。人生持续不断地遭受着痛苦与空虚的折磨。王国维认为，救治情感疾患的最佳途径是接触美的自然和艺术，也就是接受美育。王国维特别提到，这是教育上应注意之

① 《康德美学文集》，北京师范大学出版社 2003 年版，第 571 页。

② 王国维：《去毒篇》，《王国维文集》，燕山出版社 1997 年版，第 261 页。

点。[①] 以上还只是从消极方面讲美育的作用。从积极方面讲，王国维指出，美育可“使人感情发达，以达完美之境”。[②] 蔡元培也把美育看作救治人们的思想、情感上毛病的良方。他写道：“我以为吾国之患，固在政府之腐败与政客军人之捣乱，而其根本，则在于大多数之人皆汲汲于近功近利，而毫无高尚之思想，惟提倡美育，足以药之。”[③] 而从积极方面说，蔡元培指出：“纯粹之美育，所以陶养吾人之感情，使有高尚纯洁之习惯，而使人我之见、利己损人之念，以渐消沮者也。”[④] 值得一提的是，梁启超也很重视情感的教育，而把艺术当成情感教育的利器。他说，情感“是人类一切动作的原动力”，古来大宗教家、大教育家都“把情感教育放在第一位”。他认为：“情感教育最大的利器，就是艺术。”[⑤] 联合国教科文组织国际教育发展委员会也把情感教育放到了重要的地位，该委员会在其所编的《学会生存》一书中写道：“把一个人在体力、智力、情绪、伦理各方面的因素综合起来，使他成为一个完善的人，这就是对教育基本目的的一个广义的界说。”[⑥] 我认为，这一切说明情感教育确实十分重要，王国维、蔡元培重视情感教育完全正确。但是把情感教育归到美育的名下，这好比是借得人家的酒瓶，来灌装自家的蜂蜜，于是就发生了概念与内容不相符合的问题。席勒把美育定性为促进鉴赏力的教育，不仅完全正确，而且非常准确。王国维和蔡元培把美育定性为情感教育，就把不应由美育担负的任务派给了美育，却把美育所应担负的而且是它不可替代的作用冲淡以至掩盖起来了。

这就需要搞清楚什么是情感教育了。关于情感教育究竟是什么，人

---

① 王国维：《去毒篇》，《王国维文集》，燕山出版社 1997 年版，第 258 页。

② 王国维：《论教育之宗旨》，载俞玉滋、张援编《中国近现代美育论文选》，上海教育出版社 1999 年版，第 11 页。

③ 蔡元培：《哲学大纲》，《蔡元培全集》第 2 卷，浙江教育出版社 1997 年版，第 340 页。

④ 蔡元培：《以美育代宗教说》，载俞玉滋、张援编《中国近现代美育论文选》，上海教育出版社 1999 年版，第 43 页。

⑤ 北京大学哲学系美学教研室编：《中国美学史资料选编》下册，中华书局 1981 年版，第 417 页。

⑥ 赵伶俐、汪宏等：《百年中国美育》，高等教育出版社 2006 年版，第 20 页。

们谈论得不是很多，我想稍微多说几句，请诸君莫嫌饶舌。首先，谈谈什么是情感。情感与情绪常可通用，情感是一种非常复杂的生理、心理现象，它具有极为复杂的神经生理、生化机制，心理学家们都感到难以对它给出一个准确的定义。我们在这里且不去管它的定义，我们关注的是跟情感教育有关的一些方面。情感或情绪至少有三个基本成分，即主观感受、行为表达和神经生理、生化机制。主观感受指的是喜怒哀乐之类的情感体验，这是人对现实世界于自己有益还是有害的主观的反应和评价方式。情感体验必定会有行为表达，借言语、身体和行为表现出来，例如，愤怒时面红耳赤、紧握拳头、咬牙切齿、鼻孔张开、大吼大叫，等等。情感的主观感受与行为表达，实质上是情感的内容同它的表现形式的关系。神经生理、生化机制讲的是情感的产生跟中枢神经系统的某些部位以及同身体内某些化学物质的作用有关系。情绪与植物性神经系统的联系十分密切，人在情绪状态下表现出许多生理反应，例如在激动、紧张的状态中，呼吸加快、心搏加强、血压升高、血糖增加。内分泌腺的变化不但与情绪状态直接联系着，而且也与上述生理变化有关，例如处于愤怒状态时，去甲肾上腺素分泌增加，引起血糖、血压升高和肌肉紧张度提高；而处于焦虑状态时，肾上腺皮质激素分泌增加，导致外周血管收缩，血糖下降、肌肉松弛。[①]

在情感的主要成分中，对于神经生理和生化机制，我们根本没有能力加以干预；对于情感的表现形式，如爱的时候和颜悦色，恨的时候怒目圆睁，诚如《礼记》所说，这一切“弗学而能”，用不着教育；可以教育而且需要教育的，看来就只是情感的内容。常言道，没有无缘无故的爱，没有无缘无故的恨。需要教人懂得什么东西值得爱，什么东西应该恨，这是人生观、价值观教育的一部分。美育可以对情感教育起辅助作用，但是这只是美育的“副”作用，而不是它的原生的、基本的职能。

---

① 参阅《不列颠百科全书》“情绪”条目和曹日昌主编《普通心理学》下册第十章，人民教育出版社 1980 年版。

情感教育还有一项非常重要的内容，就是教人学会用理智去引导和控制感情。神经生理学的研究告诉我们，从生物进化的过程看脑的发展，脑干是脑的最低级、最原始的部位。从脑干发展出了情绪中枢，在情绪中枢之上又发展出了思维中枢，即所谓的“新皮质”。由此可见，人脑先有情绪中枢，再慢慢发展出思维中枢。约瑟夫·勒杜（Joseph Ledoax）发现杏仁核在情绪中枢中起着关键作用。情绪的神经通路在新皮质之外，人类最原始最强烈的情绪取捷径直通杏仁核。这路径足以解释情绪为什么会战胜理智。这条捷径具有生存斗争的伟大意义，面对危险时的恐惧心理使人能够不假思索作出快速的反应，从危险中逃之夭夭。[①] 不过，这条捷径也会带来负面作用，情感战胜理智往往会导致激情犯错和激情犯罪。有鉴于此，就需要进行情感教育，实质就在于用理智对情感加以控制和引导，就是俗话说的“三思而行”。实际上，情感教育自古以来就在进行。古希腊的亚里士多德就是一个情感教育的热心倡导者。他把情感教育的任务讲得很清楚，他说：“任何人都可以发火，这不难。但要做到为正当的目的，以适当的方式，对适当的对象，适时适度地发火，这可不易。”[②] 为了使情感能得到“适当”的宣泄，就需要把理智引入情感，用理智来控制情感。我国汉代的《诗大序》有言：“发乎性情，止乎礼义。”讲的就是对情感要加以控制，使情感的宣泄合乎礼仪。凡是以情感（情绪）为研究对象的心理学专著，一般都会涉及情感教育的问题。丹尼尔·戈尔曼（Daniel Goleman）所著《情感智商》一书则是一本专门研究情感教育的著作。戈尔曼首创“情感智商”（EQ）的概念，深入地论述了情感教育的问题，这对以智商（IQ）为唯一评价标准的传统的教育理论是一个重大的突破。戈尔曼认为，人生的成功不仅得益于智商，比较而言更依赖于情商。他指出，情商的含义包括五个方面：（1）了解自我。“自我觉知——

① 参见［美］丹尼尔·戈尔曼《情感智商》，上海科学技术出版社 1997 年版，第 16—29 页。

② 同上书，第 1 页。

当某种情绪刚一出现便能察觉——乃是情感智商的核心。”（2）管理自我。调控自我的情绪，使之适时适地适度。这种能力建立在自我觉知的基础上。（3）自我激励。这是一种为服务于某一目标而调动、指挥情绪的能力。（4）识别他人情绪。敏锐地感知到他人的需要与欲望。这是最基本的人际关系的能力。（5）处理人际关系。大体而言，人际关系的艺术就是调控与他人的情绪反应的能力。① 使人能对这五个方面善加处理，就是情感教育所要达到的目的。这个目的可以用两个词来概括，那就是：自制与同情。

走笔至此，关于情感教育的内容和目的，我们已经作了交代了。这样，我们就不难看出，情感教育同美育、同作为美育的手段的艺术教育并不是一回事。美育的使命是培养对美、对艺术的鉴赏力，所以，把美育定性为情感教育是不恰当的。不错，以艺术为材料的美育可以辅助情感教育和道德教育。但是，艺术首先必须是道道地地的艺术，是道道地地的审美对象，然后，它才以艺术所特有的方式对情感教育和道德教育起到辅助作用。鲁迅说得好：“美术诚谛，固在发扬真美，以娱人情，比其见利致用，乃不期之成果。”又说：“美术之目的，虽与道德不尽符，然其力足以渊邃人之性情，崇尚人之好尚，亦可以辅道德以为治。”② 但是，假如压根就把艺术作品当作宣扬道德的工具来创作和欣赏，那就会毁掉艺术。歌德告诫说：“一种好的文艺作品，固然能够和会有道德上的效果，但是要求作家抱着道德上的目的来写作，那就等于把他的事业破坏了。”③ 因此，当我们在以艺术作品为材料进行审美教育时，如席勒所指出的，我们的主要的兴趣不应在道德方面，而应在“理应所在的审美方面”④，从而让艺术作品通过它的审美作用去对道德

① 参见［美］丹尼尔·戈尔曼《情感智商》，上海科学技术出版社 1997 年版，第 47—48 页。

② 鲁迅：《拟播布美术意见书》，《鲁迅全集》第 8 卷，人民文学出版社 1981 年版，第 47 页。

③ 《歌德自传》下册，人民文学出版社 1983 年版，第 569 页。

④ ［德］席勒：《美育书简》，中国文联出版公司 1984 年版，第 116 页。

形成有益的影响。由此看来，美育的功能是多样性的，而且是多层次的。促进鉴赏力乃是它的原始的、基本的、第一位的、第一层次的功能。在此基础上，它能发挥辅助道德教育和情感教育的功能，这是它的派生的、第二层次的功能。美育同德育、智育、体育互相结合和配合，合力促进人的全面发展，以造就完人，这是美育的第三层次的功能。我之所以说把美育定性为情感教育不算有错，但不准确，就是因为这个观点把美育功能的层次搞乱了、搞错了，把它的第一位的基本功能撇开了，却把它的第二位或第三位功能摆到第一的位置上了。

人类创造了两项伟大的事业，一是科学，一是艺术。科学造福人类，使人类拥有了无穷的物质财富；艺术愉悦人心，使人类获得了不竭的精神享受。诚如彭加勒（Jules Henri Poincare）所说："只是由于科学和艺术，文明才具有价值。"[①] 要掌握既往的科学并继续推进科学，需要知性的发达，为此建立起了促进知性的教育即智育；要欣赏既往的艺术并继续发展艺术，需要鉴赏力的高明，为此建立起了促进鉴赏力的教育，即美育。智育和美育各有其不可替代的作用，各有其对人类的独特的价值。这两者相辅相成，不可偏废。因此，作为促进鉴赏力的教育的美育，其责任可谓崇高而重大。

我们说美育是促进鉴赏力的教育，那么，究竟什么是鉴赏力呢？鉴赏力是一个外来词，它的英语名是 taste，法语名是 gout，有时译为趣味，taste 和 gout 的本义是味觉、滋味，后来被赋予了鉴赏力、审美力的意义。艾迪生（Joseph Addison，1672—1719）、伏尔泰（Voltaire，1694—1778）和休谟都谈到了这一点。艾迪生和伏尔泰还给鉴赏力下过定义。艾迪生指出："（敏锐的鉴赏力）是心灵带着愉悦体味作者的高妙，和怀着厌恶感受作者的缺陷的一种能力。"[②] 伏尔泰认为："'鉴

① ［法］彭加勒：《科学的价值》，光明日报出版社 1988 年版，第 346 页。

② ［英］艾迪生：《关于敏锐鉴赏力的培养》，载马奇主编《西方美学史资料选编》上册，上海人民出版社 1987 年版，第 467 页。

赏力’一词表示感知在所有艺术中的美和丑的能力。”[①] 他们都认定鉴赏力是人的一种心灵能力。弗洛伊德提出了一个叫作“心理丛”（Psychological Constellation）的心理学概念，意指一种复合型的心理状态。鉴赏力就是一种心理丛，它是由多种心理元素结合而成的一种心灵能力。那么，鉴赏力是由哪些心理元素构成的呢？康德（Kant）认为是想象力和知性，而以想象力为主导。他在《审美判断力的批判》（《判断力批判》的上卷）一书的开头谈到鉴赏判断即审美判断的第一个要点就涉及鉴赏力的构成，他写道：“为了确定某物是否美，我们不是由知性把表象联系于客体以取得知识，而是由想象力（也许要与知性相结合）（把表象）联系于主体及其愉快或不愉快的情感。”[②] 伏尔泰则认为，鉴赏力包含着感觉、感情和知性等心理元素，他在《论鉴赏力》一文中指出：“超凡的鉴赏力——这不仅是一种直觉地感觉到美的能力，也不仅仅是在与美接触时产生的无以名状的激动，而且还是体细察微的分析技能。”[③] 笔者认为，把康德和伏尔泰两个人的意见综合起来，我们就能对鉴赏力的构成要素得到一个完整的认识了，那就是：鉴赏力由想象力、知性、感觉和感情这几种心理元素结合而成，其中想象力起主导作用。

了解了什么是鉴赏力，接着就该谈谈怎样培养和促进鉴赏力了。根据著名的美学家和艺术家的经验和心得，欲达到培养和促进鉴赏力的目的，大致有以下几个途径。

第一，欣赏、研究中外古今的经典名作。艾迪生在题为《关于敏锐的鉴赏力的培养》的专论中，劝导想要培育和提高自己的鉴赏力的人们去通读古典和现代的名作，他说：“为达此目的，最自然的方法就是精通最高雅的作者的作品。”[④] 歌德的看法跟艾迪生完全一致。歌德

---

① ［法］伏尔泰：《论鉴赏力》，载马奇主编《西方美学史资料选编》上册，上海人民出版社1987年版，第591页。

② 《康德美学文集》，北京师范大学出版社2003年版，第450页。

③ ［法］伏尔泰：《论鉴赏力》，载马奇主编《西方美学史资料选编》上册，上海人民出版社1987年版，第591页。

④ ［英］艾迪生：《关于敏锐鉴赏力的培养》，载马奇主编《西方美学史资料选编》上册，上海人民出版社1987年版，第468页。

教爱克曼欣赏绘画，在每一类画中只指给他看完美的代表作。歌德说："这样才能培养出我们所说的鉴赏力。鉴赏力不是靠观赏中等作品而是要靠观赏最好作品才能培育而成的。所以我只让你看最好的作品，等你在最好的作品中打下牢固的基础，你就有了用来衡量其他作品的标准，估价不致过高，而是恰如其分。"①

为了使我们的鉴赏力不只高超精妙，而且公正无偏，那么听从休谟的劝告是很有益的。休谟认为，应该"对不同时代不同国家交口赞美的各个作品经常进行观察、研究和比较"②，这样，我们才能对各种艺术作品的美及其在艺术史上的地位给予恰当的、公允的评价。刘勰用非常形象的两句话概括了这个方法对促进鉴赏力的好处，那就是"操千曲而后晓声，观千剑而后识器"（《文心雕龙·知音》）。

第二，精通古代和现代最杰出的艺术批评家的著作。

艾迪生指出："精通古代和现代最杰出的批评家的著作，对于培养自己对优秀作品的高超的鉴赏力，同样是必要的。"③ 杰出的批评家能够精细入微、切中腠理地指出优秀作品的艺术上的妙处和特点，帮助你领略艺术家的匠心，就像陆机所说的那样："余每观才士之所作，窃有以得其用心。夫放言遣辞，良多变矣，妍媸好恶，可得而言。"（《文赋》）这对培育和提高鉴赏力大有裨益。

综上所述，美育同情感教育是两码事，而不是一码事。美育的不可替代的、基本的使命在于促进鉴赏力。情感教育有两项内容，其中一项可归属于德育，另外一项是把理智引入情感，以理智来引导、控制情感。美育对情感教育可以起辅助作用，不过那是美育的（正面意义的）"副"作用，是由它的基本使命中派生出来的次级作用。因此，说美育就是情感教育这个提法是不恰当、不准确的。

---

① ［德］爱克曼辑录：《歌德谈话录》，人民文学出版社1980年版，第32页。

② ［英］休谟：《论趣味的标准》，载马奇主编《西方美学史资料选编》上册，上海人民出版社1987年版，第52页。

③ ［英］艾迪生：《关于敏锐鉴赏力的培养》，载马奇主编《西方美学史资料选编》上册，上海人民出版社1987年版，第469页。

第三章　审美客体

第一节　审美客体研究的历史情况

美，给人以高尚的乐趣，使人感到巨大的愉悦，无怪乎柏拉图认为："如果有任何值得为其生存的东西，那就是观照美。"① 凡是有过审美体验的人，谅必都会有这个体会。但是，纵使有过审美体验，而且有丰富的审美体验，却未必说得清楚美是什么。恰如奥古斯丁（Aurelius Augustinus，前345—前430）在回答"时间究竟是什么？"这个问题时所说的那样："没人问我，我倒清楚，有人问我，我想说明，便茫然不解了。"② 思想家、美学家们是绝不会甘心停留在"茫然不解"的状态中的，他们非要搞清楚美是什么（包括美的根源、美的要素、美的特征、美的本质等）不可。历来美学家对"美是什么？"这个问题的探求，大致有三种思路，一是着眼于客观的事物，从客观事物上面去寻求美的根源；二是着眼于人的内心，从人的内心去寻觅美的根源；三是着眼于客观事物与人的内心的关系，从主客观的关系中去找寻美的因素。这三种思路通常被称为客观论、主观论和主客观统一论。

主观论者认为美无非是人的一种情感或者心态，如斯宾诺莎（Spinoza，1663—1677）所说："享有最高荣誉的男子汉的美，与其说是被

---

① ［古希腊］柏拉图：《会饮篇》，转引自［波］沃拉德斯拉维·塔塔科维奇《古代美学》，中国社会科学出版社1990年版，第149—150页。

② ［古罗马］奥古斯丁：《忏悔录》，商务印书馆1982年版，第242页。

我们所观察的客体的一种性质，不如说是在观察者身上所发生的一种印象。”① 主观论中最激进的一个支派审美态度论竟认为，审美对象根本就是不需要的，如迪基就认为：“审美态度主张，或者是某些（作为审美对象的）特殊的客观对象是不需要的，因美要完全依赖于主体的精神状态，或者认为多种多样的美的对象仅仅在主体处于某种精神状态之下才是可以理解的。”② 杜卡斯直截了当地说：“对任何事物进行审美观照会将其置于审美客体的位置。”③ 因此，他们没有兴趣也觉得没有必要去研究什么审美客体。客观论和主客观统一论认为美是客观事物的性质或者与客观事物的性质有关，所以这两派特别是客观论就注重对审美客体的研究。

下面，我们择要地谈谈美学史上对审美客体的研究情况。

对审美客体研究的最盛时期是在古希腊，这跟在古希腊盛行的要为万物找出始基的世界观相适应。毕达哥拉斯（Pythagoras，前570—前497）学派认为，美“在于各部分之间的比例对称”④，他们还认为：“一切立体图形中最美的是球形，一切平面图形中最美的是圆形。”⑤ 毕达哥拉斯学派的这两个观点，前者认为美在事物的某种性质或某些性质之间的关系，后者认定某种事物就是美的。他们的同代人以及后人对审美客体的审美性质的探讨，都没有超出这两个范围。柏拉图指出：“美的东西不可能是无比例的。”⑥ 亚里士多德认为：“美的主要形式是秩

---

① 北京大学哲学系美学教研室编：《西方美学家论美和美感》，商务印书馆1982年版，第87页。

② ［美］迪基：《艺术与美学》，转引自朱狄《当代西方美学》，人民出版社1984年版，第200页。

③ ［美］杜卡斯：《艺术哲学新论》，光明日报出版社1988年版，第187页。

④ 北京大学哲学系美学教研室编：《西方美学家论美和美感》，商务印书馆1982年版，第14页。

⑤ 北京大学哲学系外国哲学史教研室编译：《古希腊罗马哲学》，三联书店1957年版，第36页。

⑥ ［波］沃拉德斯拉维·塔塔科维奇：《古代美学》，中国社会科学出版社1990年版，第171页。

序、对称、明确。”[①] 他还说：“美与不美，艺术作品与现实事物，分别就在于美的东西和艺术作品里，原来零散的因素结合成为统一体。”[②] 审美客体的一些主要的美学属性，如比例、对称、秩序、多样统一等，在古希腊基本上都被揭示出来了，这些看法对后世产生了极大的影响。

中世纪和文艺复兴时期的美学家们对审美客体的研究，基本上承袭了古希腊的观点。有点新意的是，他们把光和色彩也纳入到了美学属性之中，如教父巴赛尔认为，金子之所以美“并非由于部分间的比例，而是由于美丽的颜色本身”；他还说：“夜晚的星星最为美丽，这也不是因为其组成部分间的比例，而是由于它悦目的光辉。”[③] 圣·托马斯·阿奎那（Saint Thomas Aquinas，1226—1274）也认为：“物体的美在各部分的比例与色彩。”[④]

到了18世纪有两位英国美学家对审美客体的特性做了专门的研究，这两个人是荷加兹和博克。荷加兹，著名的画家和艺术理论家，他写了一部美学著作《美的分析》。这是一部研究艺术，主要是绘画的形式美的专著。作者在该书的“导言”中说：“在这本概论中我试图说明，究竟是什么促使我们认为某些东西的形式是美的，另一些东西的形式是丑的，某些东西的形式是有吸引力的，另一些东西的形式是没有吸引力的。我想比前人更加详细地考察一下使我们可以形成形式的无限多样性的表象的线条的本质及其各种不同组合，从而说明这个问题。”[⑤] 他认为，形式美是有一些规则的，“这些规则如果配合得好，就会使任何绘画构图变得优雅和美”。他指出：“我们的这些规则就是：适应、多样、统一、单纯、复杂和尺寸——所有这一切都参加美的创造，互相补充，

---

① ［波］沃拉德斯拉维·塔塔科维奇：《古代美学》，中国社会科学出版社1990年版，第214页。

② 北京大学哲学系美学教研室编：《西方美学家论美和美感》，商务印书馆1982年版，第39页。

③ ［波］沃拉德斯拉维·塔塔科维奇：《中世纪美学》，中国社会科学出版社1991年版，第30页。

④ 同上书，第315页。

⑤ ［英］威廉·荷加兹：《美的分析》，人民美术出版社1986年版，第15页。

又是相互制约。"① 难能可贵的是，荷加兹并没有把这些规则变成绝对化和僵化的教条。他以对经典的艺术作品的考察结果为依据，指出形式是有规则的，但规则的使用需因时因地而宜。他以罗马观景殿的阿波罗雕像为例来说明适应与美的关系。他认为，这个阿波罗雕像不仅是美的，还有一种"超级的雄伟"。这种雄伟是怎样造成的呢？靠的是"阿波罗的身体的各部分不合比例"，特别是阿波罗的小腿和大腿与他的上身比较起来显得过于长和过于大，而这种不合比例是有意为之，而不是由于疏忽。因此，荷加兹指出，我们可以确言："迄今被认为是雕像整体的妙不可言的美的东西，是有赖于似乎是它的一个局部的缺点。"② 他还提出，蛇形线是最美的线条，但是他同时指出，蛇形线的美也不是绝对的。他写道："众所周知，一些很美的形式，如果用得不当，也往往会显得令人厌恶。例如，螺旋形圆柱无疑是美的，但因为它们会使我们产生一种软弱无力的观念，所以用它来支撑某个威严的或者沉重的东西它们就不再讨人喜欢。"③ 荷加兹所提出的美的形式的规则，至少是他本人的审美经验的结晶，他又能以辩证的观点来对待这些规则，这是很可贵的，也是他超越了前人的地方。

博克（Edmund Burke，1729—1797），其美学著作是《论崇高与美两种观念的根源》。博克认为，美是事物的某些属性，他写道："我们所谓美，是指物体中引起爱或类似情感的某一性质或某些性质。"④ 他又说："美大半是物体的一种性质，通过感官的中介，在人心上机械地起作用。"⑤ 那么，事物的什么样的性质属于美呢？博克指出："就大体说，美的性质，因为只是些通过感官来接受的东西，有下列几种：第一，比较小；其次，光滑；第三，各部分见出变化；但是第四，这些部

---

① ［英］威廉·荷加兹：《美的分析》，人民美术出版社 1986 年版，第 22 页。

② 同上书，第 81 页。

③ 同上书，第 23 页。

④ 北京大学哲学系美学教研室编：《西方美学家论美和美感》，商务印书馆 1982 年版，第 118 页。

⑤ 同上书，第 121 页。

分不露棱角，彼此像熔成一片；第五，身材娇弱，不是突出地现出孔武有力的样子；第六，颜色鲜明，但不强烈刺眼；第七，如果有刺眼的颜色，也要配上其他颜色，使它在变化中得到冲淡。这些就是美所依存的特质，这些特质起作用是自然而然的，比起其他任何特质，都不易由主观任性而改变，也不易由趣味分歧而混乱。”①

以上观点都是把美确定为事物的一种或一些客观属性。这种观点的可取之处在于：第一，肯定审美活动需要审美对象；第二，肯定审美对象具有特有的一些美学属性。这种观点的主要缺点是，它脱离开审美主体来谈审美客体的美学属性，认为客体的美学属性可以离开人而独立，这显然不妥。康德就已指出：“美若是没有对于主体情感的关系就什么也不是。”② 此外，这种观点把事物的某种或某些美学属性绝对化，就会导致谬误。以比例来说，没有一种比例是绝对美的，且说动物的躯干与肢体的比例吧，比例因物种而变。庄子说得好：“凫胫虽短，续之则忧；鹤胫虽长，断之则悲。”（《庄子·骈拇》）哪里有绝对的美的比例呢？

第二节　审美客体的特征

克罗齐（Benedetto Croce，1866—1952）认为，美是由审美心灵创造出来的，自然的事物有时美、有时丑，完全随审美者的心境为转移。因此，他说：“美不是物理的存在。”③ 所以，他认为寻求美的客观条件，毫无用处，必遭失败。这个观点令人实难苟同。我们认为，美有两个要素，客观事物是要素之一。审美客体既是美的要素之一，它终究有其特点，那就值得加以研究。但是，这方面的研究还是相当薄弱。这方面的研究也有很大的难度，因为美的事物千姿万态，要概括出所有美的

① 北京大学哲学系美学教研室编：《西方美学家论美和美感》，商务印书馆1982年版，第122页。

② 《康德美学文集》，北京师范大学出版社2003年版，第466页。

③ ［意］克罗齐：《美学原理美学纲要》，外国文学出版社1987年版，第120页。

事物即审美客体的共同特征，不是一件容易的事。我们在此勉为其难，试说一二吧。在我看来，审美客体的一般特征有三条。

第一，审美客体具有感性形态性。

“美学之父”鲍姆嘉敦把可感知性规定为审美客体的基本特性或者说第一特性。对于这一点，嗣后的美学家，不管是古典的美学家还是现代的美学家，都表示认同，还真没有见到有反对意见。康德写道：“美是在直观中产生快感的东西。”① 直观的对象必是感性事物。他又说：“鉴赏判断与感性对象相关。”② 鉴赏判断即审美判断，明白地指出审美判断的对象是感性对象。立普斯（Theodor Lipps，1851—1914）强调“审美对象总是感性”，他写道：“在审美的观照里，只有审美对象（例如艺术品）的感性形状才是被注意到的。只有这感性形状才是审美欣赏的‘对象’（客体）。”③ 马尔库塞（Herbert Marcuse）从审美经验和审美感知的角度看到了审美客体的感性形态性，他说：“审美方面的基本经验是感性的，而不是概念的；审美知觉本质上是直觉的，而不是观念的。”④ 阿多诺（Theoder W. Adorno）指出，感性契机是美的一个重要特点，他说：“举凡未在感性材料中得以实现的东西均无任何审美价值。”离弃了感性，美就会消亡，艺术就难以存在。他写道：“今日这一契机已被禁止。这便是艺术的真正危机。艺术如果忘却感性，它就不能幸存。”⑤ 上述一组引文已足以把审美客体的感性特征讲清、讲透了，对此尽可不烦辞费了。

我注意到，对于审美客体的感性特征，我国美学界习惯用形象性这个概念来称谓它。我认为这不大妥当。首先，不准确。形象的本意是事物的形状和人物的相貌、姿态，因而，形象是视觉的对象。但是，审美

---

① ［德］康德：《逻辑学讲义》，商务印书馆 1991 年版，第 28 页。

② ［德］康德：《康德美学文集》，北京师范大学出版社 2003 年版，第 590 页。

③ ［德］立普斯：《论移情作用》，载李醒尘主编《十九世纪西方美学名著选·德国卷》，复旦大学出版社 1990 年版，第 603 页。

④ ［美］马尔库塞：《爱欲与文明》，上海译文出版社 1987 年版，第 129 页。

⑤ ［德］阿多诺：《美学理论》，四川人民出版社 1998 年版，第 469—470 页。

客体当中有很大一部分是无形象的，它们不能成为视觉的对象。拿自然美来说，天籁之音，比如关关鸟鸣、潺潺溪水，只可听而不可视。至于艺术，一些很重要的门类，如音乐，也是只可听而不可视，它是不能像美术和舞蹈那样直接把形象呈现于受众眼前的。音乐也能塑造形象，但是塑造形象并不是它的主要职能，而且也不是它的能事。贝多芬（L. V. Beethovern，1770—1827）在谈到《田园交响曲》时指出："田园交响曲不是绘画，而是表达乡间的乐趣在人心里所引起的感受，因而是描写农村生活的一些感觉。"他还说："每一幅图画，假若在器乐里（被作曲家）搞得过分了，也就会消失。"[①] 尼采对音乐的特点也有深刻的认识，他说："音乐本身有完全的主权，不需要形象和概念。"[②] 准此，法国音乐理论家拉赛裴德（B. G. Lacepede，1756—1825）向音乐家及听众发出呼吁道："让音乐家知道自己的艺术界限吧。让他关于自己所能产生的效果不至于迷误吧。让他们不要徒然地努力想精确地确定他们的图画上的东西吧，——这是只有诗才能办到的。"[③] 其次，由前一个缺点引出另一个缺点，那就是不准确的概念，会对音乐欣赏起误导的作用。有许多乐曲用音乐手段表现了某种情绪、感情和感受，而根本不描写什么形象，如柴可夫斯基的小提琴独奏曲《如歌的行板》。列·托尔斯泰听到了这首曲子的演奏感动得潸然泪下，感叹道："我接触到了苦难人民的心灵深处。"如果非要从这首乐曲中去体会出什么形象来，那样的音乐欣赏就误入歧途了。为此，我认为用感性形态性这个说法来表示审美客体的特征要比形象性这个说法来得好。

第二，审美客体赋有人性、人情，惯称为情感性。

尼采否定有所谓离开人而独立存在的"自在之美"，他认为美乃是"人把世界人化了"的产物，他写道："归根到底，人把自己映照在事

---

① 何乾三编：《西方哲学家文学家音乐家论音乐》，人民音乐出版社1983年版，第112页。

② ［德］尼采：《悲剧的诞生》，三联书店1986年版，第115页。

③ 何乾三编：《西方哲学家文学家音乐家论音乐》，人民音乐出版社1983年版，第115页。

物里，他又把一切反映他的形象的事物认作美的。”[①] 人把自己映照在事物里，事物就被赋予了人性和人情。

不用说，由人类所创造的艺术作品是充盈着人性和人情的。列·托尔斯泰说得好，真正的诗人是“身不由己地怀着痛苦去燃烧自己并点燃别人的”。[②] 因此，艺术作品不仅成了感情的载体，同时也是用感情去感染受众的导体。叙事类艺术作品如小说、戏剧、绘画、雕刻、舞蹈等塑造的人物，个个都具有人性和人情。像《红楼梦》那样具有数百个人物的鸿篇巨制，简直就是一部关于人性和人情的百科全书。艺术家不仅赋予他所塑造的人物以人性、人情，而且在对人物的描写中隐含着作者对他们的褒贬和爱恨。如鲁迅就说过，他在对阿 Q 的言行的描写中，就寄寓着他对阿 Q 的态度：“哀其不幸，怒其不争。”抒情类艺术作品如抒情诗、音乐，则是或者直接地或者曲折地抒发感情的。我们可以说，没有感情，就没有艺术。而艺术是美的一个非常重要的构成部分。

自然事物，原本与人性、人情无涉。但是，当它们成为审美对象时，它们就被拟人化了，从而被赋予了人性和人情。诚如宋代词人陈人杰在一首词中所说：“洛下铜驼，昭陵石马，物不自愁人替愁。”这里所说的物，不只是铜驼石马，也可以把自然事物包括在内。自然事物没有生命，何来忧愁？所以，“物不自愁人替愁”，并不是人代物诉愁，而是人把自己的愁，即感情亦即人性人情寄托于物，这就是所谓“托物言志”，这样一来，自然事物就被赋予了人性人情。如宋代诗人郑思肖《画菊》诗所咏的菊：“花开不并百花丛，独立疏篱趣无穷。宁可枝头抱香死，何曾吹落北风中。”在这里，菊花被赋予了傲然独立、不畏权势、坚守情操的风骨。

关于审美客体富有人性、人情的特点，英国诗人华兹华斯（William Wordsworth，1770—1850）说得更为直截了当和明白无误。他在

① ［德］尼采：《偶像的黄昏》，《悲剧的诞生》，三联书店 1986 年版，第 322 页。

② 段宝林编：《西方古典作家谈文艺创作》，春风文艺出版社 1980 年版，第 533 页。

《序曲》中写道："对每一种形态：岩石、果实或花朵，甚至大道上的凌乱石头，我都给予有道德的生命，我想象它们能感觉，或把它们与某种感情相连，它们整个地嵌入于一个活跃的灵魂中，而一切我所看到的都吐发出内在的意义。"① 黑格尔也认为，自然美"由于感发心情和契合心情而得到一种特性"，自然美所具有的意蕴"并不属于对象本身，而是在于所唤醒的心情"。② 请看自然物感发心情和契合心情而成为审美对象的一个好例。屈原写过一篇咏橘子的诗，名为"橘颂"。诗人是这样描写橘树的："嗟尔幼志，/有以异兮。/独立不迁，/岂不可喜兮？/深固难徙，廓其无求兮。/苏世独立，/横而不流兮。/闭心自慎，/终不失过兮。/秉德无私，/参天地兮。"诗人把橘树的特征跟人类的情操密切地联系起来，从而使橘树富有了人性的光辉。这样，对橘树的赞美也就是对美好人性的赞美。作为对照，让我们来看看白居易对荔枝的描写及其所产生的效果。白居易在任职南宾郡太守的时候，为了让从没见过荔枝或者没见过新鲜荔枝的人对荔枝有所了解，他就请画工画了一幅荔枝图，并且亲自写了一篇介绍荔枝知识的短文，名为"荔枝图序"。文章短小，精美如珠，我禁不住要抄录如下，以飨读者："荔枝生巴峡间，树形团团如帷盖。叶如桂，冬青；华如橘，春荣；实如丹，夏熟。朵如葡萄，核如枇杷，壳如红缯，膜如紫绡，瓤肉莹白如冰雪，浆液甘酸如醴酪。大略如彼，其实过之。若离本枝，一日而色变，二日而香变，三日而味变，四五日外色香味尽去矣。"这是对荔枝的产地、形状、色泽、滋味的纯客观的说明，丝毫不掺杂人情、人性色彩。《橘颂》的作用在于影响一个人的人格、人性，而《荔枝图序》的目的则是增长和丰富你的知识。两相比较，审美客体富有人性人情的特点不是显得彰明较著了吗？

关于自然事物的美，需要做一点补充说明。有些自然事物完全不着人性色彩，却也会使人赏心悦目，那就是一种纯粹的形式美。艺术家们

---

① ［德］恩斯特·卡西尔：《人论》，上海译文出版社1985年版，第196页。

② ［德］黑格尔：《美学》第1卷，商务印书馆1986年版，第170页。

为我们描绘了这样的美，如“江碧鸟逾白，山青花欲燃”。风景画、山水诗多属此类。

第三，审美客体具有超功利性

何谓功利性？按照黑格尔的说法，就是人从自己的物质需要出发，选择其性质适合自己需要的事物，“利用它们，吃掉它们，牺牲它们来满足自己”。[①] 我们说美具有超功利性，就是因为美的事物在被人们作为审美对象加以观照时，人们并不顾及这一事物的实在性质及其对人的利益，而仅仅把它作为一个令人愉快的对象来看待。在美学史上，康德并不是指出美的超功利性特点的第一人，但是，对这一特点予以强调从而使之成为不刊之论的人，无疑是康德。他指出，美是“完全无利害关系的愉快的对象”。[②] 康德也因对美的这个特点强调得过了头而受到责难，他说过这样的话：“任何利害关系都会败坏鉴赏判断。”[③] 这话确实会造成这样的印象，那就是利害同审美是绝然对立的。

普列汉诺夫在承认康德的观点的合理性的前提下，对康德的观点进行了修正。他指出：“我们应当说，凡是人们不仅不顾他们个人的利益，并且也不顾他们对社会利益的任何有意识的考虑，而喜欢的有益于氏族的东西，都是美的。”[④] 这就是说，美是有益于人、有益于氏族、有益于社会的，但人们在欣赏美时并不顾及，不有意识地考虑到这种利益。这是美在起源时所带来的特点。从审美发生学的角度可以观察到，很大一部分美是由对人有用、有利、有益的事物升华而来的，如普列汉诺夫在谈到装饰品的起源所指出的那样：“那些为原始民族用来做装饰品的东西，最初被认为是有用的，或者是一种表明这些装饰品的所有者拥有一些对于部落有益的品质的标识，只是后来才开始显得美的，使用价值是先于审美价值的。但是，一定的东西在原始人的眼中一旦获得了

---

① ［德］黑格尔：《美学》第1卷，商务印书馆1986年版，第46页。

② 《康德美学文集》，北京师范大学出版社2003年版，第458页。

③ 同上书，第472页。

④ ［俄］普列汉诺夫：《没有地址的信　艺术与社会生活》，人民文学出版社1982年版，第155页。

某种审美价值以后，他就力求仅仅为了这一价值去获得这些东西，而忘掉这些东西的价值的来源，甚至连想都不想一下。”[①] 比如项圈，现在是一种非常普遍的装饰品，但是追溯到它最早的源头，原是原始时代的勇敢猎人把兽牙、兽爪串联起来挂在脖子上的一件东西，它被用来显示其主人的勇气和智慧，是具有明显的功用的。这个东西逐渐演变成项链，它原来的功用完全被湮灭、被遗忘了，而且它的材质也完全改变了。后来人戴项链，纯粹是为了美。所以说它是超功利的。

根据以上普列汉诺夫所说，我认为，应该说美是基于功利而又超越功利的。一切美的事物，都保持了这个品质。对这一点，鲁迅看得很深刻、说得很透彻。他写道：“在一切人类所以为美的东西，就是于他有用——于为了生存而和自然以及别的社会人生的斗争上有意义的东西。功用由理性而被认识，但美则凭直感底能力而被认识。享受着美的时候，虽然几乎并不想到功用，但可由科学底分析而被发见。所以美底享乐的特殊性，即在那直接性，然而美底娱乐的根柢里，倘不伏着功用，那事物也就不见得美了。”[②]

尼采也认为，美属于对人有用、有益的事物之列。他写道：“美，就寓于有用的、慈善的、增强生命之物具有的生物学价值的一般范畴之内。”[③] 认为美寓于有用、有益的事物之中，这个看法跟普列汉诺夫和鲁迅相通；认为美具有提高和增强生命的生物学价值，这个看法很有独创性，也很深刻。美是令人愉快的事物，当然对增强和提高生命力有益处。

其实，康德也隐隐约约地承认美寓于有益、有用的事物之中。这个看法或许有些出人意料。因为康德向来被视为完全否认美与利害有关的形式主义美学的鼻祖。为此需要做一点论证。康德把一个对象的各种成分和性质同它所隶属的概念的含义相符合的情况，称为合目的性。他把

---

① ［俄］普列汉诺夫：《没有地址的信　艺术与社会生活》，人民文学出版社 1982 年版，第 145 页。

② 《鲁迅全集》第 4 卷，人民文学出版社 2005 年版，第 207—208 页。

③ ［德］尼采：《权力意志》，商务印书馆 1998 年版，第 305 页。

合目的性分成两大类，即客观的合目的性和主观的合目的性。客观的合目的性又可分为两种：一种是外在的，那就是有用性；一种是内在的，那就是完善性。有用性，是就事物与人的关系而言；完善性，是就事物本身的生存或存在状态而言。举花为例，花是植物的生殖器官，其形状、色彩、气味等特性适合于、有利于种子的繁殖和传播，这就是完善性。花可为人所用，或供食用，或供药用，或做化妆品，这就是有用性。主观的合目的性是由客观的合目的性转化而来的。转化的契机是，或者把一事物的客观的合目的性“抽掉”，或者“不顾及”它，这样一来，这一事物就变成一种主观合目的性的形式了。康德写道：“一物表象中的形式方面的东西，即其多样性与统一性的协调（不考虑它应该是什么），本身完全不能让我们认识到任何一种客观的合目的性，因此如果把这种作为目的（规定了一物应该是什么）的统一性抽掉，那么在观察者的心意中除了表象的主观合目的性之外，就什么也不剩了。”①主观的合目的性也可称作合目的性的单纯形式，因为一物的合目的性被抽掉了，它就只剩下单纯的形式了。康德认为：“美——对它的判断只以一种单纯的形式的合目的性，亦即一种无目的的合目的性为根据。”②以对花的欣赏为例，康德指出：“一朵花应该是什么，除植物学家之外的人很难知道，甚至这个明白花是植物的生殖器官的人，在他通过鉴赏来对花加以判断时，也不会顾及这种自然目的。因为这里不是任何一种完善性，不是与多样性的整合相关联的内在合目的性作为这种判断的基础。”③ 人们在把花作为审美对象加以欣赏时，虽然有意识地“不顾及”或“抽掉”它的内在的合目的性即完善性，但是，这内在的合目的性，实际上还是实实在在地潜伏在花里面。所以康德认为，尽管美“不可能以其有用的表象为根据”，然而“一种客观的内在合目的性，亦即完善性，与美这个谓词已很接近”。④ 康德还说过：“一件事物的内在的完

① 《康德美学文集》，北京师范大学出版社 2003 年版，第 477 页。

② 同上书，475 页。

③ 同上书，第 479 页。

④ 同上书，第 476 页。

满性与美有一种天然的关系。”[1] 他举例说：“使一座建筑物显得美的那种属性对于它的质量也是有益的，一张脸孔符合其目的的形象也必然符合美的形象。”一座好的建筑物，即具有完善性的建筑物，其完善性提高了这座建筑物的有用性，同时，其完善性也是使它显得美的必要条件；一个身心都很强健的人，即具有完善性的人，其完善性对此人非常有益、有用，那就是使此人生存得更好、更有活力、更善于处世，同时，其完善性也是使他显得美的必要条件。以此类推，具有完善性的马即骏马，具有完善性的牛即壮牛，不仅显得美，也对人更加有益、有用。世间万物，皆同此理。所以，诚如鲁迅所说，享受着美的时候，几乎不想到功用，但是，在美的根柢里，却隐伏着功用。康德深刻地阐明了鲁迅所说的前一半，可惜只是隐隐约约地讲到了后一半。由于讲得隐隐约约，所以往往被人忽视。我认为这是很值得注意的。

第三节 美是一种价值[2]

人们历来从三个不同的方向或者说从三个不同的处所去寻觅美的踪影，从而形成了关于美的性质的三种基本观点。

古希腊的哲人们都到人心之外的客观事物中去寻求美，他们认为美是客观事物的某种性质或结构。至于这种性质是什么，则各人有各人的说法，有的认为是“各部分之间的比例对称”（毕达哥拉斯派），有的认为是对立物造成的和谐（赫拉克利特），有的认为是零散的因素结合成统一体（亚里士多德），等等。这种种观点都是盛行于古希腊的那种世界观的表现。古希腊人认为万物皆有本原，他们竭力要探明这种本原。至于这种本原是什么，各人的说法不一，有的认为是水（泰利士），有的认为是火（赫拉克利特），有的认为是气（阿那克西美尼），

① 《康德美学文集》，北京师范大学出版社 2003 年版，第 223 页。

② 本人的这个观点最早见于拙文《美是一种价值》（发表于《哲学研究》1995 年第 3 期）。

有的认为是原子（德谟克里特），诸如此类，不一而足。古罗马诗人卢克莱修（Lzucretius Carus，约前98—前53）承袭了古希腊人的世界观的绪风，继续探究万物的本原，写了一本书，题名为“物性论”。他认为，构成万物的基本元素是“始基”，“自然用它们来创造一切，用它们来繁殖和养育一切，而当一件东西终于被颠覆的时候，她又使它们分解为这些始基”。① 始基种类有限，形状不同。各种形状的始基以不同的方式相结合，就产生出形形色色的万物。卢克莱修认为，令人赏心悦目的东西同面目可憎的东西就是由不相同的元素构成的。让感官愉悦的东西由平滑的元素构成，粗糙而讨厌的东西由粗糙的元素构成。② 我想，可以借用“物性论”之名来命名上述观点，称之为物性论美学，真是再恰当不过了。物性论美学完全撇开人来谈美，把美看作脱离人而独立存在的客观事物的某种结构或属性。

作为物性论美学的一种反动，一批美学家扭转了探求美的方向，他们从人性之中，从人心之中去寻找美。休谟是这个方向的代表，他在《审美趣味的标准》一文中指出：“美并不是事物本身里的一种性质。它只存在于观赏者的心里，每一个人心见出不同的美。”③ 康德的看法跟休谟相同。康德指出，当我们称某物为美的时候，美好像就被视为由概念所规定的对象本身的一种性质，但是，其实不然，“美若是没有对于主体情感的关系就什么也不是”。④ 不过，休谟和康德都还承认客观事物的某种性质对美的生成也有其作用，休谟写道：“虽然美和丑还有甚于甜和苦，不是事物的性质，而是完全属于感觉，但同时也须承认：事物确有某些属性，是由自然安排的恰适合于产生那些特殊感觉（指美与丑的感觉——引者注）的。”⑤ 在沿着这个方向探求美的美学家当

① ［古罗马］卢克莱修：《物性论》，商务印书馆1959年版，第5页。

② 同上书，第85页。

③ 北京大学哲学系美学教研室编：《西方美学家论美和美感》，商务印书馆1982年版，第108页。

④ 《康德美学文集》，北京师范大学出版社2003年版，第466页。

⑤ 北京大学哲学系美学教研室编：《西方美学家论美和美感》，商务印书馆1982年版，第108页。

中，有一些人走到了极端，他们认为美跟心外之物、跟客观事物的性质毫无关系，美不过是人的一种特殊的精神状态、一种特殊的人生态度的产物，所谓“审美态度”论者就持这种观点。休谟写过一本书，题名为“人性论”，在休谟的心目中，这是“关于人的科学”。该书以人性的几个主要方面即知识、情感和道德为研究对象，在情感部分研究了美的问题。休谟认为，美的本质在情感。他写道：“快乐和痛苦不仅是美和丑的必然伴随物，而且还构成它们的本质。”① 我想，借用“人性论”之名来命名上述观点，称之为人性论美学，实在是挺合适的。

对于美的探求，除了前面所说的两个方向之外，还有第三个方向，那就是指向人和客观事物两者之间的关系。笛卡尔（Rene/Descartes，1596—1650）可以说是这个方向的前导。他认为：“所谓美和愉快所指的都不过是我们的判断和对象之间的一种关系。”② 帕斯卡尔（Pascal，1623—1662）则是这个方向的有力鼓吹者，他说道：“喜悦以及美有一定的标准，它就在我们的天性（无论它实际情况是强是弱）与令我们喜悦的事物之间的一定的关系。”③ 人与客观的事物之间的关系有多种多样的类别和性质。如果以人的需要与客观事物的性质相互之间的关系为研究对象，那就是价值论哲学。用价值论的观点来探究美，就形成了价值论美学。萨缪尔·亚历山大说：“美根本不是一种性质，而是对象与满足了审美感情的个人之间的关系。”④ 这是典型的价值论美学观的表述。

从这三个方向探索美的三种美学，即物性论美学、人性论美学和价值论美学，基本上是按照历史的顺序先后出现的。后出的一种美学对前一种美学有纠偏的意味，最后出现的美学对前两种不仅有纠偏的意味，

---

① ［英］休谟：《人性论》下册，商务印书馆1991年版，第334页。

② 北京大学哲学系美学教研室编：《西方美学家论美和美感》，商务印书馆1982年版，第79页。

③ ［法］帕斯卡尔：《思想录》，转引自范明生《西方美学通史》第3卷，上海文艺出版社1999年版，第553页。

④ ［英］萨缪尔·亚历山大：《艺术、哲学与自然》，华夏出版社2000年版，第78—79页。

还有综合的效用。因此，最后一种美学即价值论美学比起前两种美学来说无论是方法还是观点都要来得全面和正确些。下面，我们就来谈一谈美是一种价值这个命题。

首先，要搞清楚什么是价值。我们还是先听听价值论哲学先行者的意见吧。文德尔班（Windelband，1848—1915）在《哲学概论》一书中写道："每一个价值意味着某种满足一个需要或引起快乐的东西。可见，有价值的东西（当然在相反的意义上，一个无价值的东西同有肯定的价值的东西一样）并不像财富那样属于对象本身，相反它总是仅仅同一个评价者的意识有关，这意识要么在意志中满足了它的需要，要么在情感中对环境的影响作出反应。如果将意志和情感挪开，那就不会有任何价值。"① 文德尔班指明了两点：第一，价值并不像财富那样属于对象本身，它仅仅同人相关联，离开了人，便无价值可言；第二，价值同人的需要有关，满足人的某种需要之物，就是有价值的，否则，就是无价值。李凯尔特在他的《论哲学的概念》一书中也谈到了价值。他写道："关于价值，我们不能说它们实际上存在着或不存在，而只能说它们是有意义的，还是无意义的。"又说："价值决不是现实，既不是物理的现实，也不是心理的现实，价值的实质在于它的有效性（Geltung），而不在于它的事实性（Talsächlichkeit）。"② 李凯尔特讲到价值的实质在于它对人的有效性而不在于它的事实性，这就是说，物如离开了人，就谈不上有无价值。文德尔班所指出的两点，乃是价值论哲学的核心观点。价值论哲学的其他的思想，都是从这个核心观点中生发出来的。

马克思跟价值论哲学的创立者是同时代人，他似乎并没有注意到价值论哲学。但是，马克思的经济学的价值理论中实际上包含着价值哲学的基本观点。下面我们就对马克思的价值理论中跟价值哲学有关的内容做一个简要的介绍，这对我们理解价值哲学的精髓大有裨益。马克思对

---

① 转引自赵修义、童世骏《马克思恩格斯同时代的西方哲学》，华东师范大学出版社1994年版，第591页。

② 同上书，第595页。

表示价值的几个西文词 value（英文）、valeur（法文）、Wert（德文）做了词源学上的考察，指出，它们最初无非是表示物对人的使用价值，表示物的对人有用或使人愉快等等的属性。使用价值表示物和人之间的自然关系，实际上是表示物为人而存在。[①] 价值这个词的本来意义，即“物为人而存在”，实际上道出了哲学上的价值范畴的本质，道出了一切形态的价值的共同点。在马克思看来，各种形态的价值的特殊性质表现在它们具有不同的属性，分别满足人的某一特定的需要，比如，有的对人“有用”，有的使人“愉快”；有的服务于“由胃产生”的需要，有的服务于“由幻想产生”的需要。[②] 马克思所看到的价值的范围事实上超出了狭义的使用价值的领域，同时马克思指出了人的需要有物质的需要，又有精神的需要。此外，马克思还考察了使用价值这个概念的产生过程。他指出，人们通过积极的活动，来取得一定的外界物，借以满足自己的需要。由于这一过程的不断重复，人们就对这些根据经验已经同其他外界物区别开来的外界物，按照类别给以名称。这种名称只是作为概念反映出那种通过不断重复的活动变成经验的东西，也就是反映出，一定的外界物是为了满足已经生活在一定的社会联系中的人的需要服务的。价值就是对这种外界物所通用的一个概念，所以，“价值”这个普通的概念是从人们对待满足他们需要的外界物的关系中产生的。[③] 在这里，“价值”这个普通的概念实际上已经超出了经济学上的使用价值的范围，被提升为哲学上的价值概念了。

从马克思以上的论述中，可以提炼出以下几个要点：第一，价值表示物为人的存在，离开了人，就谈不上物的价值。没有离开人而独立的物的价值。第二，价值就是外界物以它的某种属性为人的需要服务，满足人的需要。因此，价值必有两个要素，即人和物，人的需要和物的属性，两者缺一不可。杜夫海纳（Mikel Dufrenne，1910—1995）说得好：

---

① 参见《马克思恩格斯全集》第 26 卷第 3 册，第 326—327 页。

② 参见《马克思恩格斯全集》第 23 卷，第 47 页。

③ 参见《马克思恩格斯全集》第 19 卷，第 405—406 页。

“它（指价值）是迎合我们的某些倾向，满足我们的某些需要的物品或利益的特性。对价值的要求植根于生命之中，而价值则植根于某些对象之中。”① 需要“植根于生命之中”，因而它是一种客观存在的生命活动；物的属性当然是一种客观存在。这样，作为人的需要与物的属性之间的关系的价值自然也是一种客观存在。第三，需要注意的是，价值是一种关系，而不是一个实体。物的价值无疑取决于它的某些属性。但是，物的属性单独并不能构成价值，物的属性当它满足了人的需要的时候才会表现为价值。马克思以葡萄为例说明了价值构成的情况，他写道：物之所以是使用价值，因而对人来说是财富的要素，正是由于它本身的属性，如果去掉使葡萄成为葡萄的那些属性，那么它作为葡萄对人的使用价值就消失了，它就不再（作为葡萄）是财富的要素了。作为与使用价值等同的东西的财富，它是人们所利用的并表现了对人的需要的关系的物的属性。② 可见，价值存在于物的自然属性与人的需要的关系之中。第四，在价值的两个要素之间，物的属性是为人的需要服务的，表现了对人的需要的关系。因此，人的需要是价值的中心，是价值的决定者。古希腊哲人说过：“人是万物的尺度。”这句话用来表示价值关系是再恰当不过了。以上几点就是价值哲学的要义。

好了，现在我们可以看看美究竟是不是一种价值。

首先，美是为人而存在的。这是可以把美归为价值的一个最为重要的理由。

许多美学家以至科学家都确认了这一点。普列汉诺夫明确地指出：“不是人为了美而存在，而是美为了人而存在。”③ 尼采把这个意思说得更加干脆，他说道：“如果试图离开对人的愉悦去思考美，就会立刻失去根据和立足点。‘自在之美’纯粹是一句空话，从来不是一个概

① ［法］米盖尔·杜夫海纳：《美学与哲学》，中国社会科学出版社 1985 年版，第 2 页。

② 参见《马克思恩格斯全集》第 26 卷第 3 册，第 139 页。

③ ［俄］普列汉诺夫：《从社会学观点论十八世纪法国戏剧文学和法国绘画》，《普列汉诺夫美学论文集》第 1 集，人民出版社 1983 年版，第 498 页。

念。”[①] 两位著名的科学家也认同上述观点。爱因斯坦（Albert Einstein，1879—1955）在1930年7月同印度诗人泰戈尔有过一次谈话，谈话中涉及美与真的问题。泰戈尔认为，美与真都不能离开人而独立存在，它们都有赖于人的意识。他说道：“独立于我们之外的世界是不存在的。我们的世界是相对的，它的实在性有赖于我们的意识。赋予这个世界的确实性的那种理性和审美的标准是存在的，这就是永恒的人的标准。”爱因斯坦对泰戈尔说：“对美的这种看法，我同意，但是我不能同意你对真理的看法。”[②] 他指出，我们不能不承认存在着离开我们的存在、我们的经验以及我们的精神而独立的实在，只要有离开人而独立的实在，那也就有同这个实在有关系的真理。“真理具有一种超乎人类的客观性。”美和真理不同，它是不能离开人而独立的，它是为人而存在的。德国数学家、哲学家哥特利勃·弗雷格（Friedrich Ludwig Gottlob Frege，1848—1925）同爱因斯坦观点相一致。他写道：“真的东西不依赖于我们而是真的，而美的东西仅对于觉得它美的人才是美的。”[③]

庄子直观地感觉到了，并且有说服力地揭示了美只为人而存在这个事实。庄子写道：“毛嫱、丽姬，人之所美也；鱼见之深入，鸟见之高飞，麋鹿见之决骤。”（《庄子·齐物》）他又说：“《咸池》《九韶》之乐，张之洞庭之野，鸟闻之而飞，兽闻之而走，鱼闻之而下入，人卒闻之，相与还而观之。”（《庄子·至乐》）人世间的美女，人见人爱，但是鸟兽不能欣赏，反而避之唯恐不及。人类创造的音乐，带给人类以愉悦，但是鸟兽只感到惊恐。音乐作为一种声响，人类与鸟兽的感觉应该是相同的；但是音乐作为一种艺术，作为一种美的形式，却只有人类能够感觉它、享受它，动物就没有这个能力，没有这个福气了。这不是证明了美只为人类而存在吗？

对于美只为人类而存在的这个事实，以及作为这个事实在人类头脑

① ［德］尼采：《偶像的黄昏》，《悲剧的诞生》，三联书店1986年版，第321—322页。

② 《爱因斯坦文集》第1卷，商务印书馆1976年版，第269页。

③ 转引自曹俊峰《元美学导论》，人民出版社2001年版，第45页。

中的反映的这个观点的最有力的证明，乃是在人类历史上鲜花由不是审美对象转变为审美对象的过程。在现代，人们用“花容”来形容妇女的美貌，用“花季”来称呼青春的年华，鲜花几乎成了美的同义词。但是，在人类的眼中，鲜花并非从来如此。普列汉诺夫根据大量的人类学的材料指出，布什门人和澳洲土人以及跟他们处于相同社会发展阶段的原始部落，从来不用花来装饰自己，尽管他们住在鲜花遍地的地方，他们只从动物界采取装饰的材料和艺术的内容。为什么会这样呢？博学的德国旅行家封·登·斯坦恩为我们作出了解释。关于巴西的印第安人的艺术特点，他做过这样的分析：“只有把这些人看作狩猎生活的产物，我们才能了解他们，他们全部经验的最重要部分都是和动物界相联系的，而且在这个经验的基础上形成了他们的世界观。因此，他们的艺术的题材也就是以令人沉闷的单调形式取自动物界。可以说，他们的全部令人惊异的丰富的艺术是生根于狩猎生活之中的。”① 格罗塞对同类现象也做过解释，两人的看法惊人的一致。格罗塞说：“狩猎部落由自然界得来的画题，几乎绝对限于人物和动物的图形，他们只挑选那些对他们有极大实际利益的题材。原始狩猎者植物食粮多视为下等产业，自己无暇照管，都交给妇女去办理，所以对植物就缺少注意。于是我们就可以说明为什么在文明人中用得很丰富、很美丽的植物画题，在狩猎人的装潢艺术中却绝无仅有的理由了。”格罗塞进一步指出，植物出现在装潢艺术中，是同社会的进步密切相关的，他写道：“从动物装潢变迁到植物装潢，实在是文明史上一种重要进步的象征——就是从狩猎变迁到农耕的象征。”② 植物和鲜花在人类出现以前就已经在地球上存在了亿万斯年，但是，鲜花被当作审美对象却是在有了人类之后，而且是在人类发展到一定阶段之后。这岂不是有力地证明了美是为人所有、为人而存在的吗？

---

① ［俄］普列汉诺夫：《没有地址的信 艺术与社会生活》，人民文学出版社 1962 年版，第 35 页。

② ［德］格罗塞：《艺术的起源》，商务印书馆 1987 年版，第 116 页。

其次，美是一种关系，而不是一种实体。这是可以把美归为价值的又一个坚强的理由。

审美对象是一种客观存在，是一种实体，它必定具有某种性质。但是，单就客观事物的某种性质而言，不足以判定它是美还是不美；必须把这种性质同审美主体的审美需要、审美感情联系起来，才能决定它是美还是不美。所以说美是审美主客体之间的一种关系，而不只是审美客体的一种性质而已。休谟有一段话专门谈到了这个问题，他写道："关于对象是美的还是丑的，叫人喜欢的还是叫人讨厌的，这类问题的情况就同真和假的问题不同了。在这种场合心灵不满足于单纯考察它的对象，把这些对象看作是物自身，它还在考察中感受到某种快或不快，赞许或谴责的感情，这种感受决定着心灵附加给对象以美的或丑的，可意欲的或可憎的性质。所以很显然，这种感受必定依赖于心的特殊构造或结构，它能使这样一些特殊的对象形式在这样一些特殊的方式下起作用，从而产生出心和它的对象之间的某种共鸣或呼应。"[①] 休谟说得完全正确，美丑与真假是性质不同的两个东西，真假仅仅是事物本身的性质，美丑则形成于事物的性质与人的需要的关系之中。

美在关系而不在实体的一个典型的事例，就是中国古代妇女的小脚。中国古代直至近代，妇女的小脚曾被视为女性美的一个重要方面。中国妇女缠足的陋习究竟起于何时，目前尚无定论。据学者考究，大致有三种看法，即六朝说、唐代说和五代说，同意五代说的人较多。[②] 五代说的主要依据是《道山新闻》和《墨斋漫录》二书所记的资料。《道山新闻》载：南唐李后主宫嫔窅娘，纤丽善舞，后主作金莲高六尺，饰以宝物，令窅娘以帛缠足，纤小屈作新月状，素袜舞云中，四旋有凌云之体态。清代诗人袁枚指出："李后主使窅娘裹足作新月之形，相传为缠足之滥觞。"我认为此说可信度较高。在男尊女卑的社会里，女子

---

① ［英］休谟：《怀疑派》，《人的高贵与卑劣》，上海三联书店 1988 年版，第 8—9 页。

② 参见李凤飞、暴鸿昌《中国妇女缠足与反缠足的历史考察》，《学习与探索》1997 年第 3 期。下文中有关小脚的材料，凡未注明出处者，均取自该文。

本是男子的附属品，是男子的玩物。既然窅娘缠足成新月状，舞于作为布景的莲花之上，被李后主视为美的形态，为李后主所欣赏，因此把女子缠足定格为规矩，这是毫不奇怪的。统治阶级由于它所处的社会地位具有巨大的影响力，所以统治阶级的好尚往往会蔚然成风，成为社会时尚。古代民谣有言：“楚王好细腰，宫中多饿死。”“城中好高髻，四方高一丈。城中好广眉，四方且半额。城中好大袖，四方全匹帛。”这些民谣正是对这种现象的生动描述。自南唐直至清代，女子的小脚确实被公认为一种女性美，许多骚人墨客都留下了赞美女子小脚的文字。如明代著名文人唐伯虎就有直截了当以《咏纤足》为题的诗：“第一娇娃，金莲最佳，看风头一对堪夸，新荷脱瓣月生芽，尖瘦帮柔满面花，从别后不见他。双凫何日再交加？腰边搂，肩上架，背儿擎住手儿拿。”还有人作《画堂春》词咏小脚：“凤头低露画裙边，绣帮三寸花鲜，凌波何幸遇婵娟，瓣瓣生莲。怪杀夜来狂甚，温香一捻堪怜，玉趺退尽软行缠，被底灯前。”小脚甚至成了男子择偶的重要条件，如有人托袁枚访美觅妾，列出一些条件，“首载一条，拳拳于弓鞋之大小”。在这种风气影响之下，没有小脚的女子竟然找不到婆家。清代就有一位虽然貌美但因无小足而遭嫌弃的女子，她赋诗一首以表达对缠足陋习的愤怒，诗曰：“三寸弓鞋自古无，观音大士亦双趺。不知裹足从何起，起自人间贱丈夫。”缠足是一种摧残女子身体，使女子成为废人的极不人道的行为。以小足为美，是把废人当成玩物，是一种畸形的、扭曲的审美趣味。民国以后，女子缠足的陋习理所当然地被人们所抛弃。问题在于，同样是小足，为什么在某个时代被视为美，在另外时代却被认为是丑呢？面对这样一种现象，用美是客观事物的性质的观点即所谓客观论显然是解释不通的；认为美取决于审美态度的观点即所谓主观论在这里也碰到了难题。民国前后人们对小足的审美态度发生了丕变，这种丕变并不是由着人们的主观随意性，说变就变，想变就变的；而是由社会的、历史的条件的变化而酿成的。如果用价值论的观点来看待这个问题，似乎就不难得到合理的解释。女子缠小足的形象，适合于把女子当成玩物的观念，也适合于把社会上的人们包括妇女作富贵与贫贱之等级划分的观念。富贵家之女子裹足能显示她的身份，因为其“所居不过闺阀之中，欲出则有帏车之载，是无事于足者也”。而劳动妇女要奔走于田间地头，劳作谋生，因此，即使横遭鄙视她们也不肯把足裹小。而上述观念乃是人的需要的表现。所以，小脚之所以被视为美，不是决定于它本身，而是由于它同上述观念即人的某种需要相联系，或者说，由于它是上述观念之产物。无独有偶，根据贝朗瑞·费罗所著《塞内冈比亚的部落》一书中所提供的资料，在塞内冈比亚，富有的黑人妇女穿着不能把脚完全放进的鞋子，因而走起路来很别扭。然而正是这种步态被认为是极其诱人的。这样一种古怪的审美趣味是怎么形成的呢？普列汉诺夫是这样解释的：“要了解这个，就必须先看到贫穷的和劳动的黑人妇女是不穿那种鞋子的，所以走起路来就是一种普通的样子。她们不能像卖弄风情的富有女人那样走路，因为这会使她们浪费很多时间；然而富有女人的别扭的步态之所以是诱人的，正因为她们用不着珍惜时间，她们没有劳动的必要。自然，这样的步态是毫无意思的，仅仅由于与劳累的（因而也是贫穷的）妇女的步态恰恰相反，所以才获得意义。”[①] 富有女人的别扭的步态之所以诱人，不在于这步态本身，而在于它与富有的观念相联系，在于它适合富有阶层炫耀财富的心理需要。

第四节　关于所谓科学美[②]

谈到审美客体，所谓科学美是一个不可回避的问题。

从20世纪80年代开始，有一个新的美学概念在我国美学界颇为流行，这就是“科学美”。科学美被当作美的一种类型，同艺术美、社会美和自然美相并列。对这个新概念，不仅有专著、专文论述它，一般的

---

① ［俄］普列汉诺夫：《没有地址的信　艺术与社会生活》，人民文学出版社1962年版，第25页。

② 本节以三篇拙文为基础敷衍而成，它们是：《“科学美”质疑》（发表于《哲学研究》1997年第12期）、《再谈所谓“科学美”》（发表于《哲学研究》1999年第2期）、《科学家谈科学美》（发表于《哲学研究》2001年第11期）。

美学和美育著作也往往列出专门的章节来介绍它，真可谓极一时之盛。但是，在我看来，这个概念是很可疑的。

首先，美学有充足的理由把所谓的科学美拒之于门外，因为所谓的科学美不具备美的一般的特点。我们在前面讲过，审美客体一般有三个特点，即具有感性形态，赋有人性、人情即情感性和超功利性，这三者都是科学所没有的，所以科学没有资格踏进美学的大门。下面让我们对此稍作分析。

关于感性形态。如黑格尔所说，感性形态乃是美的生命所在。但是，科学却要离弃感性形态。科学的任务在于从大量五彩缤纷的现象中探寻事物的本质和规律，然后用抽象的概念、理论和公式陈述和表示出来。诚如卡西尔所指出的："科学意味着抽象，而抽象总是使实在变得贫乏。事物的各种形式在用科学的概述来表述时趋向于越来越成为若干简单的公式。"[①] 因此，黑格尔说得完全正确："哲学和数学一样，都不具有感性的内容。"[②] 对这一点，科学家无疑有最为深切的体会。海森堡洞察自然科学远离直接的感性世界的特点，他说："精细的观察技术，揭露了自然界隐藏在我们直观背后的一些新的方面，而自然界（是否应为'自然科学'——引者注）使用的那些概念也相应地变得更加抽象、更加难以直观想象。"比如："在电现象的理论中，明显可以看到，自然科学已完全从感觉世界脱离了出去。"[③] 这样一来，自然科学为我们所描写的关于自然界的图像"与有生气的自然界的面貌越离越远。自然科学谈论的不再是这个直接给予我们的世界，而是我们所揭露出来的这个世界的黑洞洞的背景"。[④] 正因为审美和科学是精神世界中两个性质有很大差异的领域，所以人的感官在这两个领域中所处的地位和作用也大不相同。在审美活动中，感官的感觉不仅是必不可少的、

---

① ［德］卡西尔：《人论》，上海译文出版社 1985 年版，第 183 页。

② ［德］黑格尔：《黑格尔通信百封》，上海人民出版社 1981 年版，第 226 页。

③ ［德］海森堡：《严密自然科学基础近年来的变化》，上海译文出版社 1978 年版，第 71 页。

④ 同上书，第 73 页。

独立的要素，而且感官成了享受的器官；而在科学研究中，如海森堡所指出的："我们的感官只是当作一种使我们从客观世界获得知识的或多或少完善的辅助工具。"①

倡导科学美的美学家们是怎样看待审美客体的可感知性特点的呢？有两种情况：一些人辩解说，科学同样具有这个特点，因此科学应当成为美的一种形态即科学美；另一些人则认为传统美学解释不了、容纳不了科学美，那就干脆建立一种新美学好了。对这两种情况需要分别地谈一谈。徐恒醇是前一类美学家的代表，他一再坚称，科学理论也"具有某种可感知的形象性"②，"科学美也是可感知的，科学美也具有感性形态的"。③ 什么是科学的"可感知的形象性"呢？徐恒醇说："它们是由科学意象的符号构成的。"④ 他还举原子科学为例："尽管原子不是直观对象，但对原子特性的研究所产生的科学意象的符号化却可以直观。"⑤ 据他的解释，所谓"科学意象的符号化"，就是用数学模型把科学理论表述出来，"这种数学结构形式便可以产生一定的形象性，并为人所感知"。他还认为："数学注重的形式原则为审美的直观提供了具有可感知的形象性，这种形式特征为科学理性内容的表达形式取得了走向感性直接性的途径。"⑥ 我们就从他所举的例子说起吧。巧得很，著名科学家海森堡也谈到了原子科学是否可以直观、可以感知的问题。海森堡写道："通过实验技术的异常改进，虽然可以从原子产生的作用观察到原子，但它不再是我们直接所能感觉的直观对象。因此，自然科学家必须在这里放弃这样

---

① ［德］海森堡：《严密自然科学基础近年来的变化》，上海译文出版社 1978 年版，第 70 页。

② 徐恒醇：《科学美的形态特征和范畴界定》，《哲学研究》1998 年第 3 期。

③ 张博颖、徐恒醇：《中国科技美学之诞生》，安徽教育出版社 2000 年版，第 210 页。

④ 徐恒醇：《科学美的形态特征和范畴界定》，《哲学研究》1998 年第 3 期。

⑤ 徐恒醇：《探索科学美的现实意义和方法论途径》，《山东医科大学学报》（社会科学版）2000 年第 1 期。

⑥ 徐恒醇：《科技美学的历史渊源和方法辨析》，《山东医科大学学报》（社会科学版）2000 年第 4 期。

做，把他建立他的科学的那些基本概念同感官世界直接连接起来。”①海森堡之所以劝导科学家们放弃“这样做”，即把科学的基本概念同感官世界直接连接起来，是因为这样做是做不到的。我们看到，徐恒醇所要做的却正是海森堡劝导人们放弃做的事。再来说说作为科学理论的表述形式的科学符号和数学模型是否会“产生一定的形象性，并为人所感知”呢？让我们举出一些例子来看吧。比如“H_2O”是化学里水的分子式。这是一个科学符号，它表示水。H_2O 这个符号本身是一个可感知的形式，它可以被眼睛看到，是一个直观对象。但是，这个符号所表示、所蕴含的意义——水，却只有凭借知识，而且通过理性才能意会得到，仅凭感官是感知不到它、直观不到它的。并且，通过理性从这个符号所意会到的水，只是水的概念，而不是任何具体的、独特的水，如海水、溪水、湖水之类。作为对照，让我们来看一看作为审美对象的水：一幅是自然景观黄果树瀑布（图 3—1），一幅是清代画家萧云从所作木刻版画《太平山水图》（图 3—2），再一幅是日本画家葛饰北斋的绘画《怒涛》（图 3—3）。显而易见，这三者都具有可感知的形态，都是可以直观的；而且，它们都是具体的、独一无二的、不可重复的。天下没有一模一样的第二个黄果树瀑布，这张黄果树瀑布照片，显示的就只是黄果树瀑布，除此之外，它不代表任何他者，不指向任何他者。《太平山水图》和《怒涛》中的水同样如此。这跟 H_2O 这个科学符号完全不一样。对于审美对象来说，它的可感知的形态跟它所内含的意蕴是浑然一体、不可分割的。科学符号跟它所表示的科学内容之间却不存在必然的联系，而仅仅是一种偶然的联系，恰如语言的能指（语言和文字本身）和所指（语言和文字所指称的对象）之间没有必然的联系一样。因为语言的能指和所指的关系完全是人为的。有一种现象很能说明这种关系的性质，那就是同一个事物可以用不同的称谓来指称它。例如，中国人叫作狗的动物，

---

① ［德］海森堡：《严密自然科学基础近年来的变化》，上海译文出版社 1978 年版，第 72 页。

图 3—1　黄果树瀑布

图 3—2　太平山水图之灵泽矶图

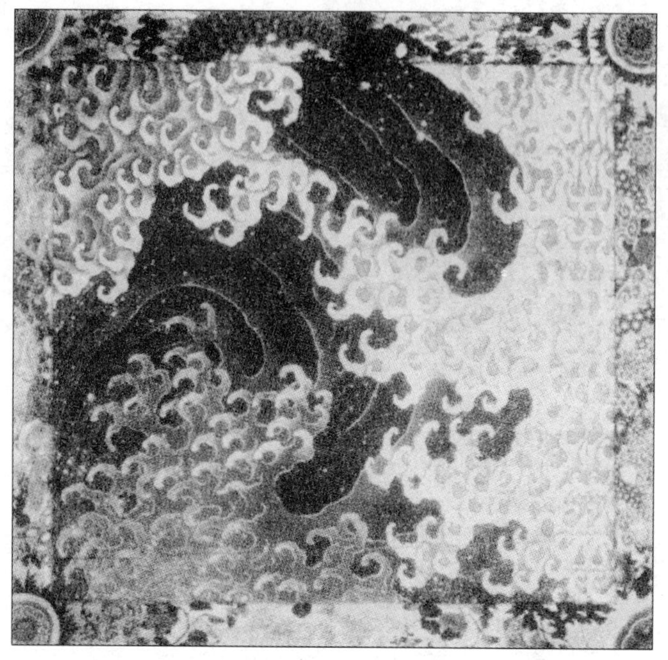

图 3—3　怒涛

英国人叫作 Dog，法国人叫作 Chien，德国人叫作 Hund。由此可见，能指和所指的关系是由人们任意而为的。同样道理，科学符号也完全是人为的。所以，科学符号（形式）与科学概念和理论（内容）这两者的关系是外在的、偶然的、人为的，因而是可以分离的。打个比方，审美对象的可感知形态与其所内含的意蕴的关系如同肉体与灵魂的关系，而科学形式与科学内容的关系则如衣帽与身体的关系。科学符号可用感官感知，具有可感知的形态，它指向科学内容。但是，它并没有使科学内容呈现出感性的形态，科学内容依然必须用理性去领会。为了证明科学也具有形象性，徐恒醇把科学符号同作为文学之媒介的语言符号相比拟，认为科学的形象性同文学的形象性有相似之处，就是都“具有间接性”。我们认为语言符号同科学符号在形象性这一点上没有可比性。语言具有一种神奇的摹真写实的魔力，它可以将天地万物穷形尽相地描绘出来，恰如陆机的《文赋》所说："笼天地于形内，挫万物于笔端。"科学符号包括科学模型和数学公式却绝对没有这种功能，它只是一种表达我们的知识的工具。海森堡指出，我们可以把科学实验的结果用数学公式来加以表述，但是"新的数学公式所描述的不再是自然界本身，而是我们关于自然的知识。我们业已不得不摒弃几个世纪来被视为一切精密科学的当然目标的对自然的描述"。[①] 科学符号是人工语言，人们创造出它仅仅是为了表达知识，而不是为了描写自然。所以科学符号，无论是科学模型还是数学公式都无形象性可言，哪怕是"间接的"。再举一个例子：$F1 = F2$，这是牛顿力学第三定律的表达式，它所表示的内容是：两个物体之间的作用力和反作用力在同一条直线上，大小相等，方向相反。$F1 = F2$ 这公式本身当然是一种感性形式，可以直观。但是它并没有使它所表示的牛顿第三定律也具有了感性形式。$F1 = F2$ 这个公式只是起到了指示器的作用，指示理性去理解和领会牛顿第三定律。由此看来，说"数学语言的形式原则为审美的直观提供了可感知的形象性"，从某种意义上还说得过去，因为数学形式本身可供直观；但是，说"这种形式特征为科学性内容的表达形式取得了走向感性直接性的途径"这句话却是完全落空的。$F1 = F2$ 这个公式并不能成为使牛顿第三定律走向感性直接性的途径。作用力与反作用力相等这样一种理性认识是高度抽象的，根本不可能具有形象性，哪怕是"间接的"。所以，科学符号可以直观，并不等于它所表示的科学内容也可以直观。那么，合理的结论只能是：如果承认可感知性是美的第一特征，科学就不可能是美的一种形态。

后一类美学家的代表，当数陈望衡。他认为，科学美是抽象美、理性美，科学美显然为传统的美学所不容。他写道："那种认为美只具感性形态的观点显然不能解释现代的抽象派艺术，也不能解释科学美。"面对这种情况怎么办？他的看法是："现代的抽象派艺术与科学美学也

---

① ［德］海森堡：《物理学家的自然观》，商务印书馆1990年版，第11页。

必然要对传统的美学理论提出质疑并合理地要求修正。"① 对传统美学的修正要达到什么样的结果呢？据陈望衡的设想是，要"建立一种既概括感性外在形式美，又概括理性内在形式美的新形式美理论"。"这种新形式美理论将最终会是一种数学化的形式美理论，也将会成为一种理论美学的基础。我们将来可以以这种数学化的形式美理论为中心纽带，逐步建立数学化的美学理论体系。这种理论美学体系将最终替代思辨哲学状态的理论美学，从而实现美学理论研究的一大飞跃。"② 说到底，陈望衡是要摧毁传统美学，而建立一种"新的数学化的美学理论体系"。说白了，所谓"数学化的美学理论体系"，就是科学。他为什么要这样做？因为传统美学所认定的美的基本特征——可感知形态阻挠科学跻身美的形态的行列。但是，传统美学是摧毁不了的。至于把科学变身为"数学化的美学理论体系"，我很怀疑有此必要，更怀疑是否可能。我认为这样一种意向的命运就是流为空谈。

顺便说说，陈望衡把现代抽象派艺术与科学相提并论，认为两者都具有抽象性，而没有可感知形态，这恐怕是望文生义了。抽象艺术的"抽象"与科学的"抽象"只是字面相同，却有完全不同的含义。德国理论物理学家玻恩（Max Bom，1882—1970）就注意到了这个差别。他写道："转向抽象看来是我们时代的一个明显的倾向。我们在艺术里，特别是在抽象的绘画和雕刻里也可以看到这一点，但是这种类似只是形式上的。我认为现代画家似乎是要避免联想和理智上解释，而集中于诉诸光学上的感觉。与此不同，物理学家则运用感官知觉作为建立一个理智世界的材料。'抽象'这个词在两种场合涉及两种相反的意向。"③ 现代派抽象艺术的抽象是跟传统艺术的"具象"相对而言的。抽象艺术巨擘康定斯基指出，人们永远不可能不用"色彩"和"线条"来画画，无论是抽象画还是具象画，概莫能外。不同之处在于：具象画用色彩和

① 陈望衡：《科技美学原理》，上海技术科学出版社 1992 年版，第 62—63 页。

② 同上书，第 88 页。

③ ［德］玻恩：《我的一生和我的观点》，商务印书馆 1979 年版，第 100 页。

线条来描绘自然现象（人和物），所以具有“具象性”或曰“对象性”，即有具体的可认知形象。而抽象画却“无须用自然想象的外壳作为自己的支柱”，它把纯粹的线条和色彩的结构或组合呈现于观众面前，因此，康定斯基把抽象画称为“非具象”绘画，他还更愿意把它们称为“具体绘画”（Paintingconcrete）。[①]“concrete”的意思是具体的、有形的。由线条和色彩结构或组合而成的抽象画，尽管不表现特定的对象（人或物），但它们本身也是一种有形的、可感知的形态。所以可以说抽象画是有形而无象，它可以归入克莱夫·贝尔（Clibe Bell，1881—1966）所说的“有意味的形式”之中，而且，它们只表示和代表它们自己，并不像科学符号那样，指向他者、代表他者。科学的抽象性质可就不同了，抽象既是科学的思维方式，也是科学的存在形式。作为思维方式，科学在观察和研究事物的时候，总是透过五彩缤纷的现象，直探事物内部的本质和规律；作为存在形式，科学在抓住事物的本质和规律之后，就完全撇开了现象，用枯燥的概念、公式和理论把本质和规律表述出来。所以，科学的抽象，是抽空了现象，脱离了感性形态的。

倡导科学美的美学家为了把科学纳入到美的范畴之中，他们提出了几条理由。让我们来考究一下，看看这些理由能否成立。

理由一，美是人的本质力量的对象化，科学也是人的本质力量的显示，所以科学也可以成为审美对象。[②] 在我看来，这条理由中的前提就是有问题的。人类利用自己的智慧和能力所创造的一切，无不体现了人的本质力量，无不是人的本质力量对象化的事物。这种事物亦可称为“人化的自然”。可以毫不夸张地说，人类主要生存和生活在人化自然的环境之中，这是人类大大优胜于动物的地方。试看我们的衣食住行的对象，哪一样不是人类自己创造的呢？哪一样不是人化的自然呢？你能

① ［俄］瓦·康定斯基：《论艺术的精神》，中国社会科学出版社 1987 年版，第 98 页。

② 参见张相轮、凌继光《科学技术之光》，人民出版社 1986 年版，第 20 页；刘仲林《论科学美的本质》，《天津社会科学》1984 年第 1 期。

说它们统统是审美对象吗？这显然是说不通的。我们可以承认，对于人所创造的美来说，人的本质力量的对象化是它的一个深层次、本质性的规定，是美的一个必要条件，但是并不是充分条件。要说美的充分条件，除了是人的本质力量的对象化之外，还需加上前面所说的美的三个基本特点。人的本质力量以多种多样的方式对象化为形形色色的事物。当它对象化为具有可感知性、情感性和超功利性的特点的事物时，就产生了审美对象；对象化为抽象的概念、公式和理论时，就产生了科学和哲学理论。由此看来，这一条理由不能成立。

理由二，科学家直接谈到了科学美。对科学家谈科学美的问题需要作认真的、细致的分析。首先，要注意一点，就是语词的多义性。人文学者关注这个现象，卡西尔指出："与科学的术语相比，普通言语的语词总是显示某种含糊性，它们几乎无例外地都是这么模糊不定和定义不确，以致经受不住逻辑的分析。"① 科学家也看到了这个现象，海森堡说："我们必须考虑到，我们语言中的每一个词都可以与实际事物的不同领域有关，只有通过大范围的相互联系，而且统统只有通过传统和习惯，才能决定所指的是哪一个领域。"② 美这个词和美学这个概念，就有多义性和歧义性，克罗齐对此深有所感，他写道："'美'不但用来指成功的表现，而且也用来形容科学的真理，成功的行动，和道德的行动；例如说'理智的美'，'美的行动'，'道德的美'。要想适应这些变化无穷的习惯用法，就会闯进字面主义的迷途，许多哲学家和美学家们都曾这样迷过路。"③ 对于克罗齐的提醒，确实需要有所警觉。

现在让我们把话题转到科学家谈科学美上面来。彭加勒（Juies Henri Poincare，1854—1912）被认为是创立科学美的鼻祖，下面是彭加勒关于科学美所说的一段非常有名的、被广泛引用的话："科学家研究自然，并非因为它有用处，他研究它，是因为他喜欢它。他之所以喜欢

① ［德］恩斯特·卡西尔：《人论》，上海译文出版社1985年版，第172页。

② ［德］海森堡：《严密自然科学基础近年来的变化》，上海译文出版社1978年版，第69页。

③ ［意］克罗齐：《美学原理　美学纲要》，外国文学出版社1987年版，第88—89页。

它，是因为它是美的。如果自然不美，它就不值得了解；如果自然不值得了解，生活也就毫无意义。当然，我在这里所说的美，不是给我们感官以印象的美，也不是质地美和表观美。并非我小看上述那种美，完全不是，而是这种美与科学无关。我的意思是说那种比较深奥的美，这种美在于各部分的和谐秩序，并且纯粹的理智能够把握它。正是这种美使物体，也可以说使结构具有让我们感官满意的彩虹般的美。没有这种支持，这些倏忽即逝的梦幻之美，其结果就是不完美的，因为它是模糊的、总是短暂的。相反，理性美可以充分达到其自身，科学家之所以投身于长期而艰巨的劳动，也许为此缘故甚于为人类未来的福利。"① 除了这段话，彭加勒还有许多话涉及科学美的问题。从这些话可以归纳出彭加勒关于科学美的完整观点，大致有以下这么几层意思：（1）自然是美的，自然的美有两个层次；（2）浅层的美是感性美、表观美，它给感官以印象，让感官满意；（3）深层的美是"潜藏在感性美之后的理性美"②，这是一种"比较深奥的美"，"纯粹的理智能够把握它"，对理性美的把握就是科学；（4）感性美"与科学无关"；（5）理性美如数学，能使数学家获得"类似于绘画和音乐所给予的乐趣"，在这份乐趣的享受中，"感官没有参与"。③ 从以上的陈述可以知道，在彭加勒看来，自然美有两个层次，即浅层的感性美和深层的理性美，理性美支持和支配感性美。这两个层次实际上就是自然的外在现象与内在规律。它们都是客观存在的。感性美"与科学无关"，它就是传统美学所研究的对象；理性美乃是科学所追求的对象，对理性美的享受，"感性没有参与"。可见感性美与理性美即科学美明显是两种性质不同的美，它们是不能归为一类的，因而把所谓科学美作为美的一种形态而同自然美、艺术美、社会美并列，把科学美纳入传统美学范围是没有道理的。不过，它们又有交集点，那就是它们共同具有某种美的特征，彭加勒认

① ［法］彭加勒：《科学的价值》，光明日报出版社 1988 年版，第 357 页。

② 同上书，第 358 页。

③ 同上书，第 266 页。

为:“世界的普遍和谐是众美之源。”[1] 理性美也在于“各部分的和谐秩序”。因此可以说,科学中也有美,有美的因素,许多科学家对这一点都有很大的兴趣。

美国物理学家阿·热(Anthony Zee)指出:“审美事实上已经成了当代物理学的驱动力。”[2] 有鉴于此,他本人就写了一本探讨物理学的美的专著,书名为“可怕的对称”,副标题是“现代物理学中美的探索”。他指出,自然界有两种美,内在美和外在美。外在美是事物的表现于外的外观,内在美是深藏于事物内部的规律。比如,完美的螺旋形状是鹦鹉螺的外在美,螺旋形状形成的原因——贝壳生长速率不等——是鹦鹉螺的内在美。这个看法与彭加勒完全一致。内在美、外在美,都有一个美字,但这个美字在这两种对象中的含义却大不相同,阿·热指出:“‘美’一词被赋予了一定的内涵。在日常生活中,我们对美的感受是依赖于心理、文化、社会甚至常常是生理等因素的。物理学显然不会关心这一类的美。”[3] 物理学只关心内在美,阿·热继续写道:“作为一名物理学家,我被驱使去超越我们所能见到的外在美。我想讨论的并不是翻卷的波浪的美,也不是弓伏在蓝天的彩虹的美,而是存在于最终支配着各种形态下水的行为的物理学定律中更深沉的美。”[4] 要研究“物理学定律中的更深沉的美”,即大自然的内在美,在阿·热看来,以外在美为研究对象的传统美学显然是担当不了这项任务的,所以,阿·热直截了当地希望根据“当代物理学的审美要求”,“建立起了一个能用公式严格表达出的美学体系”。[5] 我以为,阿·热的思想同彭加勒观点真正是一脉相通的。由此可见,在如何对待科学美的问题上,科学家的思路跟倡导科学美的美学家完全不同。前者认为传统美学包容不了科学美,因此主张另外建立一种与传统美学性质不同的美学,即纯粹

① [法]彭加勒:《科学的价值》,光明日报出版社1988年版,第191页。
② 同上书,第10页。
③ 同上书,第15页。
④ 同上书,第11页。
⑤ 同上书,第10页。

以科学中的美为对象的美学；后者则力主把科学美当作美的一种形态，纳入到传统美学的框架中。我以为，前一种主张是合理的，并且很有创造性，而后一种主张则只能引起思想上的混乱。

像阿·热那样主张在传统美学体系之外，另外建立专门研究科学中的美的新的美学体系，这是一种情况。还有另外一种情况，就是科学家们站在传统美学的立场上，从传统美学的视角去探究科学中的美。海森堡就是这类科学家的一个代表。他在自己的一部著作《跨越界限》中特辟一章，名曰“精密科学中的美的含义”，明确表示在这里要“来探讨一下关于美的问题”，他写道：“虽然‘美的’（或‘精巧的’）这个表示性质的形容词在这里确实是用来表征艺术的特性的，但美的王国却远远延伸到艺术领域之外。它无疑也包括精神生活的其他领域；自然美也反映在自然科学的美之中。”[①] 这表明海森堡是站在传统美学的立场上来谈美的。接着他设问道：“在精密科学的领域中哪里可以碰到美的东西？”这一问表明了他认为科学中有美的因素，但并不认为科学本身是美的。为了探究科学中的美，他所采取的方法是，从传统美学中找到关于美的定义，以便根据这个定义去确定科学中的美。他看到在古代关于美有两个定义：一个定义说，美是部分同部分、部分同整体的固有的协调；另一个定义说，美是“一”的光辉透过物质现象的朦胧的显现。海森堡选择了前一个定义。这个举措充分说明了海森堡是真诚地从传统美学的观点出发去探讨科学中的美的。他还分别从数学、物理学和工程技术中举出三种合乎前述定义的情况，用实例来说明什么是科学中的美。海森堡所做的工作透露了他的一个很重要的观点，那就是从传统美学的角度看，科学中有美的因素，探讨科学中的美，是传统美学的题中应有之义。科学家们对此感兴趣，这更是美学家们义不容辞的任务。但是，把整个科学提升为美，把科学说成是美的一种形态，那就做得过分了、出格了。

在这里提到一位多次谈论过科学美的哲学家也许不是无益的，我要

---

① ［德］海森堡：《精密科学中美的含义》，《自然科学哲学问题丛刊》1982 年第 1 期。

说的是罗素（Bertrand Russell），他在1907年所写的题为《数学的研究》一文中曾经说过这样的话："数学，如果正确地看它，不但拥有真理，而且也具有至高的美，正像雕刻的美是一种冷而严肃的美，这种美不是投合我们天性的微弱方面，这种美没有绘画和音乐的那些华丽的装饰，它可以纯净到崇高的地步，能够达到严格的只有最伟大的艺术才能显示的那种完美的境地。"① 说得非常明确，数学具有至高的美，可以同最伟大的艺术相媲美。倡导科学美的美学家都喜欢引用这段话。但是，在事隔四十多年之后，罗素却改变了观点，他在1954年所作的题为《历史作为一种艺术》的一次讲演中说："乘法表虽然有用，却很难叫做美。"② 到了1959年，罗素在他所写的《我的哲学的发展》一书中，更是有针对性地、直接地否定了他在五十年前所说的前面所引的那段话。在该书中，罗素抄录了包括上述引文在内的论述数学的美和数学给人以精神上的喜悦的一大段话，抄完之后，他对这一段话做了如下的评论："所有这些，虽然我仍然记得我相信时的快乐，现在看来却大部分是荒谬的，这一部分是由于技术上的原因，一部分是因为我的世界观已经有了改变。"③ 说数学"是一种冷而严肃的美"的看法似乎就被归入了"荒谬"之列，因为他在该书中说到数学是真的但并不是美的，他写道："一段精致的数学推论所生的美感依然是有的。但是这里也有令人失望的地方。在前面一章里提到的一些矛盾的解决，这些矛盾好像只有采取真但并不美的学说才能得到解决。"④ 罗素的观点的转变是否对我们能有一点启示呢？

理由三，科学公式和理论能给人以由艺术作品所给予人的同样的感觉，因此，人们把科学公式和理论也称赞为艺术。⑤ 且看常被引用的一

---

① ［英］罗素：《我的哲学的发展》，商务印书馆1982年版，第193页。

② ［英］罗素：《历史作为一种艺术》，《现代西方历史哲学译文集》，上海译文出版社1984年版，第130页。

③ ［英］罗素：《我的哲学的发展》，商务印书馆1982年版，第194页。

④ 同上书，第195页。

⑤ 参见周义澄《论科学美》，《复旦大学学报》1991年第3期；陈大柔《美的张力》，商务印书馆2009年版，第10页。

些例证。华生（C. N. Wstson）面对印度数学家拉马努詹的数学公式，赞叹道："这样的公式使我激动和震颤，正如我们走进美第奇教堂的新神器收藏室，看到'昼'、'夜'、'晨'、'暮'诸神（米开朗基罗作，立于G. 美第奇和L. 美第奇的陵墓之上）的庄严之美时所感到的震颤，这两种感受是没法区分开来的。"[①] 物理学家玻尔兹曼（Boltzmann）谈到对麦克斯韦关于气体动力学理论的论文的反应，犹如听到了一曲精彩的交响曲。[②] 玻恩称赞爱因斯坦的广义相对论说："它在我看来就像一件伟大的艺术品，要从远处欣赏它，赞美它。"[③] 而波尔的原子壳层模型及其定律被爱因斯坦称为"思想领域中最高的音乐神韵"。[④] 我认为，以上这些话都是对个人感受的描述，而且都是一些比喻，这一切都不是严谨的论证，完全不能证明科学以及科学所给予人的感受等同于艺术以及艺术所给予人的感受。就像我们把某种机械装置叫作机器人，只是因为这种机械装置能模仿或替代人的某些行为和工作，我们就把它比拟为人，但是我们并不因此而把它归为人类。在这里我们需要搞清楚，科学给人的感受即所谓科学美感同艺术所引起的美感究竟是不是性质相同的一种人生体验。无论是科学发现还是艺术创造，都是人的本质力量的成功发挥，都是人的自我实现，因此都能使人产生自豪感，都能使人获得成功的喜悦。恰如英国物理学家贝尔纳所说的："任何一位从事实际工作的科学家，都必须真正能欣赏自己所从事的工作并感到乐在其中。这种欣赏本质上无殊于艺术家或运动员对自己的活动的欣赏。"[⑤] 科学"使人们能找到一种天生我材必有用的感觉，一种不虚此生的自豪的感觉"，因此，"科学本身可能变成一种引人入胜的娱乐"。[⑥] 但是，仔细分析一下便可发现，科学给人的乐趣同艺术与美所引起的愉悦不只性质

---

① ［美］S. 钱德拉塞卡：《真与美》，科学出版社1992年版，第76页。
② 同上。
③ 同上书，第83页。
④ 《爱因斯坦文集》第1卷，商务印书馆1976年版，第21页。
⑤ ［英］贝尔纳：《科学的社会功能》，商务印书馆1982年版，第45页。
⑥ 同上书，第480页。

有所不同，而且，把它们产生出来的原因也不一样。科学给人的乐趣是纯粹精神上的、是智性的，康德把它称为“理智的愉快”。[①] 康德曾把三种不同性质的愉快即舒适、美、善加以比较，指出舒适仅仅使感官舒适，如可口的菜肴；善是“借助于理性通过单纯概念而令人愉快的”[②]，如对于一种行为感到的愉快；美则是不凭借概念直接感到的愉快，如鲜花令人愉快。康德认为，这三种愉快分别同人的不同的心理机能相关联、相对应，他写道：“舒适也适用于无理性的野兽；美只对人，也就是对虽为动物却是理性的存在物，但又不是仅有理性的存在物（例如，神灵就是这样的存在物），而是同时作为动物性的存在物才有效；而善适用于每一个理性的存在物。”[③] 就是说，舒适是单纯的感官的愉悦，人的舒适并没有超出动物的水平；善的愉悦是单纯的理性的愉悦，科学予人的愉悦应属此类；唯有美的愉悦是感性与理性相结合的愉悦。康德认为：“我们甚至根本没有理由允许理智的美这样的表达式。因为，如果我们这样做了，美这个词就必然会失去一切确定的含义，理智的愉快也就失去了对于感性愉快的一切优越性。”[④] 可见，理智的愉悦同美的愉悦是两种性质不同的愉悦。爱因斯坦的看法同康德甚为接近。他指出，科学予人的乐趣是一种“智力上的快感”，“理解的乐趣”，他写道：“科学家所得到的报酬是在于昂利·彭加勒所说的理解的乐趣，而不是在于他的任何发现可以导致应用的可能性。”[⑤] 他又说：“有许多人所以爱好科学，是因为科学给他们以超乎常人的智力上的快感，科学是他们自己的特殊娱乐。”[⑥] 爱因斯坦也谈到了科学与艺术分别同人的不同心理机能相对应。他说：“如果用逻辑的语言来描绘所见所闻的身心感受，那么我们所从事的就是科学，如果传达给我们的印象所假借的方

---

① 《康德美学文集》，北京师范大学出版社 2003 年版，第 615 页。

② 同上书，第 454 页。

③ 同上书，第 457 页。

④ 同上书，第 615 页。

⑤ 《爱因斯坦文集》第 1 卷，商务印书馆 1976 年版，第 304 页。

⑥ 同上书，第 100 页。

式不能为理智所接受，而只能为直觉所领悟，那么我们所从事的便是艺术。”① 我们用理智去接受科学，用直觉去领悟艺术。M. 玻恩也谈到，从事科学研究是一种“乐事”，能得到一种“享受”，其快乐的程度可与从事艺术媲美，只是从事科学所得的乐事是“哲学上的乐事”，他写道：“也许，除艺术外，它甚至比在其他职业方面做创造性的工作更有乐趣。这种乐趣就在于体会到洞察自然的奥秘，发现创造的秘密。它是一种哲学上的乐事。”② 哲学上的乐趣跟科学的愉快性质相同，都是理智的愉快。

要获得科学所给予的理智的愉快，同获得由审美对象所激发的审美愉悦，需要完全不同的主观条件。要获得科学所给予的理智的愉快，你就必须懂得科学。为此，你需要受到更多的而且高等的教育，需要具有关于科学的丰富的知识。而每一门科学如化学、物理、原子科学之类，都有其独有的知识体系。而对审美对象的欣赏，则只要具有健全的感官和理性，便可以说是具备了基本的条件，而不必需要有专门的、高度的知识。对自然美的欣赏是如此，对艺术美的欣赏也是如此。还没有成人的少年儿童，没有受过多少教育的工人农民，都爱看电影、戏剧和绘画，都爱听音乐，而且都能看懂、听懂。当然，一个人如果接受审美方面的教育和训练越多，他从审美中所获得的愉悦就会越加强烈、越加丰富和深刻。由于享受科学所给予的愉快与享受审美对象所激发的愉快所需要的条件有巨大差别，所以享受这两种愉快的人们往往属于不同的社会群体。能享受科学所给予人的愉快的是科学精英，彭加勒就认为，对于科学，“只有少数有特权的人才能充分享受其中的乐趣”③；相比之下，能享受审美对象所激发的愉悦的则是人民大众。爱因斯坦与电影大师卓别林互相敬慕，他们相互夸奖的话很能说明享受科学乐趣的人同享受审美愉快的人们属于不同的群体。爱因斯坦称卓别林为伟大的艺术

① ［美］海伦·杜卡斯、巴纳希·霍夫曼：《爱因斯坦谈人生》，世界知识出版社 1984 年版，第 39—40 页。

② ［德］M. 玻恩：《我的一生和我的观点》，商务印书馆 1979 年版，第 20 页。

③ ［法］彭加勒：《科学的价值》，光明日报出版社 1988 年版，第 266 页。

家，因为广大群众都喜爱他的电影。卓别林说，只有很少人懂你的理论，所以你是伟大的科学家。

理由四，艺术创作是美的创造，科学创造同样是美的创造，其根据是，爱因斯坦提出狭义相对论，“从其新思想的来源看，不仅是逻辑的，而且具有美学的性质，是一种对对称美的追求”。[①] 倡导科学美的美学家还进而提出了一个所谓科学美学原则，徐纪敏说道：“门捷列夫根据铍原子量修正这一事实，制定了一个‘真’必须服从美的科学美学原则。这就是说，当‘真’的原则和美的原则发生冲突时，美学则是更高层次的主导原则。”[②] 这个看法得到了陈望衡的赞同，他在其主编的《科技美学原理》一书中认为，门捷列夫信奉一条科学美学原则：真的理论必然是美的，美学原则应是更高层次的指导原则。[③]

科学家在进行科学研究的时候，当真是对美的追求超越于对真的追求吗？确实，科学家不仅追求真，而且追求美，诚如詹姆斯·W. 麦卡里斯特所指出的：“现代科学最引人注目的特征之一就是许多科学家都相信他们的审美感觉能够引导他们达到真理。”[④] 因此，衡量一个科学家理论的优劣有两个标准，即真理标准（经验标准）和美学标准。詹姆斯·W. 麦卡里斯特指出：“美学的和经验的标准共同决定科学家的理论和选择标准。”他还说：“审美因素应该被看作是充分表达科学的特征的，正如科学家把逻辑或经验的考虑看作科学的特征一样。”[⑤] 但是，美在艺术与科学中的地位和作用是很不相同的，美国理论物理学家、科学史家托马斯·S. 库恩在《论科学与艺术的关系》一文中着重谈到了这个问题，他指出：“我们更强调，科学家像艺术家一样，遵循着美学考虑，并为已确立的感觉方式所支配。……然而，过分强调这种

① 杨恩寰等：《美学教程》，中国社会科学出版社 1987 年版，第 185 页。

② 徐纪敏：《科学美学思想史》，湖南人民出版社 1987 年版，第 472 页。

③ 参见陈望衡主编《科技美学原理》，上海科学技术出版社 1992 年版，第 204 页。

④ [英] 詹姆斯·W. 麦卡里斯特：《美与科学革命》，吉林人民出版社 2000 年版，第 108 页。

⑤ 同上书，第 15 页。

类似却掩盖了他们的重要区别。不管‘美学’一词含义如何，艺术家的目的就是要创造美学对象，他必须解决技术难题，但只是为了创造美学对象。另一方面，对科学家来说，解决技术难题是他的目的，而美学却是达到这个目的的工具。无论在成果方面还是在工作过程中，艺术家认为是目的的东西，在科学家看来都是手段，反之亦然。”① 库恩还不忘提到，“美学”一词的含义在科学家和艺术家的心目中是有所不同的。根据库恩的观点，我们可以说，科学家也追求美，科学创造中有美的因素，但是不能认为，科学理论就跟艺术作品一样，也是一种美，是一种跟艺术相并列的美的形态。

至于那个所谓的科学美学原则，在科学家当中也是有很大争论的。以狄拉克为代表的一批科学家是这个所谓科学美学原则的有力支持者。狄拉克认为：“让方程体现美比让这些方程符合现实更为重要。……看来情况是，如果一个人的研究工作是从要在自己的方程中得到美这样的观点出发，并且如果他真的有了一个绝佳的洞见，那么他就已步入正轨。”② 狄拉克的观点可能是基于他自己的切身体验，是他个人的经验之谈。20世纪20年代末，他提出了描述电子运动的方程。该方程与既有的实验结果不相符合，因此，这个方程未能得到物理学家们的认可。但是，狄拉克不愿放弃，因为他觉得它太美了。几年之后，该方程得到了证实。③ 不少科学家都有过同狄拉克相同的经历，如韦尔的引力度规论和二分量中微子相对性波动方程，开始都被认为是不真的，但由于它的美科学家不愿放弃它，最后却都得到了证实。韦尔由此得到了这样的信念：“我的劳作是努力把真和美统一起来，如果我不得不选择其中之一，我常常选择美。”④ 狄拉克和韦尔的上述经历可以说是美引导到真，用李泽厚的说法，

---

① ［英］托马斯·S. 库恩：《必要的张力》，福建人民出版社1981年版，第337—338页。

② ［英］詹姆斯·W. 麦卡里斯特：《美与科学革命》，吉林人民出版社2000年版，第13页。

③ 转引自方励之《物理学和美》，《文学评论》1988年第5期。

④ 转引自［美］S. 钱德拉塞卡《真与美》，科学出版社1992年版，第78页。

叫作“以美启真”。但是，这只是巧遇，只是个案，因为，上述事例表明美可能引导到真，但并没有能够证明美必然引导到真，没有能够证明凡美必真是一条规律。而科学所追求的却正是必然性和规律性。詹姆斯·W. 麦卡里斯特曾经专门考察过这个问题，他所得出的结论是：“与狄拉克、爱因斯坦和其他一些人的看法相反，我几乎没有看到有什么证据表明，理论中的与高度的经验适宜性相关的审美性质已经在那个科学分支中找到。”① “相反，科学家迄今持有的大多数审美偏好最终都证明妨害了对经验成功的追寻。”② 像爱因斯坦和海森堡这样的科学家，虽然也十分重视科学中的美和衡量科学理论和数学公式的美学标准，但是，他们最终总是把科学的真和衡量科学理论的真理标准放在首位。爱因斯坦说：“理论所以能够成立，其根据就在于它同大量的单个观察关联着，而理论的‘真理性’也正在此。”③ 在爱因斯坦同海森堡的一次谈话中，海森堡谈到他相信美可以导真，他说道：“如果自然界把我们引向极其简单和完美的数学形式——我所说的形式是指假设、公式等等有条理的体系——引向前人未见过的形式，我们就不能不认为这些形式是‘真’，它们揭示了自然界的真正特征。”④ 他接着说：“您也许会反对我由谈论简单性和完美性而引进了真理的美学标准，我坦率地承认，我被自然界向我们显示的数学体系的简单性和完美性强烈地迷住了。”⑤ 但是，海森堡同时表示，这样的理论还是需要接受实验的检验，他指出：“如果事实上有实验结果与预测吻合，那就毫无疑问，这个理论在这个特定范围内反映了自然界。”⑥ 爱因斯坦对海森堡的观点表示赞同，他说道：“实验的检验当然是

① ［英］詹姆斯·W. 麦卡里斯特：《美与科学革命》，吉林人民出版社 2000 年版，第 124 页。

② 同上书，第 247 页。

③ 《爱因斯坦文集》第 1 卷，商务印书馆 1976 年版，第 115 页。

④ ［德］海森堡：《原子物理学的发展和社会》，中国社会科学出版社 1985 年版，第 78—79 页。

⑤ 同上书，第 79 页。

⑥ 同上。

任何理论的有效性的一个不可缺少的前提。”[①] 海森堡屡屡申述他的观点，他在《精密科学中美的含义》一文中，一方面说：“美对于发现真的意义在一切时代都得到承认和重视。”[②] 另一方面，他又说：“但是，对于任何有效的科学理论来说，尚需一个决定性的先决条件，那就是，它们应该接着经受住经验的检验和理性的分析。”他认为这是科学的“一种毫不宽容、不可改变的价值标准”。[③] 英国科学家罗杰·彭罗斯也谈到科学中美学标准和真理标准两者之间的关系，他认为美学标准对艺术来说是至高无上的，但是，“在数学和科学中，美学标准仅是偶然的，而真理标准才是至高无上的”。[④] 真理标准至高无上的观点应该可以说是为科学家所普遍认同的观点。丁肇中说：“再好的理论，没有实验证明一点意义都没有。”[⑤] 杨振宁也承认，在自然科学中，最终的判断是“它是否可用于自然界”。[⑥]

综上所述，为把科学归入传统美学所承认的美的行列而提出的几条理由都是不能成立的。因此，我很赞同康德的看法，他说：“没有美的科学，只有美的艺术。……至于美的科学，若作为科学而被认为是美的话，它将是一怪物。”[⑦]

与科学美这个所谓美学新概念相联系，倡导科学美的美学家对科学与艺术的关系和科学与美学的关系也提出了新见解。在我看来，这些新见解实在令人难以苟同。

关于科学与艺术的关系，陈大柔认为，二者的“联姻”乃是历史发展的“大趋势”。何谓“联姻”？就是消弭二者之间的界限，将二者

---

① ［德］海森堡：《原子物理学的发展和社会》，中国社会科学出版社 1985 年版，第 78—79 页。

② ［德］海森堡：《精密科学中美的含义》，《自然科学哲学问题丛刊》1982 年，第 43 页。

③ 同上书，第 46 页。

④ ［英］罗杰·彭罗斯：《皇帝心脑》，湖南科学技术出版社 1996 年版，第 484 页。

⑤ 任海军、周效政：《中国科学家作出决定性贡献》，《参考消息》2010 年 9 月 23 日。

⑥ 杨振宁：《美和理论物理学》，载陈望衡主编《科技美学原理》，上海科学技术出版社 1992 年版，第 9 页。

⑦ ［德］康德：《判断力批判》上卷，商务印书馆 1985 年版，第 150 页。

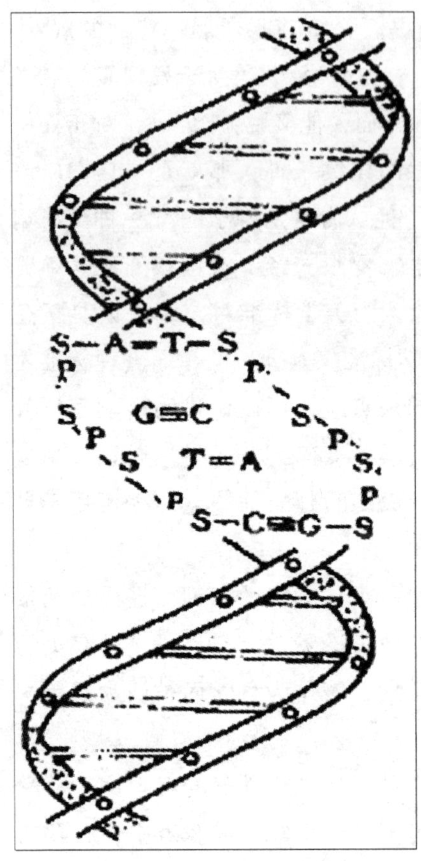

图 3—4　DNA 分子双螺旋结构模型

加以“整合”，使二者“融为一体”，从而产生出一种叫作“科学艺术品”的东西。他写道：“科学家常常借用可供视觉的艺术性的图式来具象地显示某一事物的规律性和科学理论，从而诞生出一件件科学艺术品。”① 在他的心目中，英国物理学家克里克和美国生化学家共同设计出来的 DNA 分子双螺旋结构模型（图 3—4）和荷兰画家埃舍尔所作的一幅名为“天与水第一号”的画（图 3—5）（陈大柔认为这幅画“表达了芸芸众生苦于难以理解的时空连续统理论”），是科学与艺术联姻的范例，即科学艺术品的典范。

这就很清楚了，所谓科学艺术品无非是科学理论的图解。就上述两件所谓科学艺术品的典范来看，对前者，常人恐怕很难把它看成是一件艺术品；对后者，常人恐怕很难由此意会到时空连续统理论。由此可见，科学图解缺乏艺术品的性质，艺术作品则难有科学的深意。陈大柔还为艺术与科学的整合找到了内在依据和重要基础，那就是人脑的功能。他说道：“人的左右大脑始终互补地进行着统一的创造，这就为科学与艺术的整合在人脑生理机制上提出了深刻的内在依据。”② 他又说：

① 陈大柔：《美的张力》，商务印书馆 2009 年版，第 513 页。

② 同上书，第 510 页。

图 3—5 天与水第一号

"科学技术的快速发展是艺术和科学之所以能够整合的重要基础。"① 依我看，陈大柔的观点是有待商榷的。首先，大脑左右半球的互补和协同，是科学与艺术整合的内在依据吗？非也。大脑左右半球有不同的功能，左半球的功能利于科学研究，右半球的功能利于艺术创造。一个人的大脑的左右半球的功能都发挥到极致的话，他就是一个一身而二任的人物，即既是杰出的科学家，又是伟大的艺术家，他就是一个全面发展的人，达·芬奇就是一个典范。这是人类所追求的最高目标，是人类所希望达到的理想境界。陈大柔认为，达·芬奇是一个把大脑左右半球的两种功能整合为一的人，他还造了一个新词来称呼这种人，即所谓"全脑人"。我认为，这只能被看作一种天方夜谭式的奇思妙想。大脑

① 陈大柔：《美的张力》，商务印书馆 2009 年版，第 506 页。

左右半球两种功能的互补，是相互促使各自的功能得到更加充分、有效的发挥，使各自的功能都发挥到极致，从而在科学研究与艺术创造两个领域都能取得巨大的成就，而不是使两种功能被整合为一种混合的、混沌的功能。人类绝不会抛弃他的业已发展了的某种本质力量以及由这种本质力量所创造的文明成果。科学研究和艺术创造的能力以及科学和艺术正是这样的本质力量和文明成果。蔡元培说得好："知识与感情不好偏枯，就是科学与美术，不可偏废。"① "知识"指的是求知的能力，"感情"指的是创造艺术的能力。为了使"知识与感情不偏枯"，使人得到全面发展，从事科学研究的人应该懂得审美，会欣赏艺术；从事艺术创作的人也应该懂点科学。钱学森生前曾对前去探望的温家宝总理就如何培养具有创新能力的人才的问题提出忠告，他说："一个有科学创新能力的人不但要有科学知识，还要有文化艺术修养。没有这些是不行的。小时候，我父亲就是这样对我进行教育和培养的，他让我学理论，同时又送我去学绘画和音乐，就是把科学和文化艺术结合起来。我觉得艺术上的修养对我后来的科学工作很重要，它开拓科学创新思维。现在，我要宣传这个观点。"② 鲁迅劝说文科生和理科生都要看看对方的书，他说："学理科的，偏看看文科书，学文学的，偏看看科学书，看看别个在那里研究的，究竟是怎么一回事。这样子，对于别人、别事，可以有更深的了解。"③ 德国科学家恩斯特·海克尔非常赞赏亚历山大·冯·洪堡把科学观点和美学观点巧妙地结合起来，把高雅的自然欣赏和"对自然规律的科学阐发"紧密地结合在一起。他认为，这样做有助于将人类提到完美的更高阶段。④ 以上教育家、科学家、文学家的话告诉我们，一个全面发展的人，是左右脑半球的功能都得到充分开发，从而是既有科学知识又有审美能力的人，是把科学和审美集于一身

---

① 蔡元培：《美术与科学的关系》，《蔡元培全集》第4卷，中华书局1984年版，第31—32页。

② 《亲切的交谈——温家宝看望季羡林、钱学森侧记》，《人民日报》2005年7月31日。

③ 《鲁迅全集》第2卷，人民文学出版社1973年版，第426页。

④ ［德］恩斯特·海克尔：《宇宙之谜》，上海人民出版社1974年版，第325页。

的人。而陈大柔所谓的把左右脑半球功能整合为一的“全脑人”，则是这两种功能都没有得到充分开发，甚至尚未完全分化的人；或者分化之后又重新被混合起来的人。对于前一种人，我看脑功能发展程度低下的原始人庶几近之；至于后一种人，恐怕仅仅存在于人们的想象中了。

再来说说科学技术的快速发展能促使科学和艺术的融合吗？这个观点同科学家的看法恰好相反。科学的进步，无疑给审美和艺术的发展会带来巨大的益处。比如，如海克尔所指出的，自然科学的发展，扩大了人类的见闻，从而为人类提供了日益丰富的审美对象，他写道：“我们应该感谢自然科学的是，我们世界知识的惊人扩大，无数美丽的生命形式的发现，在我们时代唤起了一种与以往迥然不同的美学观点，并为造型艺术提出了一个新方向。”① 他说的是，对未知大陆与海洋的科学考察和探险，意外地发现了丰富的陌生生物，其中有数千种美丽有趣的形象，开阔了人们的审美视野。不过，海克尔正确地指出，要欣赏这些美丽的动植物形态仍须“运用感官”，即使是使用显微镜和放大镜。所以，自然科学的新发现，扩大了人们的审美视野，但是并没有改变人们的审美方式。又如，科学技术的发展催生了一些新的艺术门类，如电影、电视和网络艺术，诸如此类，不一而足。但是，科学技术的发展，绝不会促使科学与艺术相融合。科学的进步，是人类认识能力发展的标尺，但是，认识能力的发展并不必然带动审美能力的发展，恰恰相反，认识能力的迅猛发展倒是有可能抑制了审美能力的发展。认识能力和审美能力是人类所具有的两种相互独立、各有特点的本质力量。卡西尔指出：“人从日常语言中使用的词汇符号前进到技术的、几何的、代数的符号，前进到化学公式一类的符号，这是人客观化进程的决定性步骤。但是人不得不为这个收获付出极高的代价。人向着较高的理智目标前进了多少，人的直接性、生命的具体经验就消失了多少，留下的是一个理智符号世界，而不是直接经验的世界。”② 基于同卡西尔一样的认识，

① ［德］恩斯特·海克尔：《宇宙之谜》，上海人民出版社 1974 年版，第 325 页。
② ［德］恩斯特·卡西尔：《语言与神话》，三联书店 1988 年版，第 135 页。

海森堡惊呼“自然科学的危机”，这是十分发人深省的。所谓“自然科学的危机”，不是说自然科学本身发生了危机，而是指自然科学的发展带来了某种危机。什么危机呢？就是使“精神生活大为分裂”。这是因为自然科学的长足进步，为人类创造了巨大的福祉，自然科学凸显了其作为第一生产力的品质，越来越受到世人的格外重视，而艺术却遭到了忽视。席勒就曾指出，在他所生活的那个时代，“艺术的领域在逐渐缩小，而科学的范围却在逐步扩大”①。嗣后这种趋势是愈演愈烈。随着自然科学的进步，人的理性也得到了高度的发展。而自然科学按其本性来说，是脱离直观、脱离感性的，如海森堡所指出的：“现代自然科学在掌握自然界的过程中，不断朝着抽象的和背离有生气的直观性的方向转化。”② 并且，与此同时，人的精神生活的其他方面，比如与审美活动密切相关的人的感性，由于遭到忽视而没有得到同步的、均衡的发展。这样，人的理性和感性，一个高度发展了，另一个则停滞了，两者的发展程度就形成了巨大的反差、失去了平衡，这不就造成了精神生活的分裂吗？那么怎样才能弥合这个分裂呢？按照海森堡的意见，要在继续发展自然科学的同时，兼顾审美活动的发展，在不断促使人的理性的发展的同时，兼顾人的感性的发展。他在《从现代物理学看歌德的和牛顿的颜色学》一文中写道：“如果赫尔姆霍次谈到歌德时说：‘他的颜色学必须看作是把感官印象的直接真理性从科学的围攻中拯救出来的一种尝试’，那么，今天比任何时候更加迫切地给我们提出了这个任务。因为这个世界将由于我们自然科学知识的巨大扩展以及无穷无尽的技术可能性而为之改观，而这些无穷无尽的技术可能性，对于我们又像任何一种财富一样，部分是福，部分是祸。因此近几十年来，奉劝‘悬崖勒马，回头是岸’的警告呼声，一直甚嚣尘上。这些呼声指出，背离这个由感官直接给予我们的世界以及世界分成不同领域，现在已经

---

① ［德］席勒：《美育书简》，中国文联出版公司 1984 年版，第 38 页。

② ［德］海森堡：《严密自然科学基础近年来的变化》，上海译文出版社 1978 年版，第 60 页。

使精神生活大为分裂，并且随着我们离开这个有生气的自然界，就使我们仿佛进入到了一个不可能有任何生命、不存在空气的空间中去。但是这些提出警告的人们，根本不是简单地劝说我们把到现在为止的自然科学和技术科学丢掉，而是告诫我们，发展自然科学要和直观经验紧密结合起来。单单认识客观世界中一切过程所据以进行的规律，尚嫌不够，还必须时刻想到这些规律对我们感官世界所产生的一切后果。”[①] 关于克服“精神生活大为分裂”的手段，卡西尔的看法同海森堡完全一致。卡西尔指出：“要想保存和重获直接的、直觉的进入现实的方式，需要新的活动、新的努力。进行这项工作不是靠语言，而是靠艺术。”[②] 我认为海森堡的那一番话，不但有深刻的理论意义，而且有强烈的现实意义。其理论意义表现在，单有科学的发展会造成精神生活的大分裂，这个观点具有振聋发聩的作用，它提醒人们，科学和艺术恰如一部车子的两个轮子，科学的昌明，必须配之以艺术的繁盛，这样才会成就一个健全完美的社会，才会造就全面发展的人才。这个观点的弦外之音就是，科学技术的发展不可能促成科学与艺术的融合。科学与艺术融合为一体的设想，恐怕是一种不切实际的臆断。其现实意义表现在，在当代世界，科学技术越来越突出地成为推动经济繁荣、社会进步的强大动力，越来越凸显其作为第一社会生产力的性质。在这种情况之下，很容易产生重科学技术、轻人文精神（包括艺术在内）的倾向。针对这种时弊，海森堡提出的“发展自然科学要和直观经验结合起来”的忠告，就格外地令人入耳入心。谈到克服精神分裂的途径，不能不提一提达尔文的切身经验和体会。他在晚年所写的回忆录里谈到，他在三十多岁以前，对密尔顿、拜伦等人的诗篇，对莎士比亚的剧作，对绘画和音乐都很热爱，有浓厚的兴趣。可是后来逐渐地对以上所说的艺术作品感到没有兴味了，甚至美丽的自然风景也不能像从前那样引起他的狂喜之情了。老

① ［德］海森堡：《严密自然科学基础近年来的变化》，上海译文出版社 1978 年版，第 73—74 页。

② ［德］恩斯特·卡西尔：《语言与神话》，三联书店 1988 年版，第 135 页。

年的达尔文对此感到惋惜和遗憾，他在回忆录中写道："我对这种高尚的审美的兴趣，丧失得实在奇怪而且可悲。……我的头脑，好像已经变成了某种机器，专门把大量收集来的事实加以研磨，制成一般的法则；但是我还不能理解，为什么这必然会引起我头脑中专门激发高尚审美兴趣的那些区域衰退的呢？我认为，如果一个人具有比我更高级组织的或者更加良好构造的头脑，那么，他就不会遭受到这种损失了；如果我今后还要活下去的话，那么，我一定要制定一条守则：至少，在每个星期内，要阅读某几首诗和倾听某几曲音乐。大概采取这种使用脑筋的办法，会因此把我现在已经衰退的脑区恢复往常的灵敏度。这些兴趣的丧失，也就等于幸福的丧失，可能会对智力发生损害，而且很可能也对品德有害，因为这种情形会削弱我们天性中的情感的部分。"[①] 达尔文的自述至少透露出这么三层意思：第一，科学和审美是精神生活的两个不同的领域，科学研究代替不了审美活动；第二，良好的心理结构应是科研能力和审美能力携手发展，达到平衡的状态；第三，研究科学和欣赏艺术同时并举，是培养良好的心理结构的有效途径。达尔文无疑是伟大的科学家，他的著作《物种起源》无疑是伟大的科学巨著。但是，《物种起源》并没有转化成什么"科学艺术品"，也并没有转化为审美对象。否则，达尔文就不会有因专注于科学研究而丧失了审美兴趣而来的烦恼和遗憾了。

关于科学与美学的关系，徐纪敏断言，科学与美学必然"重新综合"而成为科学美学，这是由科学美学发展的历史轨迹决定了的趋势。他套用黑尔格的"正—反—合"的逻辑定式来描述科学美学发展的历史轨迹。他把科学美学的发展史分为三个阶段。科学与美学浑然一体，尚未分化，为第一阶段，从古代社会直到 1750 年鲍姆嘉敦创立美学；第二阶段从 1750 年到 19 世纪末 20 世纪初，美学从哲学分化出来，自然科学同美学的鸿沟越来越大，科学美学的发展进入了阴冷的谷底；从 19 世纪末 20 世纪初至今日，为第三阶段，自然科学和美学又趋于综

① 《达尔文回忆录》，商务印书馆 1982 年版，第 93 页。

合。面对这个科学美学发展三阶段论，我们首先要问的是，究竟什么是科学美学？徐纪敏解释说："科学美学是由自然科学和美学结合而成的一门新兴的综合性学科。"① 下面让我们来看看他所列举的科学美学思想的实例吧。他在《科学美学思想史》一书中，把自古至今的著名的哲学家、科学家、艺术家和美学家的思想笼而统之地烩在一只锅里，这只锅就是科学美学。他认为："一切科学都具有美学意义。"② 因此，他把所有的科学理论和科学观点都归入科学美学之列。比如，在他的心目中，笛卡尔所创立的解析几何是一个"科学美学的典范"；牛顿力学体系是一个"科学美学的最光辉范例"，是件"真正的科学艺术品"；拉马克提出了生物渐进的美和居维叶提出了生物剧变的美，都是对科学美学的贡献；高斯在微分几何上所取得的重大成果是"极其重要的科学美学思想"。他又把哲学思想也称作科学美学，比如，他认为中国古代的阴阳、五行及八卦学说都属于科学美学思想的范畴；至于《老子》所阐发出来的思想，如"一生二，二生三，三生万物"，更是"中国古代科学美学思想的典范"。他还把美学家的美学思想一概纳入到科学美学的领域里。对于力主把美学与科学加以区别从而创立了美学的鲍姆嘉敦，徐纪敏把他斥为"科学美学的灾星"。从以上事例可以看出，徐纪敏所谓的科学美学并非科学与美学的"综合"，而是科学、哲学和美学的混合、杂烩。科学美学这个概念的含义是很不确定的，是极为混乱的。康德指出："吾人若容许各种学问之疆域可互相混淆，此非扩大学问，实为摧毁学问。"③ 科学美学这个概念混淆了美学同科学、哲学的界限，对美学来说，它所能起到的唯一作用就是摧毁美学，所以，它才真正是一个"灾星"。

---

① 徐纪敏：《科学美学思想史》，湖南人民出版社 1987 年版，第 2 页。

② 同上书，第 98 页。

③ ［德］康德：《纯粹理性批判》，商务印书馆 1960 年版，第 10 页。

第四章 艺术与艺术的美

第一节 “没有艺术这东西”吗?[①]

艺术在传统美学中占据着极为重要的地位。它要么被视为美学的唯一对象，如克罗齐所说：“美学的唯一对象是艺术。”[②] 要么被当作美学中的中心课题，如海德格尔所说：“对艺术的沉思和关于艺术的认识”乃是“美学之本质”。[③]

但是，上述观点受到了当代美学的严重挑战，一些艺术史家和美学家从根本上否定艺术的存在。英国艺术史家贡布里希（E. H. J. Gombrich，1909—2001）说得最为干脆，他在其名著《艺术的故事》一书中劈头写下的第一句话就是：“实际上没有艺术这东西，只有艺术家而已。”[④] 为什么这样说？他解释说，因为“艺术这个词在不同的时期指称不同的东西”。[⑤] 这话有两个意思：第一，不同时期的艺术有不同的目的、功能以及不同的表现形式，如原始人把艺术用作巫术符号、中世纪把艺术当作宣传宗教的工具、文艺复兴时期用艺术来制作肖像，等等。第二，艺术这个词在不同时代、不同国家有不同的含义，比如，

---

① 本节在拙文《究竟有没有艺术这种东西》（发表于《哲学研究》2003 年第 8 期）的基础上敷衍而成。

② ［意］克罗齐：《18 世纪美学初探》，《美学或艺术和语言哲学》，中国社会科学出版社 1992 年版，第 299 页。

③ ［德］海德格尔：《尼采》上卷，商务印书馆 2002 年版，第 85 页。

④ ［英］贡布里希：《艺术的故事》，三联书店 1999 年版，第 15 页。

⑤ 同上书，第 602 页。

在古希腊，艺术是指工艺技巧，而不是我们所说的艺术；又如，在德语中艺术包括建筑，但在英语中不包括，在中国书法算作艺术，在西方却不然。此外，贡布里希还认为，艺术没有本质，他说在科学里对各种事物下定义是当然之事，但在人文科学里则不然。“在人文科学里这种亚里士多德的传统即对本质的信仰应该消除。”[①] 跟贡布里希持相同意见者不乏其人。美国美学家肯尼克（W. E. Kennick）在题为“传统美学是否基于一个错误?”的文章中指出，传统美学认为，一切艺术品无论在内容和形式上如何相异，都有一种共性，使艺术有别于其他任何事物，这种共性就是艺术的类别标志，它构成了艺术的定义。但是，在肯尼克看来，一切艺术的共同点是不存在的，所以，正是认为艺术有共同点、有类别标志的假设，构成了传统美学赖以生存的第一个错误。[②] 究竟有没有艺术这东西这个问题，对搞美学、搞艺术理论的人来说是无法回避的，是必须首先要搞清楚的。因为假如真的没有艺术这东西的话，那么搞美学、搞艺术理论的人，岂不是就成了在没有鱼的池塘里打鱼的渔夫了吗?

归结起来，否认有艺术这东西的理由不外两条：第一，不同时期的艺术有不同的目的和功用，所以不宜统称为艺术；第二，一切艺术没有一种共同点，亦即没有一种类别标志或本质，因此没法给艺术下一个统一的定义。这两条理由能够成立吗？下面我们将分别予以讨论。

先来看第一条理由。一物多用而并不改变该物的本质的事例，比比皆是。一个人可以成为战士，也可以当教师，还可以任牧师，而依旧是人。一匹马可以是战马、赛马和拉车的马，而依旧是马。同理，艺术可以有多种功用，并不妨碍它依旧是艺术。所以因艺术有多种功用就否定有艺术这东西是没有道理的。令人觉得奇怪的倒是“没有艺术这东西，只有艺术家而已”这个说法。海德格尔指出：“艺术家是作品的本源。

---

① ［英］贡布里希：《艺术与科学——贡布里希谈话录和回忆录》，浙江摄影出版社1998年版，第56页。

② 参见［美］M. 李普曼《当代美学》，光明日报出版社1986年版，第222页。

作品是艺术家的本源。两者相辅相成，彼此不可或缺。”① 艺术家的头衔是怎么来的？不就是因为他是艺术作品的创造者吗？没有艺术这东西，何来艺术家？贡布里希对“艺术家是什么人”有一个解释，他说，艺术家是“那些在处理形与色的平衡关系上有着惊人天赋，能够使之显得‘恰到好处’的男男女女”。② 他又说，艺术家是能制作出“好的图像”的人。③ 所谓“好的图像”是一个非常模糊的概念，并非所有好的图像都是艺术品，比如好的建筑和机械图样、好的植物和动物图谱、

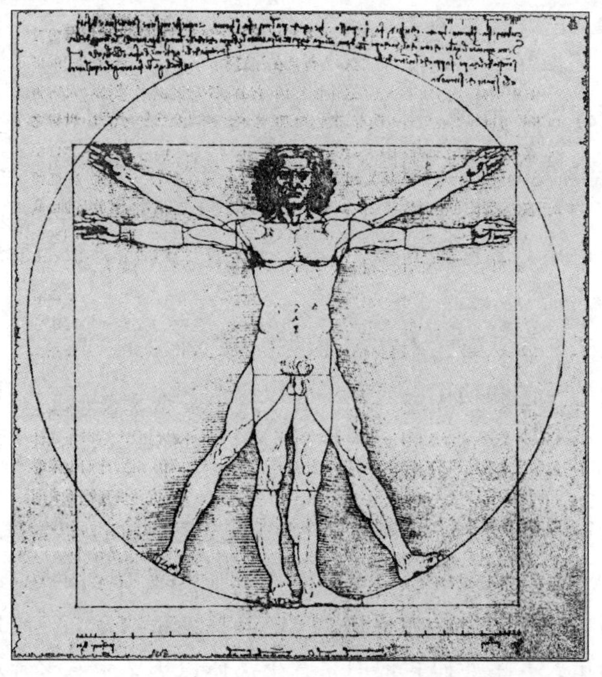

图4—1　对应于简单几何图形的身体比例

① ［德］海德格尔：《艺术作品的本源》，《林中路》，上海译文出版社1997年版，第1页。

② ［英］贡布里希：《艺术的历程》，陕西人民美术出版社1987年版，第387页。

③ ［英］贡布里希：《艺术与科学——贡布里希谈话录和回忆录》，浙江摄影出版社1998年版，第59页。

甚至是大艺术家达·芬奇制作的好的人体比例图（图4—1），等等，都不能算是艺术品。因为这些图像都缺乏个性，没有感情，仅仅是传播某种知识的工具。唯有能创作出艺术品的人才能称为艺术家，如达·芬奇所画的自画像（图4—2）。这是一件真正的艺术杰作。画面所显示的是一位容貌、神情、性格都非常鲜明而独特的老人，一位睿智而深沉的老人，是黑格尔所说的“这一个”。

艺术作品乃是艺术家的本源。由此可见，“没有艺术这东西，只有艺术家而已”这个说法是说不通的，就像说“没有鱼这东西，只有渔翁而已”一样。

图4—2　达·芬奇自画像

究竟有没有艺术这东西？在我看来，贡布里希在这个问题上是处于一种自相矛盾的心情与态度之中的。一方面，他明白宣告“没有艺术这东西”；另一方面，他在讲“艺术的历程”和“艺术的故事”即讲艺术发展史的时候，却承认有“真正的艺术作品”。他在《艺术的故事》的“导论”中声言“没有艺术这东西”，但是，在该书的“初版序言”中他却完全换了一副腔调。他讲到他有几条“律己的准则”，第二条准则是：“我只能在本书中论述真正的艺术作品，排除一切只作为一种趣味或时尚的标本看待才可能有些意义的作品。”“本书只讲艺术而不讲非艺术（non - art）。”① 所谓“真正的艺术作品”，跟“非艺术”划清了界限的艺术，难道不正是大写的“艺术”吗？难道不正是贡布里希所宣称的“没有艺术这东西”的那个东西吗？还有，贡布里希因不同时代的艺术有不同的目的和功用，就认为不能把它们归到同一个艺术概念的名下，因而断言没有艺术这东西。但是，他在讲到艺术作品的形成过程时，却又认为，目的和功用对艺术作品的形成所起的作用“微乎其微”，简直可以忽略不计。他很喜欢用珍珠的生成来比喻艺术作品的诞生。他说，牡蛎要制造一颗完美的珍珠，需要有一些材料比如一粒沙子作为核心，以便围绕着它形成珍珠。如果艺术家的形式感和色彩感要结晶成完美的艺术品，他也需要那样一个坚硬的核心——一项明确的任务，使他能够集中才智去承担起创造艺术品的工作。他写道：“我们知道，在更遥远的往昔，所有艺术作品都是围绕着那样一个必要的核心而形成的，是社会给予艺术家任务——不管是制作礼仪面具还是建筑主教堂，是画肖像还是画书籍插图。相对而言，我们对于那些任务赞同与否，关系微乎其微；一个人不必赞同用巫术猎野牛，不必赞同颂扬不义的战争或夸耀财富和权力，就可以欣赏当初为了那些目的而创作的艺术品：那珍珠已经把核心完全掩盖住了。艺术家的奥秘是，他能把作品创作得无比美好，使得我们由于单纯欣赏他的做法几乎忘记问一问他的作品打算做什么用。……当人们都是那样集中地注意艺术家怎样把绘画和

① ［英］贡布里希：《艺术的故事》，三联书店 1999 年版，第 12 页。

雕塑发展成为一种纯粹的艺术，竟忘记给予艺术家的较为明确的任务时，这在艺术发展史中就是一个命运攸关的重大时刻。”① 贡布里希承认，艺术家乃是创造出“纯粹的艺术”的人，而且，他能够把用于不同目的和功用的作品都发展成为“纯粹的艺术”。这就是“艺术家的奥秘”。所谓“纯粹的艺术”，就是使人只醉心于欣赏它的创造的美妙，而竟忘记了它的功用的艺术品。这样，贡布里希就既承认了有艺术这东西，也承认了艺术家之所以成为艺术家是因为他创造了“纯粹的艺术”即真正的艺术品。这样，贡布里希也就等于自己推翻了自己提出的“没有艺术这东西，只有艺术家而已”的论断。

再来说说第二条理由。肯尼克否认一切艺术有共同点，但是，对于一切艺术何以没有共同点这个问题，他却没有说出个道理来。而且，在要把艺术品与非艺术品分开的情况下，他提出的解决办法也是缺乏说服力的。他设想了这样一种情景：在一个大仓库里存放着各种各样的东西，有图画、机器、工具、雕像、花瓶、花卉、家具、服装、乐器等，吩咐一个人到仓库去把所有的艺术品取出来。肯尼克认为，只要这个人知道“艺术”和“艺术品”这两个词的“实际和普遍用法的规则”，他就能把这件事做得很成功。可是当他按照某个艺术的定义比如“有意味的形式”去寻找艺术品时，他却茫然失措了。② 我们不禁要问，这个人的脑子里要是没有关于艺术的概念，没有关于艺术和非艺术的界线，纵使是模模糊糊、极不明晰的概念和界线，他从何下手将艺术品与其他事物区分开来呢？肯尼克所说的艺术一词的“实际和普遍用法的规则”岂不就是近于艺术的共同点的东西吗？肯尼克认为，想找到艺术的共同点，注定要失败；但是，探求艺术的相似点，却“既富有成效，又发人深省”。那么，艺术的相似点是什么？它们又是怎么得来的？肯尼克说，探求共同点的结果，得到了相似点。比如，“统一性”这个概念向来被认为是艺术的一个共同点，对于这个概念，“只要我们

---

① ［英］贡布里希：《艺术的故事》，三联书店 1999 年版，第 594—595 页。

② ［美］M. 李普曼编：《当代美学》，光明日报出版社 1986 年版，第 225—226 页。

运用得当，便会引导我们去发现艺术的相似点，这些相似点一旦为我们注意，就将促进我们对艺术的了解”。[①] 由此看来，所谓相似点其实无非是换了个名称的共同点。

肯尼克特别指出，他所说的相似点，是借用维特根斯坦的哲学术语——“家族相似”（family likenesses）。维特根斯坦的“家族相似”说，业已成为当代一些美学家否定艺术有共同本质的一个重要的理论根据。因此，我们有必要对“家族相似”说略加评说。维特根斯坦（Ludwig Wittgenstein，1889—1951）认为，我们所使用的概念、命题，诸如语言、游戏、美、善之类，并不具有本质的特征，他写道：“人们通常的信念是：一个关于这个种类名词的定义能够给出这个名词被用在其上的事物的共同的特征，比如，被称为游戏的东西都具有某种共同之处，这就是‘游戏’的定义能够给出的东西。这样的观念是一个陷阱。”[②] 就拿游戏这个概念来说，维特根斯坦指出，你对各种各样的游戏进行观察，“你将看不到什么全体所共同的东西，而只看到相似之处，看到亲缘关系，甚至一整套相似之处和亲缘关系”。[③] 他把这种相似之处称为“家族相似性”。他说道：“我想不出比‘家族相似性’更好的表达式来刻画这种相似关系：因为一个家族的成员之间的各种各样的相似之处：体形、相貌、眼睛的颜色、步姿、性情等等，也以同样方式相互重叠和交叉。——所以我要说：‘游戏’形成一个家族。”[④] 关于家族成员之间的相似性的重叠和交叉到底是一种什么样的情形呢？维特根斯坦解释说：“一个概念词所表明的东西的确是诸对象的一种亲缘关系，但是这种亲缘关系不必是一个性质或者一个成分的共同性。它可以像链条一样将诸环节联结在一起，以至于一个环节与另一个环节经由中间环节而具有亲缘关系；而且，两个

---

① ［美］M. 李普曼编：《当代美学》，光明日报出版社1986年版，第227页。

② 韩林合：《维特根斯坦〈哲学研究〉解读》下册，商务印书馆2010年版，第1074页。

③ ［奥］维特根斯坦：《哲学研究》，商务印书馆2002年版，第47页。

④ 同上书，第48页。

彼此接近的环节可以具有共同的特征，彼此相似，而相距较远的环节则彼此不再具有任何共同之处，然而还是属于相同的家族。”[①] 家族成员恰似一根链条上的诸环节，他们之间的相似性是通过诸环节中的一个到另一个的多种多样的过渡而联结在一起的。这样的过渡可以“延续到与这个序列较前面的成员没有任何相似性的事物之上”。[②] 举个例说，在一个家族的成员之间，A 同 B 鼻子相似，B 同 C 嘴巴相似，C 同 D 步姿相似，D 同 E 身材相似，E 长得獐头鼠目，头部同獐子相似，眼睛同老鼠相似，那么獐子和老鼠也应被纳入到这个家族之中。这个例子看起来有些荒唐，却完全符合“家族相似”说的逻辑。维特根斯坦本人的话可以为此做证。维特根斯坦设想别人会这样对他提出诘难：“我们可以在所有东西之间都做成过渡，因此，经由这点我们并没有划出这个概念的界线。”他的答复是：“对此我必须说：事实上，在大多数情况下它并非是有界线的。”[③] 概念没有界线，任何不同事物都可以凭借某种相似性通过无穷的过渡，被归入同一个家族里面。恰如陈嘉映所指出的，按照“家族相似”说的逻辑，相似性从一个环节到另一个环节无限地过渡下去，就会把天下所有现象都收进一个家族，形成一个“无所不包的大一统概念”。而这是违背事实的，因为事实上我们却有着形形色色的概念，来对事物作出这样那样的区分。[④] 维特根斯坦的“家族相似”说之所以有这个大漏洞，是因为他忽视了一个基本点：那就是他用家族相似来作比喻，却根本不顾及家族相似的特点，他侈谈家族相似性，却没有问一问什么才是真正的家族相似性，以及造成家族相似的根源是什么。关于造成家族相似的根源，如曼德尔鲍姆（M. Mandelbaum）所指出的：“那些有家族

---

① 韩林合：《维特根斯坦〈哲学研究〉解读》下册，商务印书馆 2010 年版，第 1074 页。

② 同上书，第 1073 页。

③ 同上书，第 1069 页。

④ 陈嘉映：《语言哲学》，北京大学出版社 2003 年版，第 194 页。

相似的人都有一种共同属性，即他们都有共同的祖先。”[①] 共同的祖先使得家族成员之间有某种共同的遗传基因，从而使他们具有了“生物学上的亲缘关系”。家族成员之间的相似性，也决不只是外表的、表面的相似性而已。正是这种共同的遗传基因，使得此一家族区别于任何别的家族，并且维系着一代又一代的家族成员之间的亲缘关系。由此可见，家族相似性是植根于家族的共同点即共同的遗传基因之上的。如果根据这个理解拿家族相似来比拟艺术，实在是很恰当的。由此可知，艺术这个家族的各成员之间也必定具有某种或某些深层的共同属性，如同人类的基因一样，使得它们区别于任何其他类别的人类创造物，并且借以维系着各个时代的艺术，使之先后承接、延续，从而形成一部自古至今的艺术发展史。艺术的某种或某些深层的共同点或者说相似性是实实在在地存在着的（后面将要专门论述）。

在讨论艺术的概念能否成立这个问题的时候，马克思对生产这个概念所作的分析在方法论上可资借鉴。马克思认为，生产的一切时代有某些共同标志、共同规定，生产一般是一个抽象，但是只要它真正把共同点提出来，定下来，免得我们重复，它就是一个合理的抽象。不过，这个一般，或者说，经过比较而抽出来的共同点，本身就是有许多组成部分的、分别有不同规定的东西。其中有些属于一切时代，另一些是几个时代共有的，有些规定是最新时代和最古时代共有的。没有它们，任何生产都无从设想。[②] 马克思的这段话完全适用于艺术。关于艺术概念，我们同样可以说，一切时代的艺术有某些共同标志、共同规定。不过我们要看到，艺术的共同点所统辖的范围是有差别的，有些属于一切时代，另一些是几个时代共有的。马克思在讲到我们在抽出对生产一般适用的种种规定的时候，特别强调切不可因见到统一就忘记本质的差别。同样，我们在谈论一切时代的艺术的共同点时，切不可忘记各个时代的

---

① ［美］曼德尔鲍姆：《家族相似及有关艺术的概括》，载［美］李普曼编《当代美学》，光明日报出版社1986年版，第252页。

② 参见《马克思恩格斯选集》第2卷，人民出版社1972年版，第88页。

艺术的本质差别。既看到一切时代的艺术有某种或某些共同点，又看到各个时代的艺术之间的差别和它们各自的特点，这才是辩证的观点，才是符合实际的认识。

正因为艺术的共同标志、共同规定是那样的复杂，所以要给艺术下一个统辖一切时代的艺术的定义是非常困难的。而且，困难还不止此，困难还在以下两个事实：第一，艺术有多重性质，它既有再现现实的性质，又有表现情感的性质，也还是一种有意味的形式。这还只是就艺术本身的性质来说，如果就艺术跟它的受众的关系来说，它既可使受众感到愉悦，也可使受众感到震惊，还可使受众心灵得到净化，等等。正因为艺术有多重性质，按任何一种性质来给艺术下定义都是有缺陷的、不合适的。第二，艺术是一种在历史中不断发展、变化的事物，未来的艺术会有何种特点是完全无法预料的。因此，任何一个关于艺术的定义，就其最佳状况来说，也只是对既往的艺术特点的合乎实际的概括，而不可能预先把未来艺术的特点包含在内。正是在这个意义上莫里斯·韦茨（M. Weitz）说艺术是一个“开放性的概念”，具有一种“开放性结构”①，是完全正确的。因此之故，我们大可不必为艺术的概念费太多心思，恩格斯说得好：定义对于科学来说是没有价值的，因为它们总是不充分的。唯一真实的定义是事物本身的发展。② 但是，给艺术与非艺术划出界线却是十分必要，而且是完全可能的。其所以必要，是因为在现实生活中这是一件回避不了的事情；其所以可能，是因为本来就有界线存在。

先说为艺术划界的必要性。肯尼克是否认艺术有类别标志，因而否认艺术能成为一个独立的类别的。但是，在现实生活中，每个人势必都会碰到要把艺术品与非艺术品区分开来的场合，如肯尼克所设想的从杂物仓库里取出艺术品的情况。面对诸如此类的情况怎么办？肯尼克出的

---

① ［美］韦茨：《美学理论的作用》，转引自朱立元、张德兴等《西方美学通史》第6卷，上海文艺出版社1999年版，第370页。

② 参见《马克思恩格斯全集》第20卷，第667页。

主意是："方法是作出抉择，划出界线。"① 划出界线确实是把艺术与非艺术区别开来的唯一正确而有效的办法。像贡布里希那样要讲"艺术的故事"即撰写艺术发展史的艺术研究工作者更是绕不过这个问题去。事实上，贡布里希在撰写《艺术的故事》时首先就做了为艺术划界这件事，他声称该书"只讲艺术而不讲非艺术"，这表明他心中是有关于艺术与非艺术的明确界线的。事实上也只有划清了艺术与非艺术的界线，才能开讲艺术的故事。对于从事艺术创作的人来说，划清艺术与非艺术的界线有指引方向的作用。常常发生这样的事，当某些非艺术的东西被当作艺术品，甚至被标榜为创新的艺术推向社会，特别是当它是出自名家之手和名家之口的时候，往往会使一些人对艺术该往何处去的问题感到茫然而无所适从。著名的法国艺术家杜尚（Marcel Duchamp，1887—1968）的一些作品刚刚问世时就在社会上产生过这样的影响。不能说杜尚的所有作品都是非艺术，但是，他的作品有一部分确实不属于艺术。这是他自己都承认的。有人送他一顶"反艺术家"的帽子，我看一点都没有冤枉他。他从根本上就很轻视艺术，他声称："我不觉得艺术很有价值。"又说："我不相信艺术是一个必不可少的领域。人们可以创造一个社会，其中没有艺术。"② 他还把生活等同于艺术，欲以生活取代艺术。他说："我的艺术就是我的生存，在每一瞬间、每一次呼吸之间都是一个作品，一个不露痕迹的作品，那既不诉诸视觉，也不诉诸大脑。"③ 他的艺术创作就是循着这个思路进行的。他在艺术创作中开创了一种风气，就是拿一件现成品，给它题个名，当作艺术品，著名的例子是把一个小便壶题名为《泉》（图 4—3），送去展览。这件作品在当时曾引起很大的轰动和争论，至今余波未息。有人把它看作艺术上的一大创新，并群起效尤。但是，杜尚本人压根儿就没想把现成品做成艺术品，他说道："'现成品'这个词是自动出现在我的脑子里的，

① ［美］肯尼克：《传统美学是否基于一个错误?》，载［美］M. 李普曼编《当代美学》，光明日报出版社 1986 年版，第 226 页。

② ［法］卡巴内：《杜尚访谈录》，广西师范大学出版社 2001 年版，第 112 页。

③ 同上书，第 185 页。

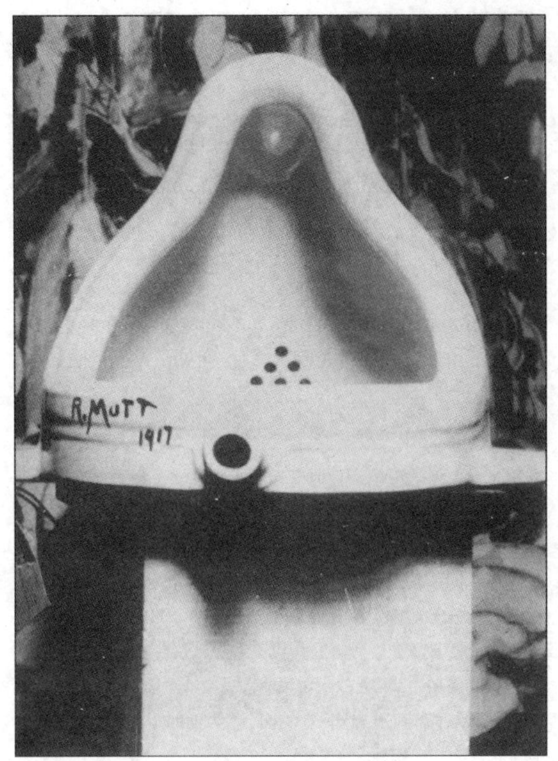

图 4—3 泉

它对非艺术品是很合适的。它不是草图，艺术的属性也全都用不上。这就是为什么我想要做它们的原因。”① 他在谈到他的题为《新娘，甚至被光棍们剥光了衣服》（图 4—4）的一件作品的创作动机时说过这样的话：“它是对所有美学的‘否定’——在这个词的最原本的意义上说。”② 他对他的吹捧者和仿效者不但毫不领情，反而进行了无情的讽刺，就是因为他们把他自认为不是艺术也无美可言的作品当作了艺术和美来赞扬。他写道：“当我发现现成品的时候，我心里想的是要否定美，对现在的新达达而言，他们拿我的现成品是要发现其中的美。我把

① ［法］卡巴内：《杜尚访谈录》，广西师范大学出版社 2001 年版，第 44—45 页。

② 同上书，第 37 页。

图 4—4 新娘，甚至被光棍们剥光了衣服（大玻璃）

瓶架子、小便池摔到他们脸上作为一种挑战，而现在他们为了美却赞扬起这些东西来。”①

显然，杜尚是明知艺术与非艺术的界限的，他毫不讳言他用现成品做成的作品全无“艺术的属性”，是地道的“非艺术品”，他是要用它们来“否定美”。所以，要是不明白、划不清艺术与非艺术的界限，盲目地追随杜尚之流开创的任何风气，那将会使艺术陷入非常危险的境

① ［法］卡巴内：《杜尚访谈录》，广西师范大学出版社 2001 年版，第 162 页。

地。这并不是故意耸人听闻，有前车之鉴在。西方曾流行一种所谓“行为艺术”。于是，我国有些人也跟风搞起了行为艺术。他们在“行为艺术”的旗号下，上演了一出出恶俗的闹剧。《美术》杂志副主编王仲对这种恶俗的表演感到愤怒，他指出：“中国的‘行为艺术’经过一段时间的发酵，在2000年上海双年外围展上正式亮相，一上来就是恶性的，吃死婴、割人肉、放人血、虐杀动物，引起广大人民群众极大的反感。”① 我们这些表演者要是真心地向往艺术，那么只要他们晓得了艺术与非艺术之间是有界限的，就不会轻易地盲目跟风，拾人牙慧，误入歧途了。

美国画家马赛韦尔（Robert Motherwell，1915—1991）曾把杜尚与毕加索对待艺术界限的不同态度做过对比，他说：“当毕加索被问到什么是艺术的时候，他立刻想到的是：‘什么不是艺术?’毕加索作为一个画家，要的是界限。而杜尚作为一个‘反艺术家’恰好是不要界限。”② 这个对比再清楚不过地说明了，要维护艺术，就要保卫艺术的边界；要否定艺术、毁灭艺术，就要撤去艺术的边界。

再来说说划界的可能性。阿多诺（Theodor W. Adorno）指出：“美学务必回顾历史，从中寻求艺术的概念：艺术似乎只有通过回顾才能凝结成某种稳一性，该稳一性并非是抽象的，而是艺术具体发展概念的过程。”③ 让我们就来回顾历史吧。艺术这个概念的内涵在历史上有一个不断演变到最后确定的过程。这个过程表明了现代的艺术概念的形成有其历史必然性。这种历史必然性正是我们能够给艺术与非艺术划出界限的可靠依据。

在中国，艺术的“艺”字最早见于甲骨文，字形是这样的“[illegible]”。这是一个象形字，像一个人手持小苗把它种到土地上，《说文》释义曰：“埶，种也。”这个字在金文（青铜器上的文字）中变成了这个样

---

① 王仲：《假恶丑的行为不是艺术》，《美术》2003年第3期。

② ［法］卡巴内：《杜尚访谈录》“序二”，广西师范大学出版社2001年版，第7页。

③ ［德］阿多诺：《美学理论》，四川人民出版社1998年版，第447页。

子：“[illegible]”，石鼓文为：“[illegible]”，字意为“持木植土上”。这些字就是“艺”的原始形态，它的本义是“种植”。《墨子·非乐》里有这样的话：“农夫早出暮入，耕稼树艺，此其分事也。”《诗经·楚茨》里有这样的诗句：“自昔何为？我蓺黍稷。”这里的艺字用的都是它的本义。种植是需要技艺的，于是艺这个字就衍生出一个新的意义：才能。《尚书·金縢》记述周公的祷告之词：“予仁若考能，多材多艺，能事鬼神。”“材”、“艺”指技术、技能。于是有才能的人就被称为“艺人”，《抱朴子·行品》说：“创机巧以济用，总音数而并精者，艺人也。”各种技艺被称为“艺事”，《尚书·胤征》写道：“每岁孟春，遒人以木铎徇于路，官师相规，工执艺事以谏。”现代意义上的艺术和艺术家也包含在艺事和艺人之内。《周礼·地官·保氏》说：“保氏掌谏王恶，而养国子以道，乃教之六艺。”六艺指的是礼、乐、射、御、书、数，乐包括音乐、诗歌、舞蹈，是现代意义上的艺术。到了汉代已出现了“艺术”这个名称，可是这是一个“艺”加“术”的复合词，而不是一个独立的词。《后汉书·伏侯宋蔡冯赵牟韦列传》写道：“永和元年，诏无忌与议郎黄景校定中书五经、诸子百家、艺术。”按李贤注，“艺”指书、数、射、御，“术”指医、方、卜、筮，现代意义上的艺术反倒没有被归到“艺术”的名下。《晋书》有“艺术传”，“艺术”仍指各种技艺，“艺术传”的序写道：“详观众术，抑惟小道，弃之如或可惜，存之又恐不经。……今录其推步尤精、伎能可纪者，以为艺术传。”这里说得很明白，艺术指的是包括推步（推算天文历法之学）在内的各种技能。且看“艺术传”所录的人物和事迹：有懂天文历算的陈训，有妙解占侯卜数的戴洪，有身怀异术的佛图澄，有讲经传教的鸠摩罗什，等等，由此可见，“艺术传”所说的“艺术”，纯属各种技艺，而同今日之真正意义上的艺术却毫不相关。正因为艺与术各有所指，所以也有把“艺术”这个复合词倒过来写成“术艺”的，《魏书》就有“术艺传”，归入术艺的内容包括天文、占卜、阴阳术数和医药等，今日意义上的艺术同样没有被包括在内。晋代诗人向秀在《思旧赋》的小序中说嵇康“博综技艺，于丝竹特妙”，也把音乐归入技艺之中。综上所述，艺或艺术这个概念的原始意义是指技艺，它把现代意义上的艺术也包含在内。

古代西方也把艺术归入到一般技艺之中。今日英文中的 art 一词出自拉丁文 ars，而 ars 又是出自希腊文“τέχυη”。τέχυη一词我们译为艺术，但它的含义比艺术广泛，它包括了一切技艺。举凡技艺都需要以某种规则的知识为基础，如医生兼作家的盖伦（C. Gelen，129—199）所说：“艺术乃是一种一般规则的体系。”缺乏规则便不能成为艺术。因此，规则的概念便进入艺术的概念及其定义之中了。其结果，不只是绘画和裁缝可以称为艺术，文法和逻辑也可被视为艺术。古希腊人按照艺术（τέχυη）被制作出来是靠劳心（智力）还是劳力（体力）而把它们分为自由的艺术（liberales）和粗俗的艺术（vnlgarel），后者在中世纪被称为“机械的艺术”。雕刻、建筑和绘画因为都需要身体的操劳，所以都被归入粗俗的艺术之中，同木工、烹饪和医术同属一类。音乐、天文学、修辞学、几何学则都是自由的艺术。而音乐之所以被列为自由的艺术，乃是因为它是由和声理论构成的。古希腊人不把诗歌当成艺术，这是因为他们认为，诗歌不是来自技能，而是来自灵感。因此，他们把雕刻家放在工匠之列，如笛尔斯在《古代技术》一书里所说：“就连斐狄阿斯这样卓越的雕刻大师在当时也被看作一个手艺人。”① 而把诗人列在预言家之中，如柏拉图所说：“诗人制作都是凭神力而不是凭技艺。”“大诗人们都是受到灵感的神的代言人。”② 由此看来，古希腊艺术一词的本义是指技艺，也把现代意义上的某些艺术如雕刻和绘画包括在内了。③

古罗马和中世纪基本上承袭了古希腊的观点，把艺术（ars）看作技艺，而且也把艺术分为自由的艺术和机械的艺术两类，在艺术分类问

① 转引自朱光潜《西方美学史》上卷，人民文学出版社 1963 年版，第 32 页。

② ［古希腊］柏拉图：《文艺对话集》，人民文学出版社 1983 年版，第 8—9 页。

③ 参见［波］瓦迪斯瓦夫·塔塔尔凯维奇《西方六大美学观念史》，上海译文出版社 2006 年版，第 12—17 页。

题上顽固地坚持轻视体力劳动的观念。当时的自由艺术计有：语法、修辞、逻辑、算术、几何、天文与音乐，统称为“七艺”。“七艺”中除音乐之外，其余六艺全都不是现代意义上的艺术。与七种自由艺术相对照，还有人列出了七种机械的艺术，它们是毛纺织、盔甲、航海、农业、狩猎、医药、戏剧。[①] 用我们现代人的眼光来看，七种自由艺术和七种机械艺术都是技艺。西塞罗（Cicero，前106—前43）在接受古希腊的艺术分类法之外，还提出了他自己的分类法。他把艺术（ars）分为三类，即“最高艺术”“中间艺术”和“低级艺术”。政治和军事被看作最高艺术；以哲学家为首的智力艺术，包括诗歌和雄辩术，被看作中间艺术；绘画、雕刻、音乐、竞技则是低级艺术。在这种观念的统治之下，就连著名的建筑学家维特鲁维乌斯（Vitruvius，前46—30）也认为建筑同制鞋相比，唯一的区别就在于它比制鞋要难得多。[②]

文艺复兴时期人们对艺术概念的理解依然如故，比如莎士比亚就是这样。《暴风雨》（莎士比亚的剧作）中的人物普罗斯庇罗是一个法师。当他脱下法衣，表示要金盆洗手，再不施行法术时，说了这样一句话：“Liethere，my art”（“躺在那里吧，我的法术”）。在莎士比亚的眼中，魔法是一种艺术（art）。不过，文艺复兴时期对现代艺术体系的形成是一个有重大意义的历史时刻。当时，艺术作品被当作一种投资方式，因而艺术品的生产者——画家、雕刻家、建筑师的经济状况得到了改善，社会地位也得到了提高。这件事催生了他们的野心，促使他们要求脱离工匠的行列，成为自由艺术的代表。[③] 在当时的社会组织中，艺术家原来是附属于手艺人的行会之中的，例如，从1378年开始，佛罗伦萨的画家就莫名其妙地属于医生或药剂师的行会。在博洛尼亚，画家则从属于乐器行会或出版商行会。同时，建筑师和雕塑家则同属于泥瓦匠和木

① 参见［波］瓦迪斯瓦夫·塔塔尔凯维奇《西方六大美学观念史》，上海译文出版社2006年版，第12—17页。

② 参见朱狄《当代西方艺术哲学》，人民出版社1994年版，第12—13页。

③ 参见［波］瓦迪斯瓦夫·塔塔尔凯维奇《西方六大美学观念史》，上海译文出版社2006年版，第18页。

匠的行会。艺术家也自然同手艺人处于同等的社会地位。德国大画家阿尔布雷希特·丢勒（Albrecht Dürer）在16世纪初记述了他在安特卫普曾亲眼看到画匠、雕塑匠同各行各业的工匠混在一起参加宗教游行的情景，他写道："在圣母升天节后的那个星期天，我看到了从安特卫普圣母大教堂出发的大游行。……参加游行的人有金匠、画匠、泥瓦匠、雕塑匠、细木工、木匠、水手、渔夫、屠夫、皮匠、裁缝、面包师傅、成衣匠、鞋匠、各行各业的工匠、个体手艺人和商贩、店主、商人，等等。"① 随着社会地位的提高，艺术家就要求脱离手艺人行会，成立自己的组织。画家乔治·瓦萨里（Giorgio Vasari）最先把视觉艺术归类为"美术"（Beaux Arts）。在他的影响之下，1563年佛罗伦萨成立了由绘画、雕塑和建筑三行业组成的"艺术学会"（Accademiadel Disegno）。从此以后，意大利其他城市以至欧洲其他国家竞相效仿，成立了许多同类性质的机构，彻底摆脱了过去长期因袭下来的手工作坊的传统。② 法国人朱利奥·马札里尼（Giulio Mazzarini）于1648年仿效罗马S. 卢卡学院的模式，创建了皇家绘画雕塑学院。更多的同类性质的学院在1660年到1680年间由让·巴蒂斯特·科尔贝（Jean Baptiste Colbert）建立起来。③ 许多学院都把主要力量集中在建筑、雕塑和绘画这三种视觉艺术上。潜在的现代艺术体系的建立就肇始于这三门视觉艺术。艺术家们把自己从工匠行列提升出来之后，为使他们所执掌的艺术同工匠所从事的技艺相分化和区别，就需要为艺术找到一个统一的类别标志。为寻找艺术的统一的类别标志，同时斟酌艺术家族究竟应该包括哪些成员，真是使人们费尽了心思。经历了许多复杂的变化和漫长的历程，至今也还不能说业已得到完满解决。温琴佐·丹蒂（Vincenzo Danti）认为艺术家族有三个成员，而"构思"是把它们联结在一起的纽带，他写道："构思形成了建筑、绘画和雕塑这三种最高尚的艺术，这三种艺

① 朱狄：《当代西方艺术哲学》，人民出版社1994年版，第19页。

② 同上书，第22页。

③ 同上书，第29页。

术中任何一种都仅仅是构思艺术的一个变种而已。”[①] 弗朗索瓦·布隆德尔（Francois Blondel）在他于1765年发表的论建筑的论文中，把建筑、诗歌、雄辩、喜剧、绘画、雕刻和音乐、舞蹈一起列为艺术，并认为它们的共同之处在于“和谐”。[②] 我们还从绘画作品中看到了对艺术家族应该包括哪些成员这个问题的探讨。一幅由画家科内利斯·科特（Cornelis Cort）临摹J. V. D. 斯特拉（J. V. D. Straet）的题为“美术学院”（*The Academyof FineArts*）的版画，就把绘画、雕塑和雕刻三者结合在一起称为美术。[③] 法兰西学院的重要成员夏尔·佩罗（Charles Perrault）在1690年出版的《美术陈列室》（*Le Cabinetdes Beaux Arts*）的前言中，在“美的艺术”（Beaux Arts）的名下列出了八种艺术：雄辩术、光学、诗歌、音乐、建筑、绘画、雕塑、机械学。如朱狄所指出的，至此，一个以“美”为核心的西方现代艺术体系已呼之欲出了。[④] 还有一件值得一提的事情是，在16世纪，弗朗西斯哥·达·奥兰达（Francesco da Hollanda）论及视觉艺术时，已经提出了“美的艺术”（finearts）的概念，只是他当时用的是葡萄牙文“boasartes”，因而未引起注意[⑤]。但是，这个概念却是当时社会思潮的一个风向标。

经过长期的探索，人们要使艺术从技艺中分化出来，要让艺术成为一个独立的部类的愿望，终于在18世纪得到了实现。对现代艺术概念和艺术体系的确立起到关键作用的人物当推法国人夏尔·巴托（Charles Batteux，1713—1780）。他在1746年（一说1747年）发表了题为“统一原则下的美的艺术”（*Les beaux arts reduits àun méme principe*）的专论。巴托在专论中把艺术——广义的艺术，即前面所说的技艺——分为三类：第一类是以满足人们的需要为目的的艺术（即按传

① 朱狄：《当代西方艺术哲学》，人民出版社1994年版，第22页。

② 参见［波］瓦迪斯瓦夫·塔塔尔凯维奇《西方六大美学观念史》，上海译文出版社2006年版，第22—23页。

③ 参见朱狄《当代西方艺术哲学》，人民出版社1994年版，第22页。

④ 同上书，第30—31页。

⑤ 同上书，第27页。

统术语所称的“机械的艺术”)；第二类是以引起快感为目的的艺术(“美的艺术”)，它们联结了音乐、诗、绘画、雕刻和舞蹈；第三类是兼有效用和快感的艺术，即雄辩术和建筑。巴托认为，把五门美的艺术统一起来的原则是对自然的模仿。不过，它们之间也有差别，有的是可听的：音乐和诗；有的是可见的：绘画、雕刻和舞蹈。[①] 巴托明确地把美的艺术从技艺中划分出来，使之成为一个独立的部类，自成体系，这在世界美学史上是有开创意义的。巴托的成功是在继承前人思想的基础上达到的。在巴托的专论发表的前两年，即 1744 年，英国刊登了海里斯的一篇论文——《论音乐、绘画和诗》。海里斯把艺术（广义的艺术）分为“必须的”（如医学和农作学）和“只是令人喜爱的”（如音乐、绘画和诗）。他还指出这三种艺术有共性也有差别，他写道：“这三种艺术的共性是，它们都是拟态或摹仿性的；它们的差别在于摹仿的手段不同：绘画——用外形的描绘和色彩，音乐用声音和运动……而诗的手段大部分是人造的。”[②] 还有，作为巴托的同辈人，被尊为“美学之父”的鲍姆嘉敦也对广义的艺术进行了分类。他在《真理之友的哲学信札》（第二封信）中写过这样的话：“人的生活最急需的艺术是农业、商业、手工业和作坊，能给人的知性带来最大荣誉的艺术是几何、哲学、天文学，此外还有演说术、诗、绘图和音乐、雕塑、建筑、铜雕等，也就是人们通常算作美的和自由的艺术的那些。”[③] 尽管鲍姆嘉敦的分类原则同巴托不尽相同，但是，他们都同样坚决地把现代意义上的艺术从广义的艺术即技艺中划分出来，使之成为一个独立的部类，而且一致地冠之以“美的艺术”之名。这一切有力地说明了，“美的艺术”从技艺分离、独立出来的条件与时机皆已成熟；而且，“美的艺术”的概念已普遍地为人们所接受；还有，对“美的艺术”的范围也有了基本的共识。至此，艺术在人间总算占有了一块独立的领地。

---

① 参见［苏］莫·卡冈《艺术形态学》，三联书店 1986 年版，第 53—54 页。

② 同上书，第 52 页。

③ ［德］鲍姆嘉敦：《美学》，文化艺术出版社 1987 年版，第 5 页。

现代的艺术概念于18世纪在西方形成。而现代的艺术概念传到我国当在20世纪的前叶。在外来文化的影响下，我国最早的一批美学家王国维、蔡元培、梁启超、鲁迅等人首先使用了艺术这个概念。起先，“美术”和“艺术”这两个词作为同义的概念并行不悖；后来，在使用的过程中两个词渐渐地归于统一，统一于“艺术”，于是现代艺术概念在我国也终于落地生根了。

综上所述，在历史长河流动的过程中，绘画、雕塑、舞蹈、音乐等艺术因有某种或某些相同或相近的性质，逐渐地聚集、结合在一起，从广义的艺术即技艺领域分化、脱离出来，形成了一个独立的现代意义上的艺术家族，这是历史的必然，也是既成的事实。前面已经说过，要给艺术下一个定义有很大困难，但给艺术与非艺术划出界线却十分必要，而且完全可能。这历史的必然和既成的事实，就是我们可能给艺术与非艺术划界的可靠而有力的依据。

对于划界的必要性与可能性我们业已作了论证，现在让我们来探究一下应该如何划界以及究竟存在哪些界线。对艺术与非艺术划界可有两种原则：一种依据艺术本身的、内在的特性来划界；一种是依靠艺术之外的某种力量，如丹托（Arthur C. Danto）提出的“艺术界”和迪基（George Dickie）提出的“艺术圈”来划界。两者相比，我以为前一种原则比较合理而且可靠，我们就依循前一种原则来为艺术划界吧。

在如何给艺术和非艺术划界的问题上，阿多诺（Theodor W. Adorno，1903—1969）提供了很好的意见，他说：“界定艺术是靠艺术与非艺术之间的关系，非艺术之物使我们从实质上理解艺术中的特殊艺术性因素成为可能。”① 在我看来，这是给艺术与非艺术划界的一条正确的指导原则。至于划界的具体方法，我以为可以借鉴生物学的分类法。生物学的分类法是依据生物之间相同和相异的程度与亲缘关系的远近，依据生物的不同特征，对生物进行系统的逐级分类。

① ［德］阿多诺：《美学理论》，四川人民出版社1998年版，第4—5页。

生物学的主要的分类等级为：界、门、纲、目、科、属、种七项。且看“人”在生物学系统分类中的位置：人属于动物界、脊索动物门、哺乳纲、灵长目、人科、人属、人种。我们给艺术划界也可以采用类似方法，为艺术找到它在人类创造物中的特定位置，厘定它同非艺术的固有的界线。

下面就来看看用我们所采用的划界方法划分出来的艺术与非艺术的几条界线。

第一条界线，艺术是人类的创造物。

人类的创造物是同自然生成物相对而言的。从艺术的起源来说，它是从技艺分化出来的。技艺是人的能力，其产品当然是人的创造物。康德认为，艺术的最基本的规定就是：“艺术被区别于自然。”① 康德还将艺术品同蜂巢加以比较，来确定艺术的性质。他指出，蜂巢是蜜蜂的本能的产物，艺术品则是人的有意识的创造物。因此，康德说道：“如果某物被绝对地称为艺术作品，以便把它与一种自然产品区别开来，那么我们所理解的艺术就总是指人类的作品。”② 依据这条界线，横跨天际的虹霓、灿烂如锦的晚霞，都不是艺术；把画笔绑在大象的尾巴上，让大象随意甩动尾巴，把颜料涂到画布上而形成的图形也不是艺术，因为它们都不是人类的有意识的创造物。

第二条界线，艺术品是精神产品。

人类的创造物可分为两个大类，即物质产品和精神产品。物质产品用来满足人的生理的需要，精神产品用来满足人的精神的需要。显然，艺术是为了满足人的精神需要而生产的。艺术作品的最高原则是要给人以精神上的享受和启示。举个例子来说吧，鞋匠制作的鞋子，不管用什么材料做的，只是用来裹脚的一种日常用品。农妇穿着它到田间劳动，穿破了，它就被扔掉了。它自始至终跟人的精神不发生关系。凡·高（Vincent van Gogh，1853—1890）以一双破旧的农鞋为题材画了一幅

① 《康德美学文集》，北京师范大学出版社2003年版，第553页。

② 同上书，第554页。

画。画上的鞋子不能穿，无实用价值，但它具有丰富的精神内涵，是我们的精神食粮。海德格尔对它的精神内涵进行了深入的挖掘，他写道："从鞋具磨损的那内部黑洞洞的敞口中，凝聚着劳动步履的艰辛。这硬邦邦、沉甸甸的破旧农鞋里，聚积着寒风料峭中迈动在一望无际的永远单调的田垄上的步履的坚韧和滞缓。……在这器具里，回响着大地的召唤，显示着大地对成熟的谷物的宁静的馈赠，表征着大地在冬闲的荒芜田野里朦胧的冬冥。这器具浸透着对面包的稳靠性的无怨无艾的焦虑，以及战胜了贫困的无言的喜悦，隐含着分娩阵痛时的哆嗦，死亡逼近时的战栗。"① 由此可见，艺术品是一种精神载体，它为受众打开了一扇观察、了解世界的窗户。

第三条界线，艺术具有可感知性和抒情性。

精神产品是一个广大的领域，艺术以其可感知性和抒情性区别于其他精神产品，特别是科学和哲学。艺术必定具有某种感性形态，或者是音响的运动和结构，或者是由线条和色彩所组成的形象，或者是由人体所表现的姿态，等等，从而可为人的感官所感知。如海德格尔所指出的，艺术是"感性知觉的对象"②。科学和哲学却以抽象的概念和理论的形式被陈述出来，它们不能为感官所感知，仅仅为人的理性所理解和接受，黑格尔说得很清楚："哲学和数学一样，都不具有感性的内容。"③ 有人认为科学公式比如相对论的质能关系式 $E = mc^2$，它可由目击而知，因而也具有可感知性。这是把表面相似、实质不同的两种可感知性混为一谈了。艺术品的感性形态同它所含有的意蕴是水乳交融、浑然一体的。鲁迅说过，如果给阿Q戴上一顶瓜皮帽（旧时账房先生一类人戴的帽子），阿Q就不是原来的阿Q，而是变成别样的一个人了。再拿罗丹（Auguste Rodin，1840—1917）的著名的雕塑《思想者》（图4—5）来说，它的感性形态是：取坐姿的一条汉子，低着头，弯着腰，

① 孙周兴选编：《海德格尔选集》上册，三联书店1996年版，第254页。
② 同上书，第300页。
③ 苗力田编译：《黑格尔书信百封》，上海人民出版社1981年版，第226页。

手托下巴，陷入沉思。沉思着的思想者的形象同思想者的沉思这个意蕴，这两者的关系犹如肉体与灵魂的关系，交相为用，不可分离。试想，如果让这个雕像站直了，把双手举起来或者放在身体两侧，他还像个思想者吗？他还能表达沉思这个意蕴吗？答案是不言而喻的。由此可见，对艺术作品来说，感性形态改变了，它所蕴含的意蕴就随之改变。科学公式同它所指示的内容的关系与此完全不同。科学公式不过是它所指示的内容的一种外在的符号而已。对于作为符号的科学公式来说，其所指示的内容在它之外，不在它本身。因此，对于相对论的质能关系式来说，只要经过社会约定，用任何别的字母比如用 y、n、d 来代替 E、

图 4—5　思想者像

m、c并无不可。这同语言的能指与所指的关系是一样的。费尔迪南·德·索绪尔指出："语言是一种约定俗成的东西，人们同意使用什么符号，这符号的性质是无关紧要的。"① 由此可见，语言符号同它所指称的对象的关系是具有任意性的。因此，尽管艺术形象与科学符号都具有可感知性，但这是两种性质大不相同的东西，切不可混为一谈。艺术作品的可感知性，说的是艺术作品不仅具有可感知的形式，而且这可感知的形式所蕴含的意蕴也是可以被感知到的。科学的内容却是外在于科学公式的，科学的公式可以感知，该公式所指示的内容是绝对无法感知的。

艺术的抒情性指的是艺术家在进行艺术创作的时候，把他个人的好恶融到了艺术作品之中，因此，艺术作品具有主观性，如克罗齐所说的："艺术永远是抒情的——也就是饱含情感的叙事诗和戏剧。"② 科学则要竭力避免主观性，尊重和信守客观性。对于艺术与科学的这一个区别，爱因斯坦有深刻的认识。他坚决反对把某种政治思想强加于艺术家，但是认为艺术家在作品中注入属于他自己的思想感情却是毋庸置疑的。他说道："艺术家自己的强烈的感情倾向却常常产生出真正伟大的艺术品。"③ 而科学体系却是不表达什么感情的，爱因斯坦写道："追求真理的科学家，他内心受到像清教徒一样的那种约束：他不能任性或感情用事。"④ 在艺术作品中，抒情性或曰主观性可以压倒理性、胜过理性，甚至可以达到这样的地步：艺术形象唯求符合情感的逻辑，不惮违背日常的事理。《牡丹亭》中的杜丽娘死而复生，《梁山伯与祝英台》中的一对有情人死后化蝶，就是典型的事例。

第四条界线，艺术的感性形式是一种"幻象"（苏珊·朗格语），或者说是一种"非现实"（萨特语）。

---

① ［瑞士］费尔迪南·德·索绪尔：《普通语言学教程》，商务印书馆1980年版，第31页。

② ［意］克罗齐：《美学原理美学纲要》，外国文学出版社1983年版，第227页。

③ 许良英等编译：《爱因斯坦文集》第3卷，商务印书馆1979年版，第299页。

④ 同上书，第280页。

艺术就是凭借这个特性将自己同宗教之间划出了一条界线。何以说艺术形象是一种幻象？因为艺术形象虽然是由实际的物质材料如色彩、石头、音响和人身等构造而成的，但是，它本身却是浮现于这些物质材料之上的非现实的、虚幻的形象。比如，米开朗基罗的雕塑《大卫像》。这个雕像的材料是一块石头，我们欣赏大卫像时，我们看到的是一个人——大卫，而完全没有看到石头，或者准确地说，对石头视而不见了。而大卫像也不同于历史上实有的大卫其人，大卫像仅是一座无血、无肉、无生命的虚像。再如舞台上的哈姆雷特，它是由演员扮演的，也可以说是用演员的身体和动作为材料构成的。我们只看到哈姆雷特，而对演员是视而不见的。哈姆雷特虽然是由活人扮演的，但是作为戏剧中的一个人物，而不是现实生活中的一个人物，他依然是无血、无肉、无生命的形象，我们可以用木偶来演哈姆雷特，就有力地说明了这一点。艺术作品的无实用性、无功利性根据即在于此。宗教中的圣像、佛像实质上也是一种幻象，一种非现实，但是，在教徒的心目中，圣像、佛像却被看作一种超现实的、有意志的神圣，它们赋有干预生活、祸福人类的能力。它们不是供人欣赏的，像艺术品那样，而是供人崇拜的、令人敬畏的。恰如费尔巴哈（L. A. Feuerbach，1804—1872）所说的："纯粹的艺术感，看见古代神像，只当看见一种艺术品而已；但异教徒的宗教直感则把这种艺术作品，这个神像看作神本身，看作实在的、活的实体，他们服侍它就像服侍他们所敬所爱的一个活人一样。"①

第五条界线，艺术能给人以美的享受。

诚如黑格尔所说，艺术"以美为其特性"。② 艺术并不是唯美的，但是它必须具备美的品格。艺术具有多种功能，其中的审美功能即给人以美的享受，乃是它的最基本的功能，而且是使其他功能发挥作用的中介。美国美学家比厄斯利（Monroe Beardsley）就认为："我们的审美概念，基本上是来自于对艺术品经验的首要性的使用，艺术品主要的与核

① 《费尔巴哈哲学著作选集》下卷，商务印书馆 1984 年版，第 684—685 页。

② ［德］黑格尔：《美学》第 1 卷，商务印书馆 1986 年版，第 231 页。

心的（尽管当然决不仅仅是显著的）功能，就是始终具有或者保留了审美功能。”① 即使是那些不承认引起审美经验为艺术的必要条件的美学家，也不否认艺术拥有审美的维度，诺埃尔·卡罗尔（Noël Carroll）说道：“对审美经验的促进可能不是艺术的必要条件，然而，艺术品，即使是符号派的艺术品常会拥有审美的维度。”②

这五条界线犹如一层一层向中心收缩的五道防线、五道关卡。凡能经得住、通得过这五道关卡的层层检查的人造物，基本上就可归入艺术范围了。需要注意的是，从大处、远处着眼，这五条界线是相当明晰的；但是，这五条界线的边缘却是有些模糊的。恰如泾水和渭水，从远处看，泾清渭浊，一目了然；而在泾渭的交界处，两条河水的界线却不那么分明了。这就为在实践中区分艺术与非艺术造成了一定的困难。还有，同在艺术范围内的艺术品之间也是有差别的，拿思想性和艺术性来衡量，它们之间就有高下文野之分。

第二节　意象——艺术的本体

本体一词在这里指的是一个事物的实际存在的形态。艺术作品的实际存在的形态即艺术的本体是什么呢？是意象。

首创意象概念的是我国南北朝时期著名的文学理论家刘勰。他在其文学理论名著《文心雕龙·神思篇》中写道：“独照之匠，窥意象而运斤。”说的是有独创性的艺术家，把在心中酝酿成熟的意象刻画描写出来。

意象一词，在现代既是一个心理学的概念，意指有关过去的感受上、知觉上的经验在心中的重现或回忆；又是一个文艺学的概念，意指艺术作品的本体。刘勰提出意象这个概念，远在心理学产生之前，而且

① ［美］比厄斯利：《审美的观点》，转引自刘悦笛《分析美学史》，北京大学出版社2009年版，第103页。

② ［德］诺埃尔·卡罗尔：《超越美学》，商务印书馆2006年版，第67页。

是在文艺学著作中，所以在刘勰心目中，意象纯粹是一个文艺学的概念。

意象这个概念的产生，是有它的思想来源的。最远的源头可追溯到《周易》。《周易》的《系辞上传》有这样的话："子曰：'书不尽言，言不尽意。'然则圣人之意，其不可见乎？子曰：'圣人立象以尽意，设卦以尽情伪，系辞焉以尽其言。'"这里讲到了《周易》的三个要素即言、象、意及其相互关系。"象"指卦象，即经卦（八卦）和别卦（六十四卦）的图形及其所象的事物。《系辞上传》指出："圣人有以见天下之赜，而拟诸其形容，象其物宜，是故谓之象。"如乾卦图形是"☰"，象天；坤卦的图形是"☷"，象地。"意"，是卦象所蕴含的意义，如乾卦象天，它所含的意义很丰富，其中包括"天行健，君子以自强不息"那样的意思；又如坤卦象地，它所包含的意义同样很丰富，其中就有"地势坤，君子以厚德载物"那样的意思。"言"，指的是用来说明和解释卦象的象征意义的言语和文字，如《彖传》和《象传》。三国时期的魏国人王弼对《周易》的言、象、意三者的相互关系有过剀切详明的阐述，他在《周易略例·明象》中写道："夫象者，出意者也。言者，明象者也。尽意莫若象，尽象莫若言。言生于象，故可寻言以观象；象生于意，故可寻象以观意。故言者所以明象，得象而忘言；象者所以存意，得意而忘象。犹蹄者所以在兔，得兔而忘蹄；筌者所以在鱼，得鱼而忘筌也。然则，言者象之蹄也，象者意之筌也。是故存言者非得象者也；存象者非得意者也。……然则忘象者乃得意者也，忘言者乃得象者也。得意在忘象，得象在忘言，故立象以尽意，而象可忘也；重画以尽情，而画可忘也。"① 最可注意的是"得象而忘言"与"存言者非得象者也"，以及"得意而忘象"与"存象者非得意者也"这两组话，它们强烈地表达了一个意思，就是：言、象、意虽然互有联系，但是完全可以相互分离。对《周易》的言、象、意之间的关系而

① 王书良总主编：《中国文化精华全集》第 2 卷，中国国际广播出版社 1992 年版，第 318 页。

言，这几句话是完全正确的，而且可以说是鞭辟入里的。因为《周易》的言、象、意的关系是一种比喻、象征的关系，因此，得象忘言，得意忘象，无所不可。比如，当今“自强不息”和“厚德载物”这两个短语，已成了完全脱离《周易》的乾卦和坤卦而独立的广泛流行的人生格言。

刘勰对《周易》无疑是烂熟于心的，他从《周易》借来两个术语：“象”与“意”，并且把它们合成一个概念：意象，用它来指称艺术作品的本体。意象既有“象”的性质，即具有可感知的形态；又有“意”的意味，这可感知的形态是含有意蕴的。但是，它同《周易》中的意与象有本质的不同。《周易》中的意与象是二元分立的，它们之间的关系是象征的、比喻的关系。而意象中的意与象是浑然一体的，它们之间的关系是互相依存、互相融合的关系，犹如灵魂与肉体的关系。对这两者的区别，钱钟书有极为精当的说明，他写道：“《易》之有象，取譬明理也，‘所以喻道，而非道也’（语本《淮南子·说山训》）。求道之能喻而理之能明，初不拘泥于某象，变其象也可；及道之既喻而理之既明，亦不恋着于象，舍象也可。到岸舍筏，见月忽指，获鱼兔而弃筌蹄，胥得意忘言之谓也。词章之拟象比喻则异于是。诗也者，有象之言，依象以成言；舍象忘言，是无诗矣，变象易言，是别为一诗甚至非诗矣。故《易》之拟象不即，指示意义之符（sign）也；《诗》之比喻不离，体示意义之迹（icon）也。不即者可以取代，不离者忽容更张。”① 举例来说，一个人即使对《周易》的乾卦和坤卦的卦象一无所知，也完全不影响他对“自强不息”和“厚德载物”这两句话的意思的理解。但是，如果舍弃诗的意象，那就没法谈诗了。请看曹植的《七步诗》：“煮豆持作羹，漉豉以为汁。萁在釜下燃，豆在釜中泣。本是同根生，相煎何太急。”曹植作这首诗的起因是，他的哥哥魏文帝曹丕命他在七步之内作成一诗，否则将受大法处置。于是一首传世之作就这样诞生了。试想，如果去掉煮豆燃萁的比喻——这首诗的意象，这首

① 钱钟书：《管锥编》第1册，中华书局1986年第2版，第12页。

诗还有诗的味道吗？甚或还成为一首诗吗？如果换一个比喻，即另外创造一个意象，那就成为别样的一首诗了。

关于意象的构成、性质和特点，历代的美学家和艺术理论家已经作了充分的论述，让我在此做一个简要的介绍吧。

唐代画家张璪有一则论画名言："外师造化，中得心源。"[①] 这两句话极其精练地概括了艺术中的主客观关系。造化与心源，既是艺术创作的两个基本条件，也是构成意象的两个必要元素。可以说张璪的话是关于意象构成的纲领，后人的论述不过是对这个纲领的充实和发挥。明代的谢榛在《四溟诗话》中指出，"诗有二要"，曰情曰景。"作诗本乎情景，孤不自成，两不相背。""景乃诗之媒，情乃诗之胚，合而为诗。"[②] 清代戏曲理论家李渔谈到艺术创作时说："予谓总其大纲，则不出情景二字。景书所睹，情发欲言。情自中生，景由外得。"[③] 王夫之认为："情景名为二，而实不可离。神于诗者，妙合无垠。"[④] 王国维讲得更加深切、透彻，他的观点不仅是集前人意见之大成，而且多有创见、新意。他说："文学中有二原质焉：曰景、曰情。前者以描写自然及人生之事实为主，后者则吾人对此种事实之精神的态度也。前者是客观的，后者是主观的也；前者知识的，后者感情的也。"[⑤] 还该提一提国外的美学家对意象的构成元素的看法，他们的看法同前述观点完全一致。卡西尔认为："没有哪个艺术家能够在表现自然时是不在直觉之中并且不通过直觉把自我同时表达出来。同样，要使自我的艺术表达成为可能，只能通过一些材料的全部可塑性和对象性置于我们面前而达成，只有当主观和客观、感觉和形态彼此完全沟通并完全融合时，一件伟大的艺术

---

① 北京大学哲学系美学教研室编：《中国美学史资料选编》上册，中华书局1980年版，第281页。

② 胡经之主编：《中国古典美学丛编》上册，中华书局1988年版，第235页。

③ 同上书，第236页。

④ 同上书，第237页。

⑤ 同上书，第241页。

作品方能诞生。”[①] 杜威写道：“艺术中的表现媒介既不是客观的，也不是主观的。这是一种新的经验，其中主观与客观密切合作，两者自身都不再具有独立存在。”[②] 综上所述，情与景、自我与世界这两个元素互相融合，生成意象。情与景的融合，是化合，恰如氧元素与氢元素化合而成水一样，水不同于氧和氢；而不是混合，就像油和水混杂在一起那样，水依然是水，油依然是油。如同氢与氧是构成水的二原质，而水是完全不同于其原质的新质一样；情与景是构成意象的二原质，而意象也是完全不同于其原质的一种新质，是一种“新的经验”。我们说艺术创作是一种创造性的活动，犹如上帝创造世界那样，原因就在于此。元代艺术家赵孟頫的夫人管道升写过一首新奇美妙的《我侬词》，用它来比拟意象的生成真是再贴切不过了。《我侬词》写道：“把一块泥，捏一个你，塑一个我，将咱两个一起打破，用水调和，再捏一个你，再塑一个我。我泥中有你，你泥中有我。与你生同一个衾，死同一个椁。”确实如此，在意象中，景含着情，情融于景，情景交融，难分彼此。“感时花溅泪，恨别鸟惊心”，“泪眼问花花不语，乱红飞过秋千去”，是情融于景；“孤帆远影碧空尽，唯见长江天际流”，“绿杨烟外晓寒轻，红杏枝头春意闹”，是景含着情。

王国维进一步指出，在意象当中，情与景二者不可偏废，却有所偏重。这是他比前人精细处。他写道：“文学之事，其内足以摅己，而外足以感人者，意与境二者而已。上焉者意与境浑，其次或以境胜，或以意胜。苟缺其一，不足以言文学。……故二者常互相错综，能有所偏重，而不能有所偏废也。”[③] 因情与景有所偏重的缘故，便产生出两大类别的意象，王国维把它们分别称为“有我之境”与“无我之境”。他写道：“有我之境，物皆着我之色彩。无我之境，不知何者为我，何者

---

① ［德］恩斯特·卡西尔：《人文科学的逻辑》，中国人民大学出版社2004年版，第78—79页。

② ［美］杜威：《艺术即经验》，商务印书馆2007年版，第319页。

③ 胡经之主编：《中国古典美学丛编》上册，中华书局1988年版，第258页。

为物。此即主观诗与客观诗之所由分也。”① 以诗句为例，“可堪孤馆闭春寒，杜鹃声里斜阳暮”，为有我之境；“寒波澹澹起，白鸟悠悠下”，为无我之境。扩大来说，因情与景有所偏重的缘故，产生出了两大类别的艺术体裁：叙事性艺术体裁与抒情性艺术体裁。叙事性的艺术作品相当于无我之境，抒情性的艺术作品相当于有我之境。前者如史诗、小说与戏剧，后者如音乐与抒情诗。对这两大类体裁的差别，黑格尔作了非常清楚的对比和说明，他写道：“在诗史里诗人把自己淹没在客观世界里，让独立的现实世界的动态自生自发下去；在抒情诗里却不然，诗人把目前的世界吸收到他的内心世界里，使它成为经过他的情感和思想体验过的对象。只有在客观世界已变成内心世界之后，它才能由抒情诗用语言掌握住和表现出来。”② 总之，在史诗里，“诗人作为主体必须从所写对象退到后台，在对象里见不到他”。③ 而抒情诗则是“个别主体的自我表现”，其“重点不在当前的对象而在发生情感的灵魂”。④ 不过，切忌把“有我之境”与“无我之境”的区分绝对化。在艺术作品中，情与景相结合的情况是非常复杂而多样的。

意象，为一切艺术作品所必有，却并不为科学和哲学作品所必需。所以，意象是艺术的本体，也是艺术的特点。让我们拿科学和艺术来做一个比较吧。意象必须具有可感知的形态，它是一个知觉对象，因而具有个体化的特点。科学的本体是公式与概念，它呈现为理论的形态，它是理解的对象，因而具有普遍化的特点。可感知的形态必须升华为概念，才成为科学，所以科学必须舍弃意象。维柯认为：“诗性语句是凭情欲和恩爱的感触来造成的，至于哲学的语句却不同，是凭思索和推理来造成的。哲学语句愈升向共相，就愈接近真理；而诗性语句却愈掌握住殊相（个别具体事物），就愈确凿可凭。”⑤ 维柯据此指出：“所以诗

---

① 《王国维文集》，北京燕山出版社 1997 年版，第 10 页。

② ［德］黑格尔：《美学》第 3 卷下册，商务印书馆 1981 年版，第 212 页。

③ 同上书，第 113 页。

④ 同上书，第 191—192 页。

⑤ ［意］维柯：《新科学》，人民文学出版社 1987 年版，第 105 页。

人们可以说就是人类的感官，而哲学家就是人类的理智。”[①] 再说，意象当中渗透着、融合着艺术家的思想和感情，即艺术家的主观精神，苏珊·朗格（Susanne K. Langer，1895—？）就特别强调这一点，她写道：“一切艺术都是创造出来的表现人类情感的感觉形式。”[②] 克罗齐则把艺术看作意象与情感结合而成的一个综合体，他说：“艺术是直觉中的情感与意象的真正审美的先验综合，对此可以重复一句：没有意象的情感是盲目的情感，没有情感的意象是空洞的意象。”[③] 科学的理论和公式都是不允许科学家的主观精神渗入其中的。英国科学家、诺贝尔医学奖获得者詹姆斯（James Whyte Black）在看了一个学生的实验报告后对这个学生说：“永远都不要说‘应该’，因为在科学研究中没有什么结果是按照人的主观意志‘应该’发生的。”他谆谆告诫说：“科学不是编故事发文章，科学是敬畏，敬畏最客观的现实，哪怕它和你想象或者期待的结果完全不同甚至截然相反。”[④] 格式塔派心理学家考夫卡（Kurt Koffka，1886—1941）也指出，科学探索的结果是完全客观的，“自我在我们最终获得的知识模式或结构中是没有地位的”。自我在科学研究中的作用仅仅在于抓住问题，集中注意，“自我集中于某个问题上，不让它‘溜掉’。但是对这个问题的各部分最终将要构成的组织，自我却是局外者”。艺术家的自我可就不同了，“他创造出一个世界，这个世界以这种或那种方式包容了他的自我”，“自我——世界关系变化无穷，在其中一端是包含着自我的世界，在另一端是被世界包围的自我。个别的艺术家、时代、流派，可以根据他们创作中自我与世界的相对比重来加以区别。人们长期讨论的古典主义和浪漫主义的对立，在一定程度上也正是来源于这种差异”。[⑤] 让我们用实例来说明这两者的区别吧。先看科学理论的情形。经典力学有三条基本定律，即惯性定律、加速度定

① ［意］维柯：《新科学》，人民文学出版社1987年版，第152页。

② ［美］苏珊·朗格：《艺术问题》，中国社会科学出版社1983年版，第75页。

③ ［意］克罗齐：《美学原理美学纲要》，外国文学出版社1983年版，第233页。

④ 苗苗：《“诺奖爷爷”批我：永远别说应该》，《北京青年报》2010年3月30日。

⑤ ［美］李普曼：《当代美学》，光明日报出版社1986年版，第414—416页。

律与作用和反作用定律。这三条定律是牛顿（Isaac Newton，1643—1727）发现并确定下来的，因而被称为牛顿三大定律。但是，这三大定律完全是客观的规律，它丝毫没有沾染上牛顿个人的主观精神。再看艺术意象的情形。陆游有一首著名的词《卜算子·咏梅》，词曰：“驿外断桥边，寂寞开无主。已是黄昏独自愁，更著风和雨。无意苦争春，一任群芳妒。零落成泥碾作尘，只有香如故。”这是一首托物言志的词。这首词所描写的经受着风雨的摧残，却依然保持着芳香的梅花形象，乃是作者自己尽管饱经忧患，却始终保持冰清玉洁的气节的那样一种精神的象征。毛泽东看到这首词，似有所感，便决定用同一个词牌、同一个题材来写一首咏梅词，词曰：“风雨送春归，飞雪迎春到，已是悬崖百丈冰，犹有花枝俏。俏也不争春，只把春来报，待到春花烂漫时，她在丛中笑。”这里的梅花形象同陆游笔下的梅花就大异其趣了。这里的梅花在寒冬腊月尽显其傲霜斗雪的卓绝品格，冬天一过，她就同烂漫的山花一起去装扮美丽的春天了。这也是托物言志，作者借梅花来表现自己既领先于群芳又与群芳打成一片的志趣。毛泽东在词牌下特地注明，他对陆游的词是“反其意而用之”。这两首词描写的是同样的对象，却表现了大不相同的意趣，这正有力地表明了，艺术的意象中是渗透了、是融合着艺术家的主观精神的。

让我们再将艺术与宗教做一个比较吧。宗教有圣像（神像），艺术有意象。宗教神像与艺术意象有一个相似点，就是两者都属于形象，都具有可感知性。但是，这种相似只是表面上的，其实，这两种形象被感知为意义完全不同的两种东西。在艺术欣赏者的心目中，艺术意象乃是现实世界经过艺术家的头脑改造的产物，是对现实世界的形象化的反映，犹如水中之月、镜中之花，乃是一种虚像。如美国纽约港贝德洛斯岛上的自由女神像（图4—6），右手高举火炬，象征着以自由去照亮世界。人们把它看作自由精神的化身，是人格化的自由精神。教徒看待神像就不是这种态度了。他们把神像看成是有生命、有活力的神本身。正因为这样，恰如《神，梵和人》一书所指出的那样：“人们给神像前摆上贡品，给神洁身，施饭食，换衣服，给他们解闷，教徒们实际上把神

图 4—6　自由女神像

像当成活神对待。”[①] 因此，艺术意象是供人欣赏、令人愉悦的，而神像却是让人膜拜、令人敬畏的。俄国作家索洛乌辛讲述了他所亲历的一件事，把艺术意象与宗教神像在受众当中所引起的不同态度做了鲜明的对比。为了劝说一个上了年纪的农妇把一幅古雅的圣像出让给自己，他

① ［俄］雅科夫列夫：《艺术与世界宗教》，文化艺术出版社 1989 年版，第 81 页。

向她证明，圣像之所以需要，不是为了对之膜拜，而是为了让大家当画来观看、欣赏、赞叹，瞧，多么出色的俄罗斯绘画啊！作家的话让农妇大吃一惊，认为他的话有辱神圣，她说道："我说，莫非大家要欣赏圣像？大家都在她的面前焚香秉烛，叩拜祷祝。大家要欣赏她，莫非她是一位裸体的少女？"[①] 东正教神学家佛罗伦萨的保罗完全支持这个农妇的观点，他写道："认为应当把圣像画看作古代艺术即绘画的现代派是大谬不然的……圣像的目的是要使人们领会神灵世界，看到'超自然的秘密景象'。"[②]

艺术意象与宗教神像还有一个差别是，艺术意象中是渗透着艺术家的主观精神的，圣像画却是排斥画师的主观精神的。这是因为艺术作品是艺术家的自由创作，艺术家可以在作品中充分地表现自己的个性，而圣像画的任务是严守规范，宣传教义。拜占庭神学家大格列高利写道："在教堂里使用绘画和雕塑的诸多形象，为的是让那些不识字的人们朝壁上一看，至今就能读到他们在书中无法读懂的内容。"[③] 所以艺术家要在圣像画中表现自己的个性是不被允许的。宗教会议的决议对此作了明确的规定。第七届普世性公会议（8 世纪）的决议写到，圣像不是由于画家的发明，而是由于普世性教会的不可违背的律法和传说而创作出来的。构图和命令不是画家的事情而是教父的事情，因为构成圣像的权力属于教父，而画家只是执行命令，按照构思来绘制圣像。[④] 教会还为绘制圣像制定了一套规范，要求画家严格遵行，百条宗教会议决议说："大主教们各自在其管辖领域内应当十分关心的是，责成优秀的圣像画家及其弟子临摹古代范本，而不要自己凭依想象和猜度来描绘神像。"[⑤] 关于绘制圣像的规范，我们举罗斯的所谓"真本"为例吧。"真本"有两种："描颜真本"是一套画法图解，记录了圣像的基本构图以及人物

---

① ［苏］乌格里诺维奇：《艺术与宗教》，三联书店 1987 年版，第 103—104 页。

② 同上书，第 104 页。

③ 同上书，第 146 页。

④ 同上。

⑤ 同上书，第 147 页。

形象的设色；“诠释真本”对圣像画的各种基本类型作了文字描写。且看“诠释真本”对绘制圣像“主显圣容节”的规定吧：“主在一朵云彩里，衣裳洁白，一手伸指祝福，一手拿着纸卷。站在主的左边的是摩西，手捧石碑即经书。彼得躺在山下。约翰倒在石上，昂首望天。雅各匍匐叩首，两脚朝上，以手抚面。衣服着色，以利亚用绿色，摩西用紫色，雅各用绿色，彼得用赭色，约翰用朱色。”① 对圣像的构图、着色规定得如此的具体、细微，哪里还容得下画师的个性和创造呢？所以连20世纪初叶的东正教神学家、莫斯科宗教大学教授戈卢布佐夫也不得不承认圣像画规范起着束缚艺术创作的作用。他写道：“看来，不必过多地宣传圣像画真本的出现对于教会艺术所必然带来的那些有害的结果，同样，也不必过多地宣传教会当局从对圣像画家活动的这种监督中所得到的好处。……艺术被纳入真本的狭窄的框框，仅限于完成教会的任务，因而满足于一套刻画得纤毫毕见的现成的人物形象，从而不曾也不愿别开生面地进行创新。”② 我们不排除有一些杰出的圣像画家突破了教会设置的规范，在他们创作的圣像画中表现了个性和创造性，但那只是个例。

通过以上艺术与科学（哲学）、宗教的比较，我们可以更加清楚地认识到，意象乃是艺术区别于科学和宗教的根本的特点，意象乃是艺术的真正的本体。

既然艺术的本体是意象，所以我们欣赏艺术作品，就是欣赏艺术意象。艺术意象的一大特点是它的可感知性，艺术意象正是凭借这个特点才成为审美对象，如杜夫海纳（M. Dufrenne）所指出的：“审美对象实质上是知觉对象，这就是说，审美对象是奉献给知觉的，它只有在知觉中才能自我完成。”③ 海德格尔表达了相同的意见，他说：“艺术家的塑造和表现本质上植根于感性领域。艺术是对感性之物的肯定。”④ 针对

① ［苏］乌格里诺维奇：《艺术与宗教》，三联书店1987年版，第148页。

② 同上书，第149页。

③ ［法］米·杜夫海纳：《审美经验现象学》，文化艺术出版社1992年版，第254页。

④ ［德］海德格尔：《尼采》上册，商务印书馆2002年版，第178页。

艺术意象是知觉对象这个特性，欣赏艺术作品必须而且首先要使用感觉和知觉，脱离了感觉和知觉，艺术欣赏就根本无从谈起。杜威说得好："由于审美批评的质料就是对审美对象的知觉，自然艺术批评总是由第一手知觉的性质所决定；知觉上的迟钝不能由无论多么广泛而大量的学习，也不能由对多么正确的抽象理论的掌握而得补偿。"① 欣赏艺术需要使用我们的感觉和知觉，艺术欣赏则能使我们的感觉、知觉得到丰富而且变得精微。

我们强调感觉、知觉在艺术欣赏中的不可或缺性和优先性，并不轻视理智在艺术欣赏中的作用，如温克尔曼（Winckelmann，1717—1768）所指出的："美被视觉感受到，但被理智认识和理解。"② 不过，理智在艺术欣赏中并不作概念式的思考，而是作尼采所说的"神话式的思考"。尼采认为，神话式的思考是诗人气质的表现。在尼采的心目中，瓦格纳就是一位具有诗人气质的艺术家。他写道："瓦格纳身上的诗人气质表现在，面对感性直观的事件，他不是用概念思考，也就是说，他是神话式的思考，人民从来是这样思考的，神话并不像那些由矫揉造作的文化培养出来的人们所设想的那样，以一种思想为其基础，相反，它本身就是一种思考方式，不过以事件、行为和苦难的顺序思考罢了。"③ 什么是神话式思考呢？让我们来看看实例吧。古人每天都看到日出日落的现象，他们就思考这种现象的原因，他们给出这样的解释：有个叫羲和的人，驾着由六条龙拉的马车，早晨把太阳在甘渊洗一个澡，装上车，在天上巡行，至虞渊歇息，这样黄昏就来到了。神话思维同逻辑思维一样，它也要找到事物、现象之间的内在联系，但是，它始终不脱离具体的事物和现象。如尼采所指出的，一个人如果像诗人那样思考，即作神话式的思考，"他就是一个感觉着、观看着、倾听着的生灵；他作出的结论就是他亲眼目睹的事件的联系，因而是事实的因果关

① ［美］杜威：《艺术即经验》，商务印书馆 2007 年版，第 331 页。

② ［德］温克尔曼：《希腊人的艺术》，广西师范大学出版社 2001 年版，第 122 页。

③ ［德］尼采：《瓦格纳在拜罗伊特》，《悲剧的诞生》，三联书店 1986 年版，第 153—154 页。

系，而非逻辑的因果关系”。[1] 神话思维是人类初期的思维方式。在逻辑思维和科学发达之后，神话虽然消失了，但是人类并没有废弃神话思维，神话思维在艺术活动中得以保存和延续。现代人所说的形象思维，就是神话思维的血亲，它们之间是血脉相通的。

艺术作品以何种方式存在？艺术作品的本体就是它的存在方式吗？这是一个颇为引人关注的问题。我认为，以经济学关于生产与消费的相互关系的观点来观察这个问题，比较容易看清这个问题的实质。所以，让我们先求教于伟大的经济学家马克思吧。马克思告诉我们，生产和消费是对立统一的关系，他写道，生产直接是消费，消费直接是生产。每一方直接是它的对方。可是同时在两者之间存在着一种媒介运动。生产媒介着消费，它创造出消费的材料，没有生产，消费就没有对象。但是消费也媒介着生产，因为正是消费替产品创造了主体，产品对这个主体才是产品。产品在消费中才得到最后完成。一条铁路，如果没有通车，不被磨损，不被消费，它只是可能性的铁路，不是现实的铁路。[2] 生产包括物质生产和精神生产。艺术活动也是一种生产与消费的活动。艺术家生产即创作艺术作品，受众消费即欣赏艺术作品，所以，艺术作品不是完成于它被创造出来之时，而是完成于受众欣赏它之日。艺术作品是由作者和受众共同完成的。由此来看，艺术作品的存在依赖于两个不可分离的条件，即艺术作品（本体）的产生和受众对这个本体的欣赏。这两者同是构成艺术作品的存在方式的不可或缺的要素，如汉斯－格奥尔格·伽达默尔（Hans－Georg Gadamer，1900—2002）所指出的：“艺术作品的存在，就是那种需要被观众接受才能完成的游戏。”[3]

观赏者接受艺术作品，不仅是静静地观赏，还要对它进行理解，作出解释。所以，观赏者接受艺术作品的过程，不是一个完全被动的、被灌注的过程，而是一种积极主动的、再创造的活动。法国作家让－保

---

① ［德］尼采：《瓦格纳在拜罗伊特》，《悲剧的诞生》，三联书店 1986 年版，第 154 页。

② 参见［德］马克思《〈政治经济学批判〉导言》，《马克思恩格斯选集》第 2 卷，人民出版社 1972 年版，第 93—94 页。

③ ［德］伽达默尔：《真理与方法》，上海译文出版社 1992 年版，第 215 页。

尔·萨特（Jean - Paul Sartre，1905—1980）在谈到作家跟读者的关系时，就特别强调阅读的创造性。他写道："作家在创作自己的作品时，向读者的自由提出呼吁，要求进行合作。"作品所塑造的形象的意义要读者去解读，作者有意无意在作品中所留下的"不言之意"或曰"空白点"（茵加尔登语）要读者去揭示、去补充，所以，阅读不能不是一种再创造。萨特认为："这种再创造将会跟第一次创作一样新鲜、一样有独创性。"他因此把阅读视为"有指导的创造"①。关于其他类型的艺术作品（如图画、交响乐、雕塑等）的观赏，在不同程度上也是如此。

艺术家是时代的儿子，艺术作品是一定的历史条件的产物。因此，我们要想正确地观赏和理解一个艺术作品，就要具有两种视界或曰视域，即历史的视域和现在的视域。所谓历史的视域，就是艺术作品产生于其中的历史环境，比如《窦娥冤》和《西厢记》是元代的杂剧，《三国演义》和《水浒传》是明代的作品，《红楼梦》是清代的小说。你要正确地理解一个作品，搞清楚它所产生的历史环境是一个基本的要求。伽达默尔指出："对一部流传下来的作品借以实现其原本规定的诸种条件的重建，对理解来说，无疑是一种根本性的辅助工程。"② 对艺术作品所属的原本世界的重建，对理解该艺术作品的意义来说，无疑是非常必要的。但是，倘使止步于对历史环境的重建，那就是一件无意义的工作了。之所以无意义，是因为如伽达默尔所指出的："这样一种视理解为对原本的东西的重建的诠释学工作无非是对一种僵死的意义的传达。"③ 因此，还需要有现在的视域。所谓现在的视域，就是进行理解的人自己生存于其中的视域，或者说处境。现在的视域对理解艺术作品的意义有更大的重要性，伽达默尔说得好："历史精神的本质并不在于对过去事物的修复，而是在于与现时生命的思维性沟通。"④ 显然，历

① ［法］让 - 保尔·萨特：《为何写作》，载伍蠡甫、胡经之主编《西方文艺理论名著选编》下卷，北京大学出版社 1987 年版，第 99—101 页。

② ［德］伽达默尔：《真理与方法》，上海译文出版社 1992 年版，第 218 页。

③ 同上书，第 219 页。

④ 同上书，第 221 页。

史的视域和现在的视域是有区别的，但是，这两种视域并不是互相孤立的。它们在理解艺术作品的过程中是互相结合在一起的，伽达默尔把这两种视域的结合叫作“视域的融合”。他写道：“解释者和文本都有其各自的‘视域’，所谓的理解就是这两个视域的融合。”[①] 他进一步指出：“这种视域交融才构成理解的本质。”[②] 伽达默尔还把视域融合的实现形式称为“效果历史”。他写道：“这就是效果历史意识的要点，即把作品和效果，作为意义的统一体进行考虑。我所描述的视域融合就是这种统一的实现形式。”[③]

视域融合或者说效果历史是一个理解艺术作品的意义的正确原则。它促成了“历史和现在的沟通”。历史视域要求理解者“坚守文本的意义同一性”[④]，用伽达默尔的话来说，就是：“从每一过去的自身存在来观察每一过去，也就是说，不从我们现在的标准和成见出发，而是在过去自身的历史视域中来观看过去。”[⑤] 比如说，读《红楼梦》，就要竭力用曹雪芹的眼光去看《红楼梦》中的故事和人物，要品味出原汁原味的《红楼梦》，用宋代人陈骙的一个说法，就叫作“入乎其内”。这一点非常要紧。倘使不“坚守文本的意义同一性”即不坚守文本的原本的意义，那就会歪曲了文本，以致抛开文本，去胡乱编造，《红楼梦》研究中的索隐派正是这样。如王梦阮和沈瓶庵认为宝玉和黛玉的恋爱写的是清世祖与董鄂妃的故事，蔡元培则指《红楼梦》为吊明反清的政治小说。这些看法实在太离谱了。这是完全使用猜谜的方法去解释《红楼梦》，是完全错误的。伽达默尔指出：“我们确实不会允许对一部音乐作品或一个剧本的解释有这样的自由，使得这种解释能用固定的‘原文’去制造任意的效果。”[⑥] 现在的视域则要求理解者用自己的眼光

---

① ［德］伽达默尔：《真理与方法——补充和索引》，商务印书馆 2007 年版，第 131 页。
② 同上书，第 529 页。
③ 同上书，第 577 页。
④ 同上书，第 8 页。
⑤ 同上书，第 388 页。
⑥ 同上书，第 154 页。

去看《红楼梦》中的故事和人物，看他们对现代人的意义和作用，还用陈骙的一个说法，叫作“出乎其外”。不要说不同时代的理解者有不同的视域，就是同一时代的理解者，也会因出身、教养、经历、观点、阶层等的不同而有不同的视域。所以，现在的视域是不断变化的，现在视域下的艺术作品的意义也随之而变迁。这样，视域融合中的艺术作品的意义，既保持着同一性，又呈现出变迁性，如伽达默尔所说的：“作品自身存在于所有这些变迁方面中。所有这些变迁方面都属于它，所有变迁方面都与它同时共存。”① 关于对艺术作品的意义的理解，歌德讲过一句名言：一千个读者就有一千个哈姆雷特。对哈姆雷特可以有一千种理解，这就是艺术作品的意义的变迁性；然而，这一千种理解，都从同一个哈姆雷特生发出来，都离不开同一个哈姆雷特，这就是艺术作品的同一性。法国哲学家梅洛－庞蒂（M. Merleau-Pouty，1908—1961）认为，艺术作品意义的同一性与变迁性的统一，正是艺术作品的积极的存在方式。他写道：“作品理所当然地接受不可完结的再解释，能在作品本身上面来改变作品，而如果历史学家在作品所表达的内容下面，重新发现了剩余的意义和密度更大的意义，那么，可以说，是作品的过去为他准备了一个漫长的未来的结构，这种积极的存在方式。”②

在对艺术作品的意义的理解中，还有一种耐人寻味的现象，用诠释学先驱克拉顿尼乌斯（Chladenius）的话说，就是：“解释者常常能够而且必须比作者理解得更多些。”伽达默尔赞同这个看法，他写道：“这一点具有根本的重要性。本文的意义超越它的作者，这并不只是暂时的，而是永远如此的。因此，理解就不是一种复制的行为，而始终是一种创造性的行为。”③ 且拿《红楼梦》来说，作者在该书第一回中指出，该书“大旨不过谈情”。从该书的人物塑造和情节结构来看，这个自白大体上是符合《红楼梦》的主要内容的。而后人从《红楼梦》所

① ［德］伽达默尔：《真理与方法》，上海译文出版社 1992 年版，第 156 页。

② ［法］梅洛－庞蒂：《眼与心》，中国社会科学出版社 1992 年版，第 151 页。

③ ［德］伽达默尔：《真理与方法》，上海译文出版社 1992 年版，第 380 页。

发掘出来的意义，却是大大超出“谈情”的范围了。让我们举几个例子吧。王国维认为《红楼梦》的精神是表现人生的痛苦和解脱；李希凡和兰翎从《红楼梦》看到的是封建官僚阶层腐朽透顶的生活及其必然崩溃的历史命运；邓拓则认为《红楼梦》表现了强烈的反对封建、追求个性解放的思想。不难看出，这些理解都是超越了作者，而且是富于创造性的。这种情况是由什么原因造成的呢？伽达默尔指出，这是由于时间距离或者说历史距离造成的。理解者同作者处于不同的时代，不同的历史条件，对一个艺术作品的意义不可避免地会有不同的理解。

第三节　成功的表现——艺术的美[①]

黑格尔把艺术与美看成是一个东西。且看他对美下的定义：“美就是理念的感性显现。”[②] 根据这个定义，美有两个要素，一是理念，一是感性形态，理念与感性形态的完美统一，就是美。其实，这也就是艺术，且看黑格尔对艺术的本质的规定：“艺术的内容就是理念，艺术的形式就是诉诸感官的形象。艺术要把这两方面调和成为一种自由的统一的整体。”[③] 所以，在黑格尔的心目中，美就是艺术，艺术就是美，美和艺术是一个东西。这个观点有广大的响应者。叶朗就持这个观点，他在其所著《美学原理》一书中写道：“艺术的本体就是美（广义的美）。所以艺术与美是不可分的。从本体的意义上我们可以说，艺术就是美。”何谓“广义的美”？广义的美，就是审美意象，艺术的本体就是意象世界，所以艺术的本体就是美。[④] 艺术与美是一个东西。还有一本书名叫作《艺术美论》的著作，认为艺术美的本质有三条：第一，主

① 本节在拙文《论艺术美》（发表于《黄河科技大学学报》2004 年第 4 期）的基础上敷衍而成。

② ［德］黑格尔：《美学》第 1 卷，商务印书馆 1986 年版，第 142 页。

③ 同上书，第 87 页。

④ 参见叶朗《美学原理》，北京大学出版社 2009 年版，第 239 页。

观与客观的统一；第二，内容与形式的统一；第三，真与善的统一。[①]这三条同艺术不无关系，却与艺术的美沾不上边。艺术与艺术的美不是一码事，而是两码事。笔者以为，把艺术与美混为一谈，对艺术与艺术的美不加区分，实际上是缺乏对艺术的美这个命题的意识，并且阻碍了对这个命题的探讨。艺术当然是美的，它之所以是一种重要的审美对象，就是因为艺术具有美的品格，如英国美学家、《英国美学杂志》主编奥斯本（H. Osborne）所说："对任何一种可以作为艺术作品来看待的人工制品来说，审美的特质是必不可少的，虽然也许光有审美特质还不是构成艺术作品的充分条件。"[②] 宗白华有相同的见解，他写道："美是艺术的特殊目的。若放弃了美，艺术可以供给知识，宣扬道德，服务于实际的某一目的，但不是艺术了。"[③] 至少对传统艺术来说，谅必不会有人对他们的话提出异议。那么我们要问，艺术到底美在哪里？或者说，是什么东西赋予艺术以美的品格？

古希腊人的看法是，对自然美的模仿使得艺术获得美的品格。著名的德国艺术理论家莱辛（Lessing，1729—1781）指出："在古希腊人看来，美是造型艺术的最高法律。"[④] 这个论断根据这样的事实："希腊艺术家所描绘的只限于美，而且就连寻常的美，较低级的美，也只是一种偶尔一用的题材，一种练习或消遣。在他的作品里引人入胜的东西必须是题材本身的美。"[⑤] 德国艺术史家温克尔曼（Winckelmann，1717—1768）同莱辛的观点完全一致，他认为，对于希腊人来说，美乃是"作为艺术的最高目的和集中表现"。[⑥] 他所说的美也是题材的美。我以为，古希腊人的这种看法是由几个方面的原因促成的。首先，古希腊有一种崇尚美的社会风尚，其突出表现是，在奥林匹克运动会上，运动员

---

① 参见于文书、周晓光编著《艺术美论》，石油大学出版社 2001 年版，第 82—95 页。

② ［英］H. 奥斯本：《论灵感》，载上海师范大学中文系文艺理论教研室编《文艺理论争鸣辑要》上册，上海文艺出版社 1983 年版，第 434 页。

③ 宗白华：《美学与意境》，人民出版社 1987 年版，第 289 页。

④ ［德］莱辛：《拉奥孔》，人民文学出版社 1979 年版，第 14 页。

⑤ 同上书，第 11 页。

⑥ ［德］温克尔曼：《希腊人的艺术》，广西师范大学出版社 2001 年版，第 118 页。

以全裸之身参加各项竞技比赛，获胜运动员的雕像也是裸体的，以此来展示人体的健美。古希腊妇女也有选美活动。这种风尚反映到艺术上，使得美成了艺术的最高目的。其次，古希腊人很重视艺术的教育作用，认为美的艺术即描写善的东西和美的东西的艺术能使人们的心灵得到滋养，使他们的性格变得高尚优美。柏拉图这样写道："我们不是要防止我们的保卫者们在丑恶事物的影像中培养起来，有如牛羊在芜杂的草原中培养起来一样，天天在那里咀嚼毒草，以至日久就不知不觉地把四周许多坏影响都铭刻到心灵的深处吗？我们不是应该寻找一些有本领的艺术家，把自然的优美方面描绘出来，使我们的青年像住在风和日暖的地带一样，四周一切都对健康有益，天天耳濡目染于优美的作品，像从一种清幽境界呼吸一阵清风，来呼吸它的好影响，使他们不知不觉地从小就培养起对美的爱好，并且融美于心灵的习惯吗？"① 在这种教育思想的倡导下，美——艺术的题材之美成了艺术的最高原则。古希腊人的这种看法流传下来，成了西方人的传统观点。

但是，这种传统观点在近代遭到了挑战，近代特别强调并突出艺术才能和艺术技巧的审美特性。莱辛充当了挑战者的传声筒，他写道："一位古代写隽语的诗人提到一个奇丑不堪的人时，说过这样的话：'既然没有人愿意看你，谁愿意来画你呢？'许多比较近代的艺术家却要说：'不管你是多么奇形怪状，我还是要画你。人们固然不愿意看你，他们却仍然会愿意看我的画；这并不是因为画的是你，而是因为这画是我的艺术才能的一种凭证，居然能把你这样的怪物摹仿得那么惟妙惟肖。'"② 在这种认识的基础上，产生出了艺术具有"双重美"的观点。中世纪的红衣主教波那文杜拉（Bonarenture，1221—1274）特别注意把对美的事物的描绘和对事物的美的描绘加以区分，他写道："对绘画的欣赏可有两种方式，即作为一幅画和作为一个形象。""（形象的）美同其原型的关系在于，美既在形象，也在形象所再现的物。由此，人

① ［古希腊］柏拉图：《文艺对话录》，人民文学出版社1963年版，第62页。
② ［德］莱辛：《拉奥孔》，人民文学出版社1979年版，第12页。

们可以得出结论认为，美的根据是双重的……一个形象被说成是美的，既是当它被完美地画出来的时候，也是当它完美地再现了形象的时候。”① 现实生活中的一个美的形象（原型）如蒙娜丽莎，被完美地再现于绘画作品当中，这个绘画形象本身自然依旧是美的；把美的原型完美地再现出来，是需要高明的艺术才能和艺术技巧的，这高明的艺术才能和艺术技巧隐含在艺术形象当中，这也是艺术的一种美。所以，蒙娜丽莎画像之美是双重的：原型的美是一重美，这是艺术的题材之美；原型的美得到完美的再现是又一重美，这是艺术才能和技巧之美。把艺术才能和技巧的表现确定为艺术的美，这是一个非常深刻而且精辟的观点，具有开创性的意义。艺术的这两种美，性质是很不相同的，罗马历史学家普鲁塔克（Plutarchus，约45—125）就已指出：“模仿某种美的事物，同美地模仿事物，根本不是一回事。”② 康德也十分重视这两者的区别，他写道：“存在着美的对象，也存在着关于对象的美的描绘。”③ 他又说：“自然美是一个美的物，艺术美则是一个物的美的表象。”④ 车尔尼雪夫斯基用一句非常生动的话概括了这个意思，他说道：“‘美丽地描绘一副面孔’和‘描绘一副美丽的面孔’是两件完全不同的事。”⑤

如果说，波那文杜拉是把“完美地再现”确定为艺术美的双重根据之一的第一人，那么，席勒则是把“完美地再现”确定为艺术美的唯一根据的第一人。席勒写过七封专门讨论美的书信，其中有一封加了一个标题：“艺术美”，不妨说这是一篇关于艺术美的专论。席勒认为有两种艺术美：（1）选择的美或质料的美——这是对自然美的模仿。（2）表现的美或形式的美——这是对自然的模仿。把选择的美

① ［波］沃拉德斯拉维·塔塔科维兹：《中世纪美学》，褚朔维等译，中国社会科学出版社1991年版，第291页。

② ［古希腊］普鲁塔克：《青年人怎样读诗》，载范明生《西方美学通史》第1卷，上海文艺出版社1999年版，第665页。

③ 《康德美学文集》，北京师范大学出版社2003年版，第338页。

④ 同上书，第562页。

⑤ ［俄］车尔尼雪夫斯基：《生活与美学》，人民文学出版社1957年版，第5页。

或质料的美列为艺术美之一，仅仅是顾及传统而已，实际上在席勒的心目中，真正称得起艺术的美的，乃是表现的美或形式的美。所以席勒说："形式的美或表现的美是艺术所特有的。"他指出，选择的美，注重的是"艺术家表现什么"，形式的美注重的是"艺术家怎样表现"，他用括弧特别注明，形式的美才是"严格意义上的艺术美"。①他还在给歌德的一封信中，直截了当地批评了把艺术美归于艺术的题材和内容的观点，他写道："许多人还犯了另外一种错误，那就是把美的观念过分归之于艺术作品的内容，而不是归之于对这一内容的处理。结果，他们就必须用同一种美的观念去看待两种作品：一种是梵蒂冈的阿波罗像及类似人物的雕像，这些作品的内容已经足够使它们很美；另一种是拉奥孔、牧畜之神福恩或其他令人不快或可厌的形象。"② 艺术作品的内容的美就是质料的美或选择的美，对内容的处理就是形式的美或表现的美。在席勒看来，真正的艺术美应当是形式的美或表现的美。形式的美或表现的美是由艺术家所掌握和运用的技艺和技巧造成的。他指出："艺术美本身已经包含着技艺的观念。"③席勒的同胞而且是席勒同代人的希尔特（Hirt，1759—1839），一位古代艺术研究者，对艺术的美的看法同席勒完全一致，而且他把话说得更为明确。他写道："艺术美不仅不在于对象的选择，而且仅仅在于来自艺术家方面的加工和表现。因此，一个引起厌恶的对象也能够从这方面显示完善。"④

我认为，把艺术美的根据或来源确定在"表现的美"，要比把它确定在"素材的美"来得合理、正确而且深刻。首先，前者是从艺术本身去寻求美的根据，后者则是从艺术之外的他物去寻求美的根据。表现的美是内在于艺术作品的，是隐含在艺术作品里面的；素材的美则只是

① ［德］席勒：《艺术美》，《秀美与尊严》，文化艺术出版社 1996 年版，第 74 页。

② ［英］鲍桑葵《美学史》，商务印书馆 1987 年版，第 391 页。

③ ［德］席勒：《秀美与尊严》，文化艺术出版社 1996 年版，第 65 页。

④ ［德］西·海·贝格瑙：《论德国古典美学》，上海译文出版社 1988 年版，第 148—149 页。

艺术作品对外物的反映，恰如一面镜子映照出一个外物的影像一样。其次，纵有美的素材，倘使没有表现的美，也无法将美的素材转化为美的形象。比如，要把神话传说中的美神维纳斯定格为雕塑中的美神像(图4—7)，关键在于艺术家的才能和技巧，即表现的美。相反，即使是丑的素材，如老年的妇女欧米哀尔的躯体，借助艺术家的才能和技巧，即表现的美，也可以转化成为一座美的雕像（图4—8）。维纳斯像

图4—7 维纳斯像

图 4—8　欧米哀尔像

作为一件艺术品，有双重的美：一是对象本身是美的，她面容姣好，体态优雅，风姿绰约，是一个典型的美女；二是这个雕像被塑造得那么成功，体现了艺术家的杰出的才能和高超的技巧，这就是表现的美，是严格意义上的艺术美。将欧米哀尔像跟维纳斯像并列，就显出了巨大而强烈的反差。欧米哀尔的躯体干瘪得像干枯了的树枝，她无力地耷拉着脑袋，下垂着双手，身子弯成了一张弓。欧米哀尔像作为一件艺术品，其对象是不美的、是丑陋的；但是，艺术家对这个对象的表现却是非常成功的。欧米哀尔也年轻过、美丽过，想当年她也曾是一位妖娆而风光的女子，曾有众多的追求者拜倒在她的石榴裙下。可是，如今她已年老色衰，行将就木，于是自怨自艾，陷入了深深的悲哀之中。这个雕像深刻地表现了人类对一条人生铁律的无奈，那就是：岁月无情，韶光易逝，扼腕叹息，徒唤奈何。诚如康德所说："美的艺术的优越性正是在于：它能把自然中可能是丑的或令人不快的东西都可以很优美地描绘出来，疯狂、疾病、战争的灾难等祸患之类的事物都可以很优美地描写出来，甚至能在绘画中加以表现。"[①] 从而成为美的艺术，成为审美对象。这一切充分说明了表现的美才真正是艺术的美的关键，是艺术的美的最终的决定性的因素。克罗齐对什么是艺术的美有深刻的认识，并作了经典的表述，他说，美就是"成功的表现"。[②]

席勒关于艺术美的观点的思想来源，可以追溯到古希腊的亚里士多德。亚里士多德指出，人对于模仿的作品总是感到快感，即使是模仿那些引起痛感的事物，例如尸首或可鄙的动物形象，"惟妙惟肖的图像看上去却能引起我们的快感"。引起快感的原因，对于我们所熟悉的对象来说有两个：一是求知，二是技巧。对于我们从来没有见过的对象来说，就只是"由于技巧或着色或类似的原因"。[③] 亚里士多德特别提到"技巧"这个字眼，非常值得玩味。正是技巧，是艺术美的核心因素。有一个发生在古希腊的典型的事例强有力地证明了亚里士多德的观点的可信性和正确性。古希腊画家庇越库斯（Piraecus）专画理发铺、肮脏的工作坊、驴子和蔬菜这样一些不登大雅之堂的日常生活中的事物，他在当时的画家中简直是一个另类，因此得到一个"污秽画家"的诨名。但是，当时的富豪们却用重量相等的黄金去买他的作品。[④] 想必他的作品把日常生活事物画得惟妙惟肖，显出高超的技艺而令人惊叹，从而引起审美快感吧。在古希腊那种在生活与艺术中都极其崇尚美的社会风尚之下，竟然发生"污秽画家"的作品备受青睐的事件，这说明艺术技

① 《康德美学文集》，北京师范大学出版社 2003 年版，第 562 页。

② ［意］克罗齐：《美学原理　美学纲要》，外国文学出版社 1987 年版，第 89 页。

③ 《诗学　诗艺》，人民文学出版社 1982 年版，第 12 页。

④ 参见［德］莱辛《拉奥孔》，人民文学出版社 1979 年版，第 12 页。

巧对引起审美快感的作用是何等的强大！

亚里士多德的观点得到了后世许许多多美学家的响应与认同。他们都紧紧扣住“技巧”这个核心，展开了对艺术美的探讨和论述。在此我愿选择几例略作介绍。

英国美学家夏夫兹博里认为，艺术的美不在艺术品的材料，而在构图设计，即在艺术创作的能力和技巧。他写道：“美的、漂亮的、好看的都决不在物质（材料）上面，而在艺术和构图设计上面，决不能在物体本身，而在形式或赋予形式的力量。”他举出徽章、铸币、雕像之类艺术品为例，认为金属材料是“被美化者”，而艺术创造才是“美化者”，“物体里并没有美的本原”，“真正美的是美化者而不是被美化者”。[①] 设计构图和赋予艺术作品以形式的力量，指的是艺术创作的才能和技巧，夏夫兹博里认为，这些才是艺术美的本原。康德和黑格尔的看法与此相类。康德指出：“美和描绘和表现有关。”[②] 黑格尔是非常重视艺术作品的题材和内容的。他力主艺术作品应该选取和表现重大的题材和内容，认为这样的艺术才有意义。但是，他对题材尽管平凡、却有很高的艺术造诣的艺术作品如荷兰风俗画却是另眼相看、赞赏有加。他认为这些作品的可贵之处不在于它所表现的内容，而“在于表现本身，即在于创作的艺术性”。他写道：“艺术另外还有一个因素，在这里特别具有根本的重要性，那就是主体方面构思和创作艺术作品的活动，也就是个人才能的因素，凭这种个人才能，艺术家可以忠实地描绘尽管处在极端偶然状态而本身却具有实体性的自然生活和精神面貌，通过这种真实以及奇妙的表现本领，使本身无意义的东西，显得有意义。”[③] “奇妙的表现本领”来源于艺术家的“个人才能”，这种本领使本身无意义的东西即平淡无奇的题材、内容具有了意义，这意义就是艺术性、艺术的美。所以艺术的美可以同艺术的内容相埒，成为一种独立的价值。黑

---

① 朱光潜：《西方美学史》上卷，人民文学出版社 1963 年版，第 200 页。

② 《康德美学文集》，北京师范大学出版社 2003 年版，第 338 页。

③ ［德］黑格尔：《美学》第 2 卷，商务印书馆 1979 年版，第 367 页。

格尔指出："除对象（题材）以外，表现手段本身也自成一种独立的目的，所以艺术家的主体方面的技能和媒介的运用也就提升到艺术作品的客观对象的地位。早期的荷兰画家对颜色的物理学就已进行过极深入的研究。梵·艾克、海姆林和斯柯莱尔都会把金银的色泽以及宝石、绸缎和羽毛的光彩摹仿得惟妙惟肖。这种运用颜色的魔术和魔力来产生极显著的效果的巨匠本领现在已获得一种独立的价值。"① 虽然黑格尔没有明确地使用过艺术美的概念，但是，上面所引的他所说的话，谈论的正是艺术的美。而且，他对艺术的美的重视，决不下于他对艺术的内容的重视。

众多美学家都确信，艺术的技巧乃是艺术美之母。法国社会学家、美学家拉罗（C. lalo）认为，艺术本身最主要的特征是技巧。这里所说的技巧，既包括每一门艺术传统的技巧，也包括为富有创造性的艺术家所改进了的技巧。这就是艺术的本质，并且是唯一真实可靠的"美学意义上的"美。正因为这样，所以审美快感是一种非常特殊的享受，它来自技巧上的迫切要求所得到的满足。也正因为这样，所以唯一合格的审美感情是技巧上的感情。② 美国原始艺术研究家弗朗兹·博厄斯（Franz Boas）持相同的看法，他说："工人的技巧赋予艺术作品以审美效果。这种审美效果不仅来自掌握技巧的愉快，而且来自完美形式造成的快感。……形式给人以快感，部分来自熟练工人克服了工作中的障碍之后得到的安慰。"③ 我想举个例子来说明技巧赋予艺术作品以美学意义上的美，这个例子是中国残疾人艺术团所表演的舞蹈《千手观音》（图4—9）。千手观音是佛教中的一位赐福予人类的菩萨，她长着一千只手。舞蹈是用人的肢体的运动作为媒介的一种艺术，千手观音是最宜于用舞蹈来表现的一个对象。在这个舞蹈当中，几十位残疾人演员用变化多端而又整齐统一的手臂动作刻画出了一位多姿多彩的千手观音形

① ［德］黑格尔：《美学》第2卷，商务印书馆1979年版，第371页。
② ［英］李斯托威尔：《近代美学史评述》，上海译文出版社1980年版，第117页。
③ ［美］弗朗兹·博厄斯：《原始艺术》，上海文艺出版社1989年版，第331页。

图 4—9　舞蹈《千手观音》

象，着实令人心醉神迷。令人醉、令人迷的不是关于千手观音与人为善的那个理念，而是编导精巧的舞蹈设计和演员们精湛的舞蹈表演。特别是演员都是一些失聪的残疾人，她们要在音乐的伴奏下，将那么丰富的舞蹈动作做得那么繁而不乱、杂而有序，需要付出多么巨大的努力去克服难以想象的困难啊！这一切更增加了这个舞蹈的魅力。诚如席勒所说："人类之手战胜大自然的顽强抵抗的成功经常令我惊喜。"① 美国美学家阿瑟·丹托（Arthur C. Danto）认为，艺术美孕育于艺术才能和艺术技巧，乃是一个具有普遍意义的结论。他写道："我认为，普遍的真

① ［德］席勒：《曼海姆的古代艺术珍品陈列室》，载郑林编《艺术圣经——巨匠眼中的缪斯》，经济日报出版社 2001 年版，第 6 页。

相是，从传统的杰作观念来看，艺术作品经常或永远涉及体现它们所需的精湛技巧，因此，作品的直接题材（如果有的话）通常只是真正题材的一个机会，真正题材就是显示精湛技巧。”①

对于什么是艺术美的问题，蔡仪是做过专门研究的，并且提出了自己的看法。蔡仪在他主编的《美学原理》中特辟一章来讨论艺术的美。该章第一节标题是：“艺术美的根本在于艺术的典型。”② 这个标题就表明了该书关于艺术美的观点。这个观点显然来源于恩格斯。恩格斯深刻地总结了19世纪西方现实主义文学的创作经验，他在《致玛·哈克纳斯的信》中说过这样的话：“据我看来，现实主义的意思是除了细节的真实外，还要真实地再现典型环境中的典型人物。”③ 此外，这个观点恐怕跟罗丹的艺术思想有密切联系。罗丹认为：“美就是性格的表现。”④ 所谓“性格”就是“在外形下透露出的内在真理”⑤，罗丹指出：“只有性格的力量才能造成艺术的美。”⑥ 罗丹所说的性格同上述的《美学原理》所说的典型十分相近。在我看来，把艺术的美归于典型的描写和性格的塑造同前面所说的把艺术的美归于艺术技巧，有相通之处。

因为典型的描写和性格的塑造是需要凭借技巧的。技巧虽是一种手段，但是缺了手段，就达不到描写典型和塑造性格的目的。对这一点，罗丹是洞彻其理的。他说道：“毫无疑问，技法不过是一种手段，但是轻视技法的艺术家是永远不会达到目的——体现思想感情的，（引者注：书中的破折号似用错了地方，我把它改成这个样子）这样的艺术家，就像一个忘记给马喂料的骑马人。”⑦ 所以，他在讲到艺术的美的根源时，把性格与表现并提，原来是包含着这样一层意思

---

① ［美］阿瑟·丹托：《艺术的终结》，江苏人民出版社2001年版，第87页。

② 蔡仪主编：《美学原理》，湖南人民出版社1985年版，第274页。

③ 北京大学中文系文艺理论教研室编：《马克斯恩格斯列宁斯大林论文艺》，人民文学出版社1999年版，第16页。

④ 《罗丹艺术论》，人民美术出版社1978年版，第62页。

⑤ 同上书，第2页。

⑥ 同上书，第26页。

⑦ 同上书，第52页。

的。性格的塑造，要靠成功的表现。罗丹则把艺术的美归于成功的表现活动的某种结果即性格。可以说，把艺术的美归于典型的描写和性格的塑造，乃是把艺术的美归于技巧的观点的延伸。作这种延伸的目的，似在为艺术的美树立一个更为明确、具体且便于操作的标杆，却不料这一延伸带来了一个严重的弊端，那就是这个观点缺乏对各种艺术的普适性。恩格斯并没有错，他明确地把塑造典型环境中的典型人物的要求限制在现实主义文学的范围之内。但是，如果把这个要求扩大到一切艺术种类和形式，就出现了不适合、行不通的情况。除文学以外，这个要求对舞蹈和音乐特别是音乐就不适合。要求音乐去塑造典型环境中的典型人物，势必要闹出大笑话。况且，即使就文学来说吧，也只有叙事性的现实主义文学可以塑造典型环境中的典型人物，抒情诗就不把这个要求当成自己的目标。总而言之，把塑造典型作为艺术的美的标杆，就会大大地限制了、缩小了艺术美的范围，就会把很多真正的艺术的美排除在外。让我举些例子来说吧。汉代孝成帝时的班婕妤，起先得到皇帝的宠幸，后来皇帝移情别恋，班婕妤自悼失宠，于是写了一首诗《怨歌行》，表达自己的心情。诗曰："新裂齐纨素，鲜洁如霜雪。裁为合欢扇，团团似明月。出入君怀袖，动摇微风发。常恐秋节至，凉风夺炎热。弃捐箧笥中，恩情中道绝。"这首诗构思巧妙，借物抒情，明是写扇，暗寓自伤。这首诗有很高的艺术性，也就是说具有艺术的美，若是非要按典型的标准来要求，除非穿凿附会，那就很难把事情说得明白了。汉代有一尊击鼓说唱陶俑（图4—10），俑作坐姿，左手环抱着一面小鼓，右手高高地举着鼓槌，左脚着地，右脚跷起，嘴巴微张，眉开眼笑。这样的造型惟妙惟肖地表现出了这个艺人说唱说到意兴正浓时的神情和姿态，令人有似见其人、如闻其声的感受。这就是艺术的美。这种美同样不可以用典型的标准来衡量它。罗丹说过："对某一艺术派别是一句真实而深刻的话，对另一派别却显得虚妄。"[①] 对于把艺术的美归于典型的观点，罗丹

① 《罗丹艺术论》，人民美术出版社1978年版，第109页。

图 4—10　击鼓说唱陶俑

的话是击中要害的。所以，把艺术的美归于典型是不恰当的。

我们已经论证了艺术技巧乃是艺术美之母，而艺术技巧乃是艺术家的一种才智和技能。用马克思的话说，乃是人的一种本质力量。那么，我们对艺术美的欣赏，实质上就是对人的才智和技能的欣赏，也不妨说，是人的自我欣赏。黑格尔独具慧眼，深得其中奥旨，他写道："人有一种冲动，要在直接呈现于他面前的外在事物之中实现他自己，而且就在这实践过程中认识他自己。人通过改变外在事物来达到这个目的，在外在事物上面刻下他自己内心生活的烙印，而且发现他自己的性格在这些外在事物中复现了。人这样做，目的在于要以自由人的身份，去消除外在世界的那种顽强的疏远性，在事物的形状中他欣赏的只是他自己的外在现实。”① 这就是艺术的美的根源。马克思对黑格尔的观点进行了发挥。马克思指出，人类进行着两种性质不同的劳动，一种是谋生的劳动，是为了生存而进行的劳动；一种是作为“自由的生命表现”的劳动，可以称为乐生的劳动吧。马克思认为，在后一种劳动中，我们每个人在自己的生产过程中就双重地肯定了自己和另一个人：（1）我在我的生产中物化了我的个性和我的个性的特点，因此我既在活动时享受了个人的生命表现，又在对产品的直观中由于认识到我的个性是物质的、可以直观地感知的因而是毫无疑问的权利而感受到个人的乐趣。（2）在你享受或使用我的产品时，我直接享受到的是：既意识到我的劳动满足了人的需要，从而物化了人的本质，又创造了与另一个人的本质的需要相符合的物品。② 这种劳动的产品就是“反映我们本质的镜子”。尽管马克思没有直截了当地点明这种劳动就是艺术生产，但是，毫无疑问的是，艺术生产必定被包含在这种生产的范围之内，因为艺术的创作和享受乃是“自由的生命表现”的典型形态。现在我们举个实例来看看欣赏艺术美的情形。我们面前摆着委拉斯贵兹（Velazquez，1599—1617）所画的教皇英诺森十世的画像（图4—11）。向画像投去一瞥，立即得到第一印象：一位红衣红帽的权势人物，在红色背景的衬托之下，端坐于华贵的椅子之上。再仔细一看，两只炯炯有神的眼睛像磁石吸铁般吸引了你，这两只眼睛似能穿透人体，直逼人心。眼睛是心灵的窗户，从这两只眼睛，你可窥见这个人物的睥睨人世、威严冷峻的内心世界。这个人物被刻画得如此形神兼备、入木三分，会让你感到震撼。与此同时，你会想到，画家具有多么高超的才能和技巧啊。你不能

① ［德］黑格尔：《美学》第1卷，商务印书馆1986年版，第39页。

② 参见［德］马克思《詹姆斯·穆勒〈政治经济学原理〉一书摘要》，《1844年经济学哲学手稿》，人民出版社1985年版，第172页。

图 4—11　教皇英诺森十世画像

不为此而大为惊叹。你还会意识到，这个画像就是画家的才能和技巧的结晶，是反映画家的才能和技巧的一面镜子。意念及此，你就会认识到，画家的才能和技巧才真正是这幅画像的美的真正根源。对画家来说，创作这幅画，是他的自我实现，是对他的才能和技巧的确证；欣赏这幅画，是他对自己的才能和技巧的直观，是自我欣赏。马克思指出，人是社会的存在物，人所创造的对象都是社会的对象。因此，一切对象对他来说也就成为他自身的对象化。[①] 由此来看，画家的才能和技巧乃是人类的本质力量在个人身上的表现，我们欣赏画家所创造的画像也成

① 参见［德］马克思《1844 年经济学哲学手稿》，人民出版社 1985 年版，第 82 页。

了我们的一种自我欣赏。只是，如果说画家对他自己的作品的欣赏是个人的自我欣赏的话；那么，受众对画家的作品的欣赏乃是人类的自我欣赏。

艺术品必须是美的，但是，艺术品并不是唯美的。艺术的美是为表现艺术的意蕴服务的。

歌德说过一句言简意赅的名言："古人的最高原则是意蕴，而成功的艺术处理的最高成就就是美。"① 艺术的美蕴蓄于"艺术处理"之中，成功的艺术处理就结晶为艺术的美。这个看法同前面所提到的席勒、康德等人关于艺术美的观点完全一致。歌德在这里还指出了艺术的美与艺术的意蕴的关系，在他看来，艺术的美应以处理好艺术的意蕴为指归。我以为，歌德的看法是非常深刻的。这个看法既突出了艺术的意蕴在艺术作品中的主导地位，又十分重视"艺术处理"即艺术表现的重要作用。

基于以上对艺术意蕴与艺术处理之间的关系认识，歌德指出要对艺术品与技术品加以区别。他说："加了工的题材的内容就是艺术的发端和终局。我们虽不否认，天才和有修养的艺术家能够以艺术手腕从一切中创造出一切，以及可以驾驭最不好处理的材料；可是如果细加考察，这样创造出来的作品常是一种'技巧品'（Kunststick），而不是一件'艺术品'（Kunstwerk）。后者应当以一种可宝贵的题材为基础，然后依仗着熟练和勤劳加以艺术处理，终于使素材的价值更出色地、更美好地呈现于我们面前。"② 在歌德的心目中，艺术的内容和意蕴乃是艺术作品的灵魂和命脉。艺术发端于要表现某一题材，终结于这一题材得到了完美的表现。在考虑如何把这一题材艺术地、成功地表现出来的时候，就需要艺术家的才能和修养了，就需要艺术技巧了。凭借高明的技巧，对题材加以艺术处理，就能使题材的价值更出色地、更圆满地呈现出来。与此同时，艺术技巧本身的价值也得到了体现。但是，假若艺术

① ［德］黑格尔：《美学》第1卷，商务印书馆1986年版，第24页。

② 《歌德自传》上册，刘思慕译，三联书店1998年版，第284页。

技巧脱离了有意义的题材和内容，变成为技巧而技巧，那就是一种技巧品而非艺术品了。所以艺术品应该而且必须同时是技巧品，因为它包含着高度的技巧，含有艺术的美；单纯的技巧品却终究要低于艺术品，因为它缺乏扣人心弦和引人深思的意蕴，因而终不免沦为雕虫小技。

艺术作品的结构，大而化之地说，有两个层次：一个是内在的，即意蕴；一个是外在的，即可感知的形态。这两个层次是紧密相连的，如黑格尔所说，内在的显现于外在的，外在的指引到内在的。艺术的美也表现在这两个层次上。就意蕴层次说，艺术的美表现为意蕴的深邃和蕴藉，从而能引人深思、发人深省；就可感知的形态层次说，艺术的美表现为艺术形象的鲜明和生动，引人入胜且令人耳目一新。意蕴的深邃和蕴藉，要靠艺术家用敏锐的观察力和思考力到现实生活中去发现和挖掘；形态的鲜活和生动，要靠艺术家用高超的技巧去描写和表现。举例来说，鲁迅的小说《阿Q正传》，所含意蕴相当丰富，最深刻的意蕴则寄寓在阿Q身上。阿Q的性格不是单色的，而是杂色的，其性格的主色调是精神胜利法。精神胜利法在阿Q身上得到了极其个性化的表现。请看，阿Q被人揪住辫子，在壁上碰了几个响头，他心里想：“我总算被儿子打了。”于是他就觉得心满意足了。当他的这个小把戏被识破之后，别人打了他时，还要他说这不是儿子打老子，是人打畜生。于是阿Q就自贬说：“打虫豸，好不好?”过后他又会感到心满意足，因为他觉得他是第一个能够自轻自贱的人。自轻自贱不算外，余下就是“第一个”，状元不也是“第一个”吗？阿Q的精神胜利法真是被刻画得入木三分。精神胜利法是在弱小民族的弱势群体中容易滋生的一种消极的、畸形的心态。鲁迅说过，他要探索人们的灵魂。他从人们的心灵深处发现了精神胜利法这样一种消极的心态，并把它浓缩在个性鲜明、形象鲜活的艺术形象之中。这就是一种艺术的美。

又如罗丹的雕塑作品《巴尔扎克像》（图4—12）。为了塑造巴尔扎克像，罗丹对巴尔扎克做了深入的研究。他曾游历过巴尔扎克的故乡，读过巴尔扎克的书信，沉潜于巴尔扎克的作品，还翻阅过同时代人描写巴尔扎克的笔记。罗丹认为，参透巴尔扎克的精神，乃是成功塑造

图 4—12　巴尔扎克像

巴尔扎克像的关键。他说："艺术整个的美，来自思想，来自意图，来自作者在宇宙中得到启发的思想和意图。"① 罗丹在把巴尔扎克的精神吃透之后，就着手去经营巴尔扎克的外貌。在对巴尔扎克的外貌的了解上，拉马丁的描写给了罗丹以很大的帮助。拉马丁写道："巴尔扎克是这样的人……肥胖，体格粗壮，双肩宽阔结实，步子稳定，像米拉波一

① 《罗丹艺术论》，人民美术出版社 1987 年版，第 91 页。

样肥胖，但一点都不笨重，丰实的思想使他举止轻松优雅。”[1] 依照拉马丁的描写，罗丹找到了一个模样酷似巴尔扎克的青年农民做模特，罗丹为他做了一个栩栩如生的雕像。我们从中可以看到文学大师巴尔扎克那饱满的面容，塌陷的鼻梁，肉感而又充满个性的鼻头，圆圆的下巴以及魁伟的双肩，但还无法看到那充满智慧的思想火花。罗丹于是对雕像的形体特征和面部表情进行了修改。他先把雕像的头颅做圆，并且把它增大了一倍，还赋予雕像的面部以一种又似痛苦又似愤懑的表情，让人感觉到这个雕像的身体里心潮澎湃，蕴蓄着火山一样的感情。然后，他塑造了雕像的完全裸体的身躯，双手交叉于胸前，站立在大地上，使人感到一种强大的生命力。最后，罗丹给雕像穿上睡袍，巴尔扎克有穿着睡袍工作的习惯。巴尔扎克像从外表看，穿着睡袍的肥胖的躯体，壮实的躯体上安着一颗骚动不安的大脑袋，一颗充满了知识和力量的大脑袋，这个形象是非常个性化的。[2] 罗丹谈到《巴尔扎克像》时说道：“我的《巴尔扎克像》，他的动态和他的模样，使人联想到他的生活、思想和社会环境。”[3] 确实如此，巴尔扎克雕像形象鲜活，意蕴深厚，这就是艺术的美。

有一种观点认为，艺术的美全在于纯形式，而与艺术的意蕴毫无关系。这种观点的代表，当推英国艺术评论家克莱夫·贝尔（Clive Bell，1881—1964）。他提出了一个著名的论点，就是：“有意味的形式”激起我们的审美感情。他写道：“在各个不同的作品中，线条、色彩以某种特殊方式组成某种形式或形式间的关系，激起我们的审美感情。这些线、色的关系和组合，这些审美地感人的形式，我称之为有意味的形式。”[4] 由此看来，所谓“有意味的形式”其实就是纯形式。且看贝尔对有意味的形式的进一步解释和所举的实例吧。贝尔指出，我们如果用艺术家的即审美的眼光来看一条船的话，就要设想这条船完全与世隔

---

① ［法］朱迪丝·克莱代尔：《罗丹笔记》，四川文艺出版社 2004 年版，第 226 页。

② 同上书，第 227—229 页。

③ 同上书，第 224 页。

④ ［英］克莱夫·贝尔：《艺术》，中国文联出版公司 1984 年版，第 4 页。

绝，船上没有人，停止了一切运输任务，它只是一种“纯粹的形式”。如果用艺术家的眼光来看风景，那就不是把风景看作田野和农舍，而感到它只是各种各样的线条和色彩的组合，只是一种纯形式，它摆脱了与人类生活的一切关系。贝尔认为：“审美感情无论如何是通过对纯形式的感受才被激发出来的。”① 他进而断言，艺术是排斥一切跟人类生活和活动有关的东西的。他写道：“对纯形式的观赏使我们产生了一种如痴如狂的快感，并感到自己完全超脱了与生活有关的一切观念。”② 正是基于这种认识，他严厉抨击一切反映现实的有意蕴的艺术作品，把这类作品斥为“艺术的脂肪性病变”。③ 他甚至借一位日本的政府编辑之口，贬斥文艺复兴时期的绘画“尽是粗鄙与紊乱”④，他还说“再现往往是艺术家低能的标志”⑤，因为低能的艺术家创造不出能唤起审美感情的有意味的形式，才要使用再现的手段。贝尔对文艺复兴时期绘画的贬斥暴露了他的意见的偏激；他对再现艺术的排斥，则表现了他的武断。他竭力推崇塞尚，把塞尚奉为“发现‘形式’这块新大陆的哥伦布”。⑥ 但是，塞尚的绘画作品何尝排斥对现实的再现呢？贝尔把他所说的那种能激起审美感情的纯形式跟意味联系在一起，说“在纯形式的背后潜伏着令人心醉神迷的不可思议的意味”。⑦ 这“不可思议的意味”究竟是什么呢？贝尔借用康德哲学的术语，把它称为“物自体”，又把它称为“终极现实”或“终极实在”。他说：“所谓‘有意味的形式’就是我们可以得到某种对‘终极实在’之感受的形式。”⑧ 而对“终极实在”的含义他始终未加说明。依我看，他是用这个字眼来故弄玄虚。就连艺术观点同贝尔相近的英国画家兼评论家罗杰·弗莱（Rog-

① ［英］克莱夫·贝尔：《艺术》，中国文联出版公司1984年版，第35页。
② 同上书，第47页。
③ 同上书，第151页。
④ 同上书，第23页。
⑤ 同上书，第18页。
⑥ 同上书，第141页。
⑦ 同上书，第142页。
⑧ 同上书，第36页。

er Fry，1866—1934）也感到贝尔所说的“意味”和“终极实在”这两个概念实在是神秘莫测，难以索解。他写道：“任何人只能说：体验到审美情感的那些人感到它有一种独特的‘实在’性质，这种‘实在’性质使审美情感成为他们生活中具有无限重要性的事情。我所可能作出的解释这种‘实在’的任何尝试，大概只会使我陷入神秘主义的深渊中。因此我在这个深渊的边缘停下来。”[①] 艺术作品的形式里面确实是蕴含着意味的。如果不是把意味神秘化和空洞化，那么，它就是歌德所说的那个作为艺术最高原则的意蕴。意蕴总要借一定的形式而得到表现，形式则是为表现一定的意蕴而被创造出来。罗丹说得好：“总之，最纯粹的杰作是这样的：不表现什么的形式、线条和颜色再也找不到了；一切都融化为思想与灵魂。”[②] 他还说：“所以，一幅素描或色彩的总体，要表明一种意义，没有这种意义，便一无美处。”[③] 总而言之，认为艺术的美只在于纯形式而与艺术的意蕴毫无关系的观点，在学理上是失之偏颇的，在实践上则是经不起艺术史的检验的。艺术史告诉我们，凡是称得上是杰作的艺术品，无不是以优美的形式表现了深邃的意蕴。

不过，对于那些不表现什么意蕴的纯形式的作品和纯粹为了炫耀技艺的技巧品（在技术性特强的艺术门类如美术和音乐中就多有这样的作品），我们应取宽容的态度，不要排斥它们。因为它们也确实具有某种程度的艺术美，能激起我们的美感，给我们以美的享受。比如，我们面前摆着一只用象牙雕成的多层同心圆球（图4—13）。它一层套着一层，共有三十多个层次，你看了简直想象不出雕工是从何处下刀的，是怎样把它雕成这个样子的。技艺之卓绝，使你不能不为之倾倒；技艺之高超，使你不能不为之惊叹。如此卓绝、高超的技巧结晶在这个球体上面，显现出一种艺术美。又如，帕格尼尼（Paganini，1782—1840）的

---

① ［英］罗杰·弗莱：《回顾》，载蒋孔阳主编《二十世纪西方美学名著选》上卷，复旦大学出版社1987年版，第201页。

② 《罗丹艺术论》，人民美术出版社1978年版，第93页。

③ 同上书，第52页。

24 首小提琴随想曲，这些作品探索了小提琴技巧的各个方面，如连弓、跳弓、震音、和弦、颤音、琶音音阶以及左手拨弦、双音等，常作为小提琴练习曲而被广泛采用，其演奏技巧上的难度，历来都被公认为是对每个小提琴家的严峻考验。① 听了这些乐曲，你简直会觉得这是魔鬼传授的技巧，你也会为之倾倒和惊叹，我们还会为人类竟拥有这样神奇的双手而感到无比的骄傲。不仅这些绝技本身令人赞叹，而且可以把这些技巧看作为创造出形神俱美的艺术佳作的技术上的准备。

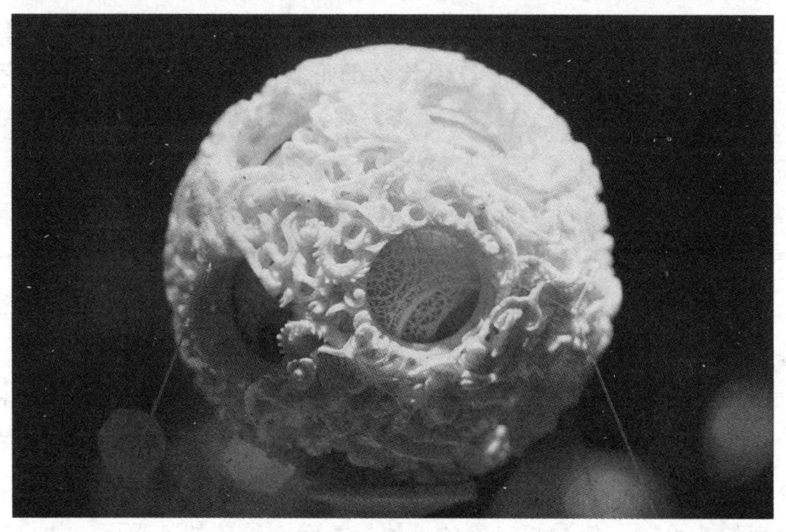

图 4—13　象牙镂雕龙纹同心球

第四节　说说现代派艺术

在 19 世纪末 20 世纪初那个世纪转换的年头，在西方世界兴起了一种与传统艺术迥然有别的艺术形态。这种艺术形态包含着形形色色的流派，人们统称之为现代艺术或曰现代派。以法国画家马蒂斯（Henri

① 《音乐欣赏手册》，上海音乐出版社 1981 年版，第 255 页。

Matisse，1869—1954）为代表的现代画派被称为“野兽派”，这个名称很能说明现代派艺术的共同特点。野兽派的得名有一个小故事。1905年巴黎秋季沙龙举办画展，特别辟出了一个展厅，展出以马蒂斯为代表的一批新兴美术家的绘画作品。法国著名的美术评论家路易·沃克塞尔（Louis Vanxcelles）参观展览来到了这个展厅。他环顾四壁上那些色彩强烈、狂放的作品后，目光落到了摆在展厅中间的一尊男孩雕像上。这尊雕像出自马尔克（Marque）之手，它的风格与15世纪意大利雕塑家多纳泰罗（Donatello）的作品风格相似。这位批评家感受到画作与雕像之间的强烈反差，不由得惊叫道：“看哪！多纳泰罗在一群野兽之中。”[①] 这位批评家的惊叫反映了当时一般人对现代派美术（不仅是美术，也包括音乐和文学）的看法。在他们的心目中，如果说传统艺术是令人赏心悦目的美女的话，那么现代派艺术无异于让人触目惊心的野兽。现代派艺术的横空出世，不仅让人惊讶，也引起了人们的思考，从而产生出了一系列的问题，如现代派艺术产生的根源是什么？现代派艺术崛起的条件是什么？现代派艺术跟传统艺术究竟是什么样的关系？现代派艺术有美吗？等等。如今，尽管人们早就以平常心来对待现代派艺术，不再把它们看作野兽了，现代派艺术甚至成了艺术的主流。但是，上面提到的问题依然没有得到回答，至少没有得到令人满意的回答。这或许是理论总是滞后于实践的缘故吧。西方现代派艺术在我国的遭际甚为奇特。在改革开放之前，它被武断地定性为腐朽、没落的资产阶级艺术而被拒之于国门之外。随着改革开放大潮的兴起，它迅猛地、大量地涌入国门，很快在我国艺术领域中占据了一席之地，并且对我国的艺术创作产生了不可小觑的影响。西方现代派艺术在我国的现状是：介绍得多，研究得少；叙述得多，评论得少。面对这样的现状，我以为，美学不应回避现代派艺术，理论不应长久地保持沉默。为此，我不揣浅陋，敢发一点肤泛之论，以期引起莘莘学者的思考。不过，在这里我们只拣

---

① ［法］杰克·德·弗拉姆编：《马蒂斯论艺术》，河南美术出版社1987年版，第212页。

跟美学有关的两个问题谈一点看法。

先说说现代派跟传统艺术的关系。现代派给人以一脚踢开了传统艺术的强烈感觉，这有两个原因：第一，现代派艺术家中有人提出了一些激进的、极端的反传统的观点，如安贝托·波丘尼（Umberto Boccioni，1882—1916）在《未来主义雕塑技术宣言》中写道："没有比害怕违背我们所从事的艺术更愚蠢的事了。既不存在绘画，也不存在雕塑，既没有音乐也没有诗歌。唯一的真实就是创造。"[①] 达达主义画家乔治·格罗斯（George Grosz）宣称："我们的运动则完全是虚无主义的。我们蔑视一切，包括我们自己。我们的象征是虚无、虚空、真空……"[②] 未来主义者声言："要摒弃全部艺术遗产和现存文化。"[③] 超现实主义者自称"我们是反叛的专家"。[④] 现代派艺术家在反叛与创新的名义下不仅摒弃了传统，甚至否定了他们自己，《达达》杂志的创办人弗朗西斯·比加比亚（Frandcis Picabia，1879—1953）谈到他的创新观，说道："我所爱的唯有每时每刻地和自己一起创新、想象，创作一个全新的自我，然后忘掉它，不剩一丝一毫。我们应该秘密地收藏一块橡皮，随着我们作品的完成就擦掉它们，以及关于它们的记忆。我们的大脑只应该变成一张白纸或者一块黑板，或者更好的选择是成为一面镜子，我们只是在里面看一会儿自己，然后过了两分钟就把它翻转过来。"[⑤] 这是多么彻底的虚无主义！现代派艺术家反传统的重唱调门高、力度大，盖过了其他的声音，给人留下难以磨灭的印象。第二，现代派艺术异军突起，从形态到意蕴跟传统艺术都大异其趣。从传统艺术的眼光看，现代艺术是真正的异类、另类。劳申伯格（Robert Rauschenberg）在谈到他自己的作品的特点时说："我有一种倾向，喜欢要么用抽象到任何人都不知道该

---

① ［意］波丘尼：《未来主义雕塑技术宣言》，载毕加索等《现代艺术大师论艺术》，中国人民大学出版社 2003 年版，第 114 页。

② ［意］C. W. E. 毕格斯贝：《达达和超现实主义》，昆仑出版社 1989 年版，第 4 页。

③ 袁可嘉：《欧美现代派文学概论》，上海文艺出版社 1993 年版，第 66 页。

④ ［意］C. W. E. 毕格斯贝：《达达和超现实主义》，昆仑出版社 1989 年版，第 43 页。

⑤ ［法］马克·西门尼斯：《当代美学》，文化艺术出版社 2005 年版，第 56 页。

物体是什么东西，要么是扭曲变形到你再也辨认不出来的东西，或者是一目了然到你连想都不会去想的东西。”① 他的自白恰好道出了现代派艺术的感性形式的两大特点，即抽象与扭曲变形。让我们举出一些实例来看吧。先说说美术方面的情况。毕加索（Pablo Ruizy Picasso，1881—1973）的画作《庭院中的女子》（图 4—14），画中形象像是一把椅子，椅子背上竖着一根戴着一顶帽子的杆子，它的对面是两根荷叶状的东西。形象非常怪异，非常抽象，很难让人把它同女子联系起来。这幅画体现了毕加索的趣味，他说过：“我作画时，我总是企图创造一个人们意想不到、不堪忍受、因而也无法接受的形象。这就是我的兴趣所在。”②

图 4—14　庭院中的女子

① ［澳］罗伯特·休斯：《新的冲击》，百花文艺出版社 2003 年版，第 397 页。

② ［法］弗朗索瓦兹·吉洛、［美］卡尔顿·莱克：《情侣笔下的毕加索》，天津人民出版社 1998 年版，第 54 页。

达利（Salvador Dali，1904—1989）的画作《记忆的永恒》（图 4—15），画中最引人注目的是三块软塌塌的表，像是用面团捏成的一样。一块挂在一棵枯树的枝丫上，一块搭在一个柜子的边沿上，还有一块铺在一个奇形怪状的物体上。三块表呈三角形的布局，远处是海洋和蓝天，海洋之上蓝天之下是一座山。这样的画面跟记忆有什么关系呢？达利在《非理性的征服》一文中对此有过解释，他写道："要相信我的话，萨尔瓦多·达利的《软钟》不是别的，而是温柔的偏执狂批评的法国，在时间上和空间上奢侈的和孤独的法国。"[①] 但是，对于这幅画的意蕴，达利本人的解释并没有使我们稍微明白一点，反而更加令人感到莫名其妙。达利的画，形象怪异、意义难明，他自己也承认："据说我的敌人、我的朋友和大众都并不理解我在绘画中显示和表现的意象的意义。"[②] 这也是许多现代派艺术的共同遭遇。

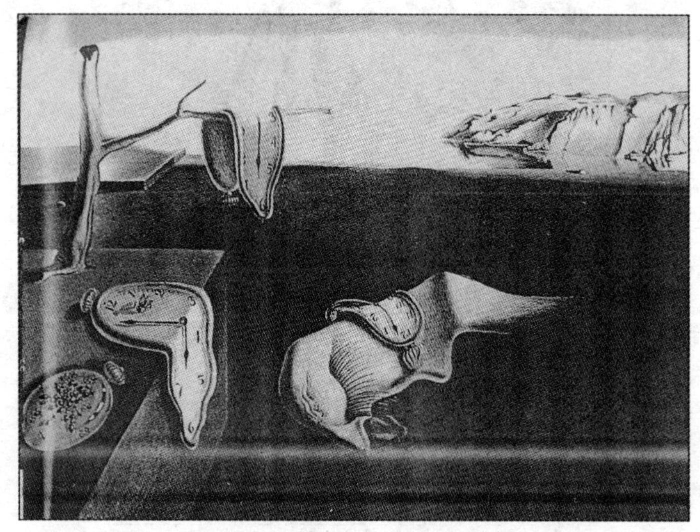

图 4—15　记忆的永恒

① 《达利谈话录》，广西师范大学出版社 2002 年版，第 138 页。
② 同上书，第 129—130 页。

再看看音乐方面的情况。勋伯格（Arnold Schoenberg，1847—1951）的《月迷彼埃罗》，是一组独唱套曲，属于无调性乐曲。著名的指挥家兼作曲家伯恩斯坦（Leonard Bernstein）对这组套曲作了这样的评论："这些歌永远使我感动，但也使我有点恶心。连唱带讲，还加上呻吟。在这些歌曲的有些地方，我真想跑去打开窗子，呼吸一下健康而清新的空气。但这也就是它的成功之处。"[①] 所谓"成功之处"，讲的是乐曲对感情的表现；令人"恶心"，指的是乐曲的音调。这组乐曲的音调确实太让人不舒服了，以致有一位评论家抱怨说："如果这是音乐，求求上帝，别让我下次再听它了。"[②] 音响让人的听觉不舒服，是现代派音乐的一个突出的共性。这个共性在斯托克豪森（Karlheinz Stockhausen）名为《片刻》的乐曲中表现得尤为鲜明。这是一首巨大的音响集合体，需要一个女高音、四个合唱队和三十件乐器。音乐学家彼得·斯·汉森对这首乐曲的演奏情形作了这样的描述：乐曲开始是鼓掌的声音，然后加进说话声、呼噜声、低语和呼喊声，给人一种听政治会议的印象。在各种各样的震音、叽叽喳喳声、"双吐"声和哭号（小儿未会说话前的哭声）中渐渐地听到了女高音的声音。作曲家承认："在这首乐曲中，音响与音乐之间的区别已经消逝。"汉森对这首乐曲作了这样的评论："由于乐曲长，缺少头绪，音响怪异，听众在欣赏时有很多困难。"[③] 约翰·凯奇（John Cage）的钢琴曲《4′33"》不但摒弃了调性，而且取消了乐器的音响。根据彼得·斯·汉森的描述，这首乐曲的演出的情景是这个样子的：钢琴演奏者一动不动地在键盘前坐了四分三十三秒钟，只是在规定的时刻打开和关上钢琴的琴盖来表示三个乐段的划分。这首乐曲的主旨在于当沉寂无声时，听众开始注意到周围发生的无目的的、偶然的声响。出现的声响也许是一声咳嗽，也许是移动脚的声音，甚至是人们自己的耳鸣。凯奇所要求听众的"仅仅是认识我

---

① 钟子林：《20世纪西方音乐》，中央民族大学出版社2006年版，第7页。

② 同上。

③ ［美］彼得·斯·汉森：《二十世纪音乐概论》下册，人民音乐出版社1986年版，第216页。

们的现实生活”。[①] 这就等于把自然音响当成了音乐。这样的音乐同传统音乐相差得实在太远了。从以上叙述可以看到，现代派艺术从理论到实践都散发出浓烈的反传统的味道，因此有的艺术评论家就认为：“现代主义传统，从根本上说就是一个叛逆的传统，是对业已确立的已被接受的现存秩序的反叛。”[②] 这确实是一种非常醒目的现象。

其实，现代派艺术跟传统艺术之间维持着割不断的联系。普列汉诺夫指出，这种联系可有两种表现方式，一种是肯定性的方式，一种是否定性的方式。肯定性的方式，就是现代派艺术对传统艺术的继承和接续；否定性的方式就是超越传统、实现创新。现代派艺术跟传统艺术的肯定性联系似乎不大为人所注意、所提起，但是，这种联系是实实在在地存在着的。最有说服力的一点是，绝大多数的现代派艺术家都接受过传统艺术的教育和熏陶。可以说，现代派艺术家都是由传统艺术孕育出来的。斯特拉文斯基（Igor Stravinsky，1882—1971）把传统看作“传家宝和珍贵遗产”，认为“传统是持续创新的保障”。[③] 这个观点为许多有成就的现代派艺术家所认同。勋伯格根据切身经验认为，艺术的创新植根于传统，他说：“我所创作的全新的音乐系统是独一无二的，它植根于传统，也将注定成为新的传统。”[④] 勋伯格精通古典音乐，他的教学内容完全是传统的，即使在他发明十二音体系之后，他还是严格要求学生按调性风格进行写作。[⑤] 马蒂斯认为艺术的发展取决于以前所形成的文明，他写道：“艺术发展的水平不仅取决于个人，而且取决于全部积累起来的力量，取决于在我们之前所形成的文明。绝不能随心所欲，即使天大的画家也不能想干什么就干什么。”[⑥] 毕加索承认现代派艺术

---

① ［美］彼得·斯·汉森：《二十世纪音乐概论》下册，人民音乐出版社 1986 年版，第 213 页。

② ［美］爱德华·卢西·史密斯：《1945 年以后的现代视觉艺术》，上海人民美术出版社 1988 年版，第 10 页。

③ ［美］斯特拉文斯基：《音乐诗学六讲》，上海音乐学院出版社 2008 年版，第 46 页。

④ ［美］罗杰·凯密恩：《听音乐》，世界图书出版公司 2008 年版，第 335 页。

⑤ 参见钟子林《20 年世纪西方音乐》，中央音乐大学出版社 2006 年版，第 10 页。

⑥ 陈训明编译：《毕加索马蒂斯论艺术》，湖南美术出版社 2000 年版，第 99 页。

没有越出绘画的界限，他说："立体主义从来尊重绘画的界限，从未企图逾越这些界限。立体主义对于素描、构图、色彩的理解以及运用它们的形式，也跟其他画派一样。只是我们的题材比较特别，因为我们引入绘画的那些对象和形式，是以往的画家连想都没有想到的。"① 康定斯基确信传统在艺术发展的过程中起着不可替代的作用，他写道："艺术的发展并非由那些推翻旧的真理并称之为谬误的新发现所构成的……早期智慧并不是被后期智慧所否定，而是作为智慧和真理继续存在和生产这一有机发展的过程。"② 贡布里希把传统比喻为一种语言，很好地说明了艺术的发展和创新离不开传统的道理。他写道："我非常相信每个艺术家必须学会他的艺术语言即程式，只有在他掌握了这种语言之后，才可以进一步发展。语言是一个很好的类比，如果你发明一种全新的语言，没人能理解它。"③ 他又说："艺术必须在程式的上下文中发展。人们必须创造、发展并逐渐改进这些程式，使它们达到令人赞叹的绝妙程度。"④ 音乐、绘画、文学以及各门艺术都具有自己独特的一套语言体系，现代派艺术对传统的语言体系有所改造、有所创新，但是，它终究没有脱离这套语言体系。现代派艺术家当中那种极端偏激的反传统的观点，在实践上是行不通的，在学理上是站不住脚的，它只会造成完全摧毁整个艺术的恶果。梅洛-庞蒂（Merleau-Ponty）指出了这一点，他写道："现时的绘画过分断然地否定过去，以致自己不能真正从过去解放出来。现代的绘画只能在利用过去当中忘记过去。今日的绘画狂热地追求新奇，这带来的恶果是使那种在它之前来到的东西像是一种失败的意图，同时，其新奇又使人预感到一种新的、明日的绘画，这种绘画又将使今日的新奇变成一种失败的意图。这样一来，整个绘画被显示为说出

① 陈训明编译：《毕加索马蒂斯论艺术》，湖南美术出版社 2000 年版，第 6—7 页。

② ［西］毕加索等：《现代艺术大师论艺术》，中国人民大学出版社 2003 年版，第 90 页。

③ ［英］贡布里希：《艺术与科学——贡布里希谈话录和回忆录》，浙江摄影出版社 1998 年版，第 71 页。

④ 同上书，第 209—210 页。

某种始终有待说出事物的失败了的努力。”①

现代派艺术与传统艺术的否定性的联系，表现在现代派艺术在某些方面对传统艺术的超越和突破，而这种超越和突破是以传统艺术为起点或者为对立面的，并不是凭空而来的。拿音乐来说，现代派音乐崛起的一个标志就是无调性，无调性是针对传统音乐的调性而来的，它是对调性的突破。无调性音乐的进一步发展，产生出了一种新的作曲方法，即十二音音乐，这是深深打上了现代派音乐印记的一种作曲方法，它已取得了同调性并行不悖的地位。十二音音乐发明者勋伯格说：“在经过几乎整整十二年的很多不成功的尝试之后，我打下了音乐构成上一种新方法的基础。这种新方法看来适合于代替以前的调性和声所引起的那些结构上的变异。我把这种方法叫作‘只有一音和另一音相互联系的十二音作曲法’。”② 此外，被现代派音乐延用的传统音乐的其他要素如旋律、和声、复调、节奏、曲式，等等，在现代派音乐中都有了不小的变化。比如，旋律不流畅，很少曲线起伏，很多大跳进行，且呈棱角形线条。③

再来看美术。现代派美术对传统美术而言，无论在表现对象上还是在表现手法上都有很多的突破和超越。在表现对象上，传统美术总是要塑造一个具体的、可认知的形象，它乃是对现实生活中的人物或事物的反映。现代派艺术家却主张撇开世界，表现自我，彻底向内转。至上主义画家马列维奇（Kazimir Malewitch，1876—1935）的话最具典型性，他写道：“艺术不再关心为国家和宗教服务，它也不再希望去描绘社会风俗史，它不愿和客观事物有任何关系，它相信它可以在没有‘事物’的情况下独立存在，作为自身而存在。”④ 我们看到，在毕加索、马蒂

---

① ［法］梅洛－庞蒂：《眼与心》，中国社会科学出版社 1992 年版，第 115 页。

② ［美］彼得·斯·汉森：《二十世纪音乐概论》下册，人民音乐出版社 1986 年版，第 4 页。

③ 参看钟子林《20 世纪西方音乐》，中央民族大学出版社 2006 年版，第 1—2 页。

④ ［西］毕加索等：《现代艺术大师论艺术》，中国人民大学出版社 2003 年版，第 113 页。

斯和其他一些现代派艺术家的画作中，其形象也参照了生活中的人和物，但是，在他们的心目中，这些人和物并非它们本来的样子，而仅仅是色彩的承担者和构图的因素。毕加索声称："画家画画是要宣泄感觉和想象。"① 他还说："所谓'题材'，在我们这个时代已不复存在。当你观看米开朗基罗的《末日审判》一画时，你不会真正地考虑它的题材，你只会把它当作一幅画来考虑。"② 荣格（Carl Gustav Jung，1876—1961）就指出了毕加索由外向内转的创作倾向。他写道："如果把他（指毕加索）的作品按编年排列，我们就可以看出一种逐渐脱离经验物体的倾向，可以看出一些不符合于外部经验的、来自于'内'的因素的逐渐增长。"③ 这话是有根据的。且看毕加索是如何画一棵树的吧。他说道："我在画一棵树时，却从不挑选，甚至都不去看树。对我来说，问题绝不在这方面，我没有用预先打好的美学基础来指导我的选择，我也没有预先确定树的形象。总之，凭借的不是视觉，因为我从不根据自然创作，我心目中的树在自然界并不存在。我利用自己的心理—生理冲动逐渐勾勒出树的枝叶形态。"④ 马蒂斯也主张绘画要"避开令人烦恼的题材"⑤，就像音乐家用音符来构成乐曲一样，美术家要用色彩配置出色彩的和声。马蒂斯有一幅画题名为《红色的和声》，这个题名就足可说明问题。他在谈到这幅画时说："我想用平涂的色块创作作品，我要像作曲家配置他的和声那样配置我的平涂色块。"⑥《舞蹈》是马蒂斯非常出名的一幅画，马蒂斯把画中人物仅仅看作纯粹的色块，且听他对这幅画的解说："最纯的蓝色代表天空，

---

① ［西］毕加索等：《现代艺术大师论艺术》，中国人民大学出版社 2003 年版，第 58 页。

② ［英］罗兰·潘罗斯：《毕加索》，人民美术出版社 1986 年版，第 466 页。

③ ［瑞士］荣格：《心理学与文学》，三联书店 1987 年版，第 172 页。

④ ［法］弗朗索瓦兹·吉洛、［美］卡尔顿·莱克：《情侣笔下的毕加索》，天津人民出版社 1988 年版，第 105 页。

⑤ 欧阳英：《20 世纪法国艺术》，上海人民美术出版社 2001 年版，第 38 页。

⑥ 同上书，第 39 页。

最纯的绿色代表大地，强烈的红色代表人体。”① 艺术完全脱离了自然，脱离了客观世界，就会成为纯粹的色彩或音响的游戏，变成所谓“纯画”。毕加索承认他的立体主义肖像画就是这样的纯画。他说：“我为画而画，这是真正的纯画，为构图而构图，只是在快结束时，才加上象征形象。”② 这同音乐家把音乐变成了无意义的音响游戏同出一辙。凯奇在《无言》一文中谈到写音乐的目的，说道：“写音乐的目的是什么？当然你不是与各种意图打交道，而是与音响打交道。或者说，答案必须采取反论的形式：有意的无意义或一种无意义的游戏。”③ 值得注意的是，在表现对象上的向内转乃是各个门类的现代派艺术的总趋势和共同点。彼得·福克纳在对现代派文学的评论中，以赞同的态度援引了弗吉尼亚·伍尔夫的观点。伍尔夫指出：“小说家的关注中心已经从再现外部的世界转为反映意识的构造，指出心灵对世界的观察活动成为小说家探索的一个非常重要的，也许是最为重要的领域，而现代文学的一个总趋势就是关注心灵的内容，关注经验主体的内在心理生活。”④

抽象画是现代派美术中的一个重要流派，却招致了很多非议，为此，我想对它稍微多说几句。现代派美术的抽象画法的形成有两个方面的原因：一方面是对传统艺术的表现方法的超越，由具象变为非具象即抽象，恰如音乐中由调性变为无调性；另一方面，现代派艺术在表现对象上摒弃、脱离客观世界的取向，必然导致表现手法上的抽象化。阿恩海姆指出：“在最近的几十年中，现代派艺术在表现物理世界时，逐渐显示出一种减少其相貌特征的数目的趋势。当这种趋势发展到顶点的时

① 欧阳英：《20世纪法国艺术》，上海人民美术出版社2001年版，第39页。

② ［法］弗朗索瓦兹·吉洛、［美］卡尔顿·莱克：《情侣笔下的毕加索》，天津人民出版社1988年版，第54—55页。

③ ［美］彼得·斯·汉森：《二十世纪音乐概论》下册，人民音乐出版社1986年版，第212页。

④ ［美］彼得·福克纳：《现代主义》，昆仑出版社1989年版，第54页。

候，艺术便成了‘抽象’的艺术（或‘无标题’艺术）。”[①] 需要注意的是，不可将抽象画的抽象跟科学的抽象混为一谈。科学的抽象是一种思维方式，其功用在于从众多事物中舍弃它们的个别的、非本质的属性，抽取它们的共同的本质的属性，以形成概念和公式。抽象画则是绘画的一种表现形式。科学概念和公式只是某种意义的纯粹的符号，如DNA 表示脱氧核糖核酸，是人体细胞中负责遗传信息的贮存和传递的分子。而对于抽象画的色彩和结构来说，其所含意蕴不是在它之外，而是由它本身显示出来；换言之，就在它本身之中。抽象画家蒙德里安（Piet Mondrian，1872—1944）说得好："在抽象艺术和自然主义艺术中，色彩均‘根据决定它的形式’进行自我表现，在一切艺术中，艺术家的任务就是使形式和色彩富有生命力，能唤起情感，如果他把艺术变成一种‘教学方程式’，那无疑是对艺术的反动，这只能证明他不是一个艺术家。”[②] 所以，抽象艺术依然具有可感知的形态或曰形象性，只不过它是一种非具象的形态罢了。抽象艺术虽然废弃了具象，但是，它并没有完全割断与现实世界的联系，它仍然把现实世界当作它深藏不露的、终极的根源。蒙德里安是一位最为著名的抽象画家，他就毫不含糊地承认，他从客观现实中获得他的表现方式，正是这些现实生活造成了他的艺术的抽象化。他写道："如果认为，抽象艺术家觉得来自外部的感觉和印象是无用的，甚至觉得有必要清除这些感觉和印象，那就完全错了。相反，非具象艺术家从外部所接受的一切不仅是有用的，而且是必不可少的，因为这一切在艺术家的心中激起强烈的创造欲望，驱使他去创作他只能是隐约感觉到的东西和去创作以前不接触客观现实和周围的生活就无法用真实的方法表现出来的东西。显然艺术家正是从客观现实中获得他在与自己个人主观性相抗衡时所需要的客观性。显然他正是从这种客观现实中获得他的表现方式；至于周围的生活，显然正是这

---

① ［美］鲁道夫·阿恩海姆：《艺术与视知觉》，中国社会科学出版社 1984 年版，第 182 页。

② ［西］毕加索等：《现代艺术大师论艺术》，中国人民大学出版社 2003 年版，第 211 页。

些生活造成了他艺术的抽象化。”① 毕加索也认为，抽象艺术家也需要从现实生活获得创作的灵感和动力，所以，抽象画的最深的根源，也隐藏在现实生活之中。他说：“没有所谓抽象画，人必须用某些东西开始，后来可以把现实的一切痕迹去掉，然后就不再存在危险。因事物的观念在其间留下了不可磨灭的记号。那正是原始推动艺术家走上创作的，刺激了他的观念的，把他的感情鼓动起来的。观念与感情终于在他的画幅内成了俘虏。无论怎样，它们不能再逃出画幅了。”② 毕加索还讲述了他自己创作抽象画的过程，他写道：“你想我会在乎我某张画里描绘了两个人吗？虽然这两个人对我来说一度是存在的，但现在已经不在了。他们的影像给了我初步的情绪；然后渐渐地，他们确实的样子愈变愈模糊了；他们演变成想象，然后整个地消失了；或更正确地说，转变成各种各样的问题了。他们不再是两个人，你知道，而是形式和色彩；采用了两个人这意念并保存了他们生命震荡的形式和色彩。”③ 杜威（John Dewey）也强调，抽象画不能失去对实际世界的参照，否则，抽象画就会成为空洞的色彩，那就没有意义了。他写道，对抽象画来说，“有一个不能突破的限制是，必须保留对某种环境中事物性质和结构的参照。否则的话，艺术纯粹是在私人参照框架中工作，其结果是，即使出现了生动的颜色和嘹亮的声音，也仍然没有任何意义”。④ 吴冠中同杜威的看法完全一致，他说：“从生活中来的素材和感受，被作者用减法、除法或别的什么方法，抽象成了某一艺术形式，但仍须有一线联系着作品与生活中的源头，风筝不断线，不断线才能把握观众与作品的交流。”⑤ 一般来说，抽象画由于它的非具象性，它所含的意蕴较难为观众所把握和参透，所以观众对抽象画的反应是看不懂，这是抽象画

① ［西］毕加索等：《现代艺术大师论艺术》，中国人民大学出版社 2003 年版，第 215 页。

② 郑林编：《艺术圣经——巨匠眼中的缪斯》，经济日报出版社 2001 年版，第 69 页。

③ ［西］毕加索等：《现代艺术大师论艺术》，中国人民大学出版社 2003 年版，第 57 页。

④ ［美］杜威：《艺术即经验》，商务印书馆 2007 年版，第 103 页。

⑤ 何燕屏等选编：《吴冠中画韵美文》，广东人民出版社 2000 年版，第 107 页。

的一个比较突出的问题。

当代心理学家把现代派艺术纳入了他们的研究范围，他们探讨了抽象艺术的心理基础。阿恩海姆认为，抽象艺术同人的心理意象是相契合的。心理意象是什么？有一种观点认为，心理意象乃是对它们所代表的那些物理对象的忠实的复制物。在阿恩海姆看来，这样的心理意象纵然可以作为思维的材料，但很难成为思维活动的一个合宜的工具。能作为思维活动的工具的心理意象，绝不是对可见物的忠实、完整和逼真的复制，它应该是那样一种意象：它把一个具体的视觉对象简化成为一个具有基本动力特征的结构，这些动力特征与外在物理客体的可触知部分有着根本的不同。这种心理意象既是具体的又是抽象的，阿恩海姆把它称为“既具体又抽象的‘自相矛盾的意象’”。说它具体，是因为它是外在对象的反映；说它抽象，是因为它是由外在对象简化而成的一个动力结构。关于这种心理意象，心理学家爱德华·B. 铁钦那举出过两个例子，这是他自己清楚地意识到的两个心理意象：其一，铁钦那说，一提到一个谦卑的侍从，我眼前便闪现出一个弯腰曲背的形象，但这个形象的唯一清晰之处，却是他弓形的背。其二，铁钦那说，在我眼中，一匹马只不过是一条呈跃立姿态的双曲线，周围有片鬃毛点缀；一头牛只不过是一个略显修长的矩形，外带一副呆板表情的面孔。[①] 铁钦那所意识到的心理意象确实是既具体又抽象的。艺术作品就是对这种心理意象的描绘。如果侧重于描绘心理意象的具体的一面，如描绘谦卑的侍从的形象，所得到的就是一幅传统绘画；如果侧重于描绘谦卑的侍从的共同的本质，用阿恩海姆的术语说，就是“抽象的‘力’的式样”，即一个弓形的结构，那么所得到的就是一幅现代派的抽象画。有一种观点认为，传统的绘画形式“对我们这个时代的人来说已空洞无物，并都已丧失了本质”，而“抽象艺术乃是真正符合于我们时代的唯一艺术形式”。[②]

---

① 参见［德］鲁道夫·阿恩海姆《视觉思维》，光明日报出版社 1987 年版，第 176—179 页。

② ［法］米歇尔·瑟福：《抽象派绘画史》，广西师范大学出版社 2002 年版，第 27—29 页。

只要跟事实对照一下就很容易看出，这种观点是明显地言过其实了。我认为，还是阿恩海姆说得比较公道而且切实，抽象艺术只是绘画的一种形态，未来不会是抽象艺术的一统天下。他说："我们无法知道将来的艺术会是什么样子，但肯定不再会是抽象艺术，因为抽象艺术并不是艺术发展的顶峰，然而，抽象艺术确实是观看世界的一种有效方法，也是一种只有站在神圣的山峰上才能看到的景象。"①

再来说现代派艺术有没有美。亲身感受过现代派艺术作品，并且接触过现代派艺术家的言论以及评论家对现代派艺术家的评论，你会得到一个刻骨铭心的印象，那就是现代派艺术是美的反叛者和捣毁者。达达派创始人特里斯坦·查拉（Tristan Tzara）在他所写的《1918 年 7 月达达派宣言》中宣称："我有一个疯狂的、星光闪闪的渴望，要谋杀美……"② 毕加索声称："我是故意和博物馆里那些称之为'美'的东西作对。"③ 把陈列在博物馆里的经典美术作品如维纳斯、喀索斯等美女、俊男的雕像视为美的典范的观点，被称为学院派的观点，毕加索对这种观点嗤之以鼻，他说："学院派关于'美'的准则全是一派胡言。"④ 美国现代派画家巴内特·纽曼（Barnett Newman，1905—1970）的话高度概括地道出了现代派艺术与美作对的特点，他说："现代派艺术的冲动就是毁掉美的这种欲望……这是通过彻底否定艺术与美的问题有任何关系来进行的。"⑤ 现代派美术毁灭美、谋杀美的例子俯拾皆是。且看米罗的画《美妙的尸体》（图 4—16），画的是一个弓着腰的女人，挺着一个硕大的乳房，从她的阴户里钻出一条长长的蛇，这条蛇的两只大眼凝视着凸出的乳头。这幅画既没有什么技巧，又没有什么思想，倒是有点想象力，不过那是胡思乱想而已。这样的画只让人觉得恶心而感

---

① ［美］鲁道夫·阿恩海姆：《艺术与视知觉》，中国社会科学出版社 1984 年版，第 639 页。

② ［美］阿瑟·C. 丹托：《美的滥用》，江苏人民出版社 2007 年版，第 22 页。

③ ［法］弗朗索瓦兹·吉洛、［美］卡尔顿·莱克：《情侣笔下的毕加索》，天津人民出版社 1988 年版，第 218 页。

④ 陈训明编译：《毕加索马蒂斯论艺术》，湖南美术出版社 2000 年版，第 15 页。

⑤ ［美］阿瑟·丹托：《艺术的终结》，江苏人民出版社 2001 年版，第 12 页。

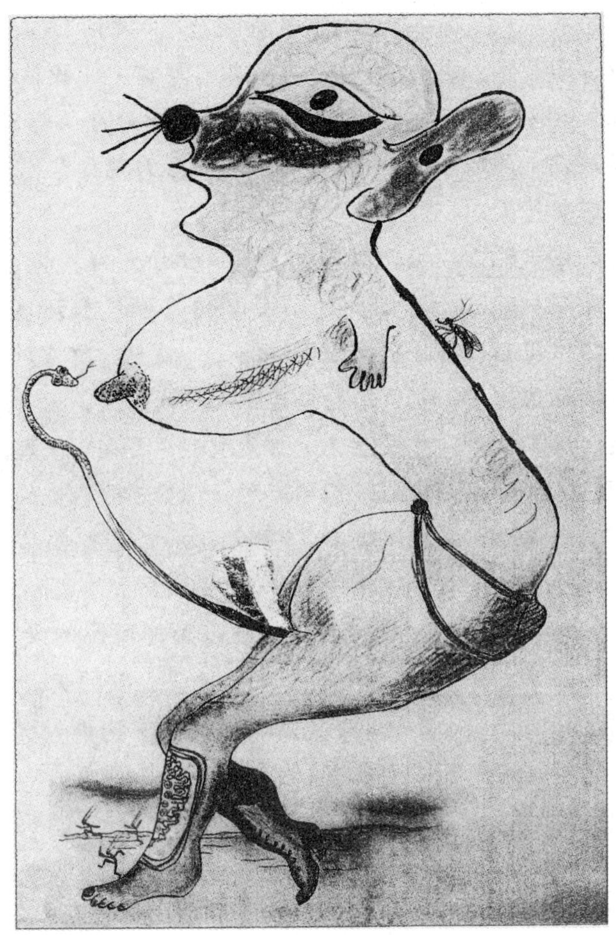

图 4—16 美妙的尸体

受不到一点美。正是基于现代派艺术摒弃了感性形式之美的事实，曾任法国文化部长的马尔罗（André Malraux）指出："艺术的观念与美的观念分离之际，无疑就是现代艺术诞生之日。"[①] 艺术评论家阿瑟·丹托（Arthur C. Danto）则对这一点给予了正面的评价，他认为"把美排除

① 欧阳英：《20 世纪法国艺术》，上海人民美术出版社 2001 年版，第 198 页。

在艺术定义之外”，乃是“难以驾驭的前卫艺术”的一大成就，艺术哲学肯定了这一点，那是艺术哲学的功绩。他写道：“我认为这种发现（即某种东西可以成为好的艺术品，而不需要是美的）是20世纪艺术哲学所作的最伟大的概念澄清之一。”① 这是因为现代艺术摒弃了感性形式之美，它就极大地扩展了艺术的题材。

现代派艺术被称为跟美作对的艺术、“没有美的艺术”。对这个说法需要做一番辨析。我们在前面介绍了席勒关于艺术美的观点。他指出，有两种艺术美，一种是选择或质料的美，就是题材或对象的美；再一种是表现或形式的美。前者指的是艺术家表现什么，后者指的是艺术家如何表现。席勒认为，严格意义上的艺术美，不在于表现什么，而在于如何表现。一般来说，传统艺术要求两者皆美，既有美的对象，又有美的表现。美术作品如《维纳斯》《蒙娜丽莎》，音乐作品如莫扎特的《小夜曲》，都是传统艺术的典范。现代派艺术摒弃了题材的美、对象的美，但是，它并不缺乏表现的美，这就是丹托所说的没有美（感性形式的美）而成为好的艺术的必要条件。所谓表现的美，就是艺术家运用高度的技巧，把他想要表现的对象或者感情完美地表现出来，用克罗齐的话说，就是“成功的表现”。这也就是毕加索所追求的目标，他说：“我想使自己的技艺达到那样的高度，以致谁也不能断定我的这一幅或那一幅画是如何创作出来的。我为什么想要这样做呢？道理很简单：想让它释放出热情。”② 做到了成功的表现的现代派作品不在少数。下面让我们举出一些例子，来说明现代派艺术也具有艺术美。且看蒙克（Edvard Munch，1863—1944）的油画《呼喊》（图4—17）。一个骷髅形的人物占据了画面的中心。这个人用双手捧着一颗光秃秃的脑袋，扭曲着身子站在一座桥上面。这个人的头酷似骷髅：圆圆的两只大眼，眼窝深陷，目光无神；两个鼻孔，像两个黑黑的小洞；一张张得大大的嘴，犹如英语中的字母“O”，在呼喊着什么。这个人让人感到他还有

① ［美］阿瑟·丹托：《美的滥用》，江苏人民出版社2007年版，第43页。

② 陈训明编译：《毕加索马蒂斯论艺术》，湖南美术出版社2000年版，第12页。

图 4—17　呼喊

一点生命的气息的话，那就是他的呼喊。天上飘着鲜血一般鲜红的云彩，桥下是黑乎乎的油脂般的流水，这样的自然景色营造出了动荡不安、空旷寂寞、令人恐怖的氛围。在呼喊者背后是两个漫步者，两个陌路之人，与呼喊者了无关系，更显出呼喊者的孤独无依。这幅画所塑造的呼喊者的形象，令人过目难忘。这个形象把那些苦闷压抑、孤独无助、心怀恐惧的人们的精神状态表现得极为深刻。对这样一种精神状态，蒙克本人是有深切的切身体验的。他在日记中写道："我的一生都耗费在一个无底深渊的边缘散步，从一块石头跳到另一块石头上。有时候，我试图离开我那条狭窄的小道，加入生命旋转的洪流，但我总是觉得被不可遏制地拖向这道深渊的边缘，而我将在那儿散步，直到我最终坠入这座深渊之中。从我能回忆的时候起，我就有着一种深深的焦虑感，我曾试图用艺术来表现这种感觉。"[①]《呐喊》让蒙克如愿以偿了。《呐喊》成功地表现了那种死死地缠绕着他的深深的焦虑感。而焦虑感并非蒙克一人所有，特别是在现代人类当中，这就使这幅画具有了普遍意义。蒙克创造出呐喊者这个惊世的形象，可以说是拜一种机缘之赐。1889 年巴黎大博览会上有一件引起轰动的东西，就是秘鲁发掘出来的一具印加人木乃伊。这具木乃伊以胎儿的姿势装在一个罐子里面。保罗·高更曾把它作为一种死亡或干瘪老太婆的形象画进他的画里。蒙克也从这具木乃伊获得了灵感[②]，他把它当作了呼喊者的原型。这确实是非常合适的。蒙克借《呐喊》这幅画来表现他想要表现的焦虑感，表现得那么成功、那么深刻，这不就是我们所说的艺术美吗？

萨尔瓦多·达利的画作《内战的预感》（图 4—18）予人的观感犹如一场噩梦。两个任意拼凑而成的奇形怪状的肢体互相纠结，构成一个方形的框架，充满了整个画面。上面的那个肢体，是一个人的上半身连着一只瘦骨嶙峋的小腿和大脚。下面的那个肢体是一个人的胸、腹和下肢，异乎寻常的是下肢不是两条腿而是两只强壮有力的胳膊和大手。上面肢体的那个人头蓬头垢面，梗着脖颈，龇牙咧嘴，面目狰狞；他的那只大脚狠狠地踩踏在下面那个肢体的胸膛上。下面的那个肢体上的大手紧紧捏住上面肢体的一个乳房，把乳头都捏得发红了；另一只大手勾着肠子一类的东西，肠子边上散布着一些豆子。画面形象让人感觉这两个肢体因争斗已变成了残废，但是残废了的肢体依然继续进行着惨烈的争斗。这个方形的肢体框架被置于一片蓝天之下，但是天空中已布满了大块、小块的乌云，预示着将要风云突变。这幅画作于西班牙内战爆发

---

① ［澳］罗伯特·休斯：《新的冲击》，百花文艺出版社 2003 年版，第 332—334 页。

② 参见［澳］罗伯特·休斯《新的冲击》，百花文艺出版社 2003 年版，第 336—337 页。

(1936 年 7 月）前几个月，表现了作者对内战爆发的预感。画面所描绘的令人触目惊心的场景，向人们传达了这样一个意思：内战将是人类的一场灾难，内战将使人类遭到毁灭。画家用丰富的想象力、别出心裁的创造性和强大的表现力刻画了令人匪夷所思的形象，把他想要表达的意思表现得那样的出色、出奇，从而产生了强烈的震撼人心的力量。这就是这幅画的表现的成功，也就是艺术美。

图 4—18　内战的预感

毕加索的雕塑作品《牛头》（图 4—19）真可谓是一件妙品。这是一件用自行车的两个部件——车把和车座组装而成的作品。车把被当成了牛的两只犄角，车座被当成了牛的面部，两样东西组合起来，像煞了牛头。艺术家用极其常见、普通的材料，用极其简单的方法，创造出了一件奇异的艺术品。这件艺术品体现了艺术家的奇妙的想象力和惊人的创造力，着实令人惊叹，这就是艺术美。让我们把这件作品同杜尚的“现成品”作品如《泉》和《折断胳膊之前》（图4—20）作一个比较吧。《牛头》也使用了现成品即车把与车座，但是这些现成品只是形成这个作品的材料，恰如大理石和青铜是雕塑作品的材料一样。这件作品作为艺术品，给我们的观感是一个牛头，而不是车把和车座，车把和车座完全隐没在牛头这个形象里面了。牛头这个形象的形成，靠的是艺术家的匠心和创造精神。《泉》和《折断胳膊之前》则纯粹是现成品，作者只是给这两件现成品加了一个名目而已。在这两件现成品里，没有一丝一毫的作者的匠心和创造精神。所以它们仅仅是现成品而已，而绝不是艺术品，从而也根本谈不上什么艺术美。

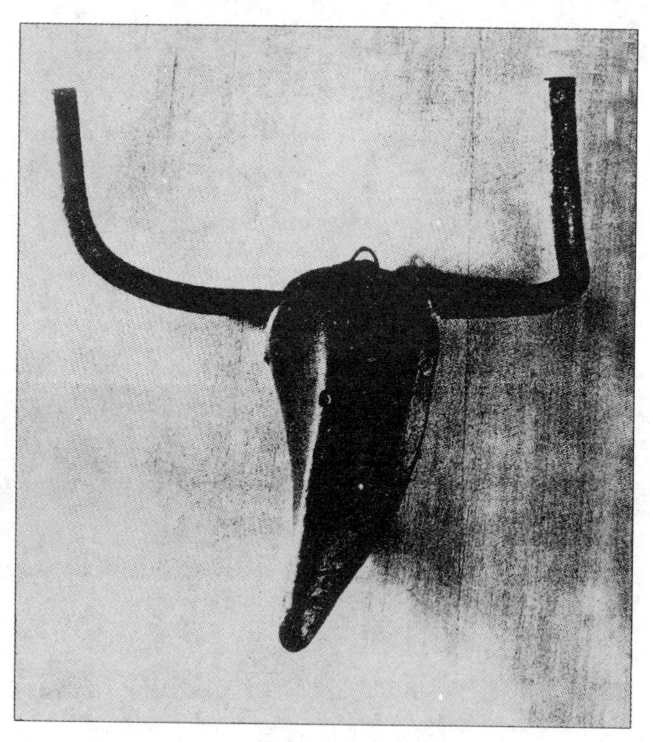

图4—19　牛头

音乐作品可以举勋伯格的《一个华沙幸存者》为例。这是一首为朗诵、男生合唱和管弦乐队而作的曲子。作品讲述了第二次世界大战期间德国纳粹杀害了几十万犹太人的事件。这首曲子以一个简洁的管弦乐序奏作为开头。接着是朗诵，用了两种语言，事件见证人用英语叙述了事件的经过；事件中的纳粹军曹用德语号叫着命令和威吓犹太人。朗诵采用了勋伯格所创造的念唱法，它的节奏都是被准确记谱的。最后是用希伯来语的男声合唱，走向死亡的犹太人唱出了几个世纪以来犹太的殉教者在临终前所作的祈祷。这首曲子是同传统的有调性的音乐全然不同的十二音作品。从序奏开始，我们听到的是：片片断断的旋律进行，乍强乍弱的力度变化，零乱跳动的音色，尖锐刺耳的不协和音。这一切营造出了紧张而惊恐的氛围，真实地表现了在纳粹集中营里面临死亡威胁的犹太人的心情。这首曲子把这种氛围和心情描写得那样真切恰当，那样动人心魄，这就是艺术美。勋伯格说过：“艺术是那些自身体验到人类命运的人的困苦的呼喊。”①《一个华沙幸存者》就正是这样的一件艺术品。这首曲子同绝大多数的现代派艺术作品一样，其外在的感性形式同传统的艺术品是迥然不同的。传统艺术品的

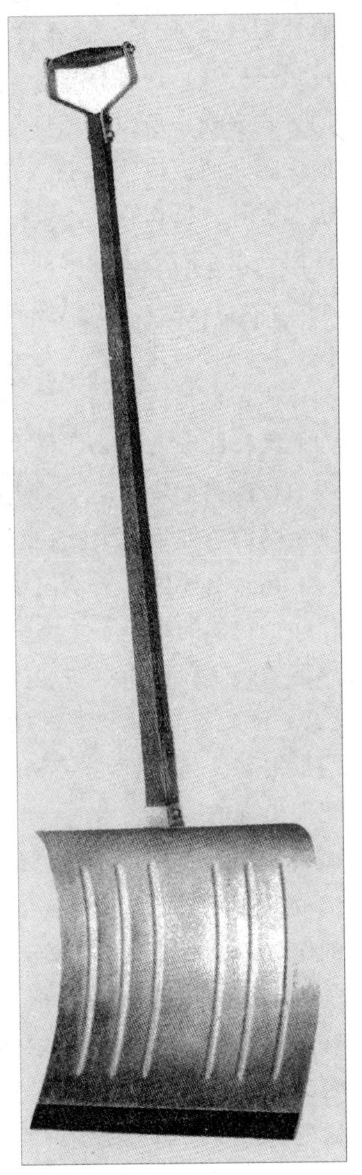

图 4—20　折断胳膊之前

① 钟子林：《20 世纪西方音乐》，中央民族大学出版社 2006 年版，第 6 页。

感性形式要求令人感官愉悦，即悦耳悦目，如莫扎特（W. A. Mozart, 1756—1791）所说："感情——不论是否激烈——永远不可用令人厌恶的方式表现，所以音乐即使在最惊心动魄的场面中也永远不可引起耳朵的反感，而仍应当使它入迷，换句话说，要始终成为音乐。"① 黑格尔也把悦耳悦目作为艺术美的一条准则，他说："一般地说，音乐听起来就像云雀在高空中歌唱的那种欢乐的声音，把痛苦和欢乐尽量喊出来并不是音乐，在音乐里纵然表现痛苦，也要有一种甜蜜的声调渗透到怨诉里，使它明朗化，使人觉得能听到这种甜蜜的怨诉，就是忍受它所表现的那痛苦也是值得的。"②《一个华沙幸存者》显然不符合这个准则，正如德国作曲家艾斯勒所指出的，它听起来"不使人舒服"，其令人不舒服的程度犹如躲在防空洞里听到轰炸机的轰鸣声那样。但是，尽管这两种艺术的感性形式大相径庭，却并不妨碍它们拥有共同的艺术美。

在对上述两个美学问题作了分析说明之后，我们可以对现代派艺术作一个整体的评价了。文学艺术从根本上说，是社会生活的反映和人类感情的表现，因此，它必然要随着社会的发展变化而变化。刘勰在《文心雕龙》"时序"篇中指出："时运交移，质文代变。""歌谣文理，与世推移。"这是颠扑不破的真理，现代派艺术就是随着社会的发展变化而出现的一种艺术的新形态，是艺术发展的一个新阶段。按照我们前面讲到的区分艺术与非艺术的五条界线来衡量，现代派艺术无疑是在艺术范围之内。不过，需要清醒地看到，并非所有厕身现代派艺术行列中的作品，包括一些非常著名的作品，都称得上是艺术作品的。我所指的是像凯奇的《4′33"》，把规定时间内的自然音响当成了音乐，他的《0′00"》则把时间限制也取消掉了，任何时间、任何地点、任何一种声响都被当成了音乐。这正是凯奇的音乐观念，他有一句名言："我们所做的每件事情都是音乐。"③ 但是，他的观念不为一般音乐家所认同，

---

① 何乾三编：《西方哲学家文学家音乐家论音乐》，人民音乐出版社1963年版，第83—84页。

② ［德］黑格尔：《美学》第1卷，商务印书馆1986年版，第205页。

③ 钟子林：《20世纪西方音乐》，中央民族大学出版社2006年版，第201页。

也不为一般听众所接受。著名作曲家斯特拉文斯基的观点就同凯奇针锋相对，他说："我认为自然界存在着基本的自然声音，它们是构成音乐的原始材料，……但音乐的创作需要超越被动的接受，积极主动地进行组织、赋予生命和发挥主观能动性。说到底，所有创造性的发现都并非是从自然界的直接获取，而是运用人类的智慧和技巧对天然的事物进行加工——这即所谓艺术的真谛。"① 《4′33"》就是让人对"自然声音"完全被动地接受，《4′33"》里面没有一丝一毫运用人类的智慧和技巧对天然事物进行加工的痕迹，因而，它是完全违背艺术的真谛的。音乐理论家们是怎样看待《4′33"》之类的作品的呢？法国音乐评论家玛丽—克莱尔·缪萨指出，凯奇的音乐观念和音乐创作方法所产生的效果是使音乐归于泯灭。她写道："凯奇想把整个世界都变成音乐。这种想法是带有空想性质的，它会使文化消融于自然，使作品消融于非作品，使音乐消融于沉默。……他的艺术探索属于'无穷'美学的范畴，是一种进行无休止创造的乌托邦。"② 勋伯格对凯奇的评价可谓一针见血，他说："他（指凯奇）与其说是一位作曲家，还不如说是一位发明家。"③ 他的创新精神可嘉，但是，他所创新的作品并不是成功的音乐作品。杜尚的《泉》同凯奇的《4′33"》性质相近，《4′33"》把自然音响当成了音乐，《泉》则把"现成品"即现成的实用器具当成了美术。杜尚同凯奇在艺术观念上更是高度相通。凯奇认为音乐就是生活，生活也是音乐，他要把音乐与生活的界线冲破，把两者融为一体。杜尚的看法同凯奇完全一致，杜尚说："我的艺术就是我的存在，在每一瞬间、每一次呼吸之间都是一个作品。"④ 他把一只便壶冠以《泉》之名送到艺术展览会展览，这实际上是用行动宣告他的艺术观念，就是：艺术品

---

① ［美］斯特拉文斯基：《音乐诗学六讲》，上海音乐学院出版社 2008 年版，第 18 页。

② ［法］玛丽—克莱尔·缪萨：《二十世纪音乐》，文化艺术出版社 2005 年版，第 149 页。

③ ［美］彼得·斯·汉森：《二十世纪音乐概论》下册，人民音乐出版社 1986 年版，第 211 页。

④ ［法］卡巴内：《杜尚访谈录》，广西师范大学出版社 2001 年版，第 185 页。

与非艺术品并无区别。这就从根本上把艺术品取消掉了。这毫不奇怪，因为杜尚认为艺术对人类没有什么价值，一个社会可以没有艺术。这样的观点，对于视艺术为人类宝贵的、独特的精神财富的人来说，是完全不能接受的。至于杜尚给达·芬奇所作的蒙娜丽莎像涂上两撇胡子(图4—21)，他自称是游戏而已，在我看来则是顽童的恶作剧。如把这样的涂鸦之作也算作艺术，那简直是对艺术的亵渎。有的所谓现代派艺术家做得更加出格，比如有人把垃圾、废品聚集到一起，就算是一件作品。克雷斯·奥顿伯格宣称："我要搞那种丢弃之物的艺术……我要搞

图4—21　长胡子的蒙娜丽莎

那种玩具熊、枪、掉了脑袋的兔子、爆炸的雨伞、被强奸的床的艺术……我要搞那种把丢弃的盒子像法老一样拴在一起的艺术。"[①] 阿尔芒就制作了一件题为《垃圾箱》的作品，他将鸡蛋壳、烂果皮、破布、废纸、烂草、烟蒂、火柴盒、废磁带、瓷片等日常生活中各种垃圾废物乃至脏土都收集起来，混在一起，放在一个透明的玻璃箱中，给这只玻璃箱安上《垃圾箱》的标题，作品就这样完成了。[②] 又如，美国画家安迪·沃霍尔（Andy Warhol，1928—1987）画了一张一模一样的双联画，每张画上都画着 84 张嘴唇，按竖行 12 张、横列 7 张排列成一个长方形，安上一个标题：《玛丽莲·梦露的嘴唇》（图 4—22），这也算是一幅画。诸如此类，不再列举了。像这样一些作品不能不引起人们激烈的反应，波德里亚就尖锐地批评说，现代艺术在毁灭艺术品方面做得很过分，因为他们的"零度审美观"把不论什么废物都充当艺术作品，"结果是不论什么艺术作品都被当成废物"。[③] 总而言之，从总体看，现代

图 4—22　玛丽莲·梦露的嘴唇

① ［澳］罗伯特·休斯：《新的冲击》，百花文艺出版社 2003 年版，第 425 页。
② 参见王端建《现代到后现代》，中国人民大学出版社 2005 年版，第 99 页。
③ ［法］波德里亚：《完美的罪行》，商务印书馆 2000 年版，第 32 页。

派艺术无疑属于艺术的范畴，是一种具有时代特征和创新精神的艺术形态。不过，毋庸讳言，现代派艺术当中确有一些非艺术的和反艺术的东西。所以，我们对现代派艺术，一定要持批判的态度，一定要作具体分析。

后　　记

20世纪80年代，中华大地兴起了一股美学热。从那时起我为学生开设了美学课程，直至21世纪头一个十年。我着意于把教学与科研紧密地结合起来，以教学促进科研，以科研提升教学。本书就是我二十多年的教学经验与科研成果的结晶。

我在美学课程中追求一个目标，就是在讲清楚美学基本原理的基础上，尽量把当代美学研究的新情况、新成果、新进展、新问题吸收进来，务求本课程多一些新意、创见、时代气息，从而使本书不仅是一本教材，同时也成为一部具有创新性观点的学术著作。

我在撰写本书的过程中，许多朋友向我伸出了援助之手。钟子林教授恰如我的一位顾问，凡遇到音乐方面的疑难，我就向他请教，他总是有求必应、有问必答。宋瑾教授向我提供了一大批有关现代派艺术的图书资料。李超然、崔天妤想方设法为我购得了本书所选用的美术作品的使用权，从而为本书的出版扫除了一个障碍。许瑞、黄宗权、杨志杰、王新华、修子建、程乾，还有我的女儿潘悦，在电脑打字、制图、编辑等方面给了我这样那样的帮助，在此一并致谢。

本书得到中央音乐学院的出版资助，特致谢忱。

潘必新

2015年1月10日